#수능공략
#단기간 학습

수능전략
수학 영역

Chunjae
Makes
Chunjae

▼

[수능전략] 수학 영역 미적분

저자 유봉섭, 심준섭, 김용민, 김상국, 강상욱, 이정호, 노영만
편집개발 오종래, 장효정, 김혜림, 이진희, 최보윤, 현석곤
디자인총괄 김희정
표지디자인 윤순미, 심지영
내지디자인 박희춘, 안정승
제작 황성진, 조규영

발행일 2022년 5월 15일 초판 2022년 5월 15일 1쇄
발행인 (주)천재교육
주소 서울시 금천구 가산로9길 54
신고번호 제2001-000018호
고객센터 1577-0902
교재 내용문의 (02)3282-8858

수능전략

수·학·영·역

미적분

BOOK 1

이 책의 구성과 활용

본책인 BOOK 1과 BOOK2의 구성은 아래와 같습니다.

BOOK 1	BOOK 2	BOOK 3
1주, 2주	1주, 2주	정답과 해설

주 도입

본격적인 학습에 앞서, 재미있는 만화를 살펴보며 이번 주에 학습할 내용을 확인해 봅니다.

1일

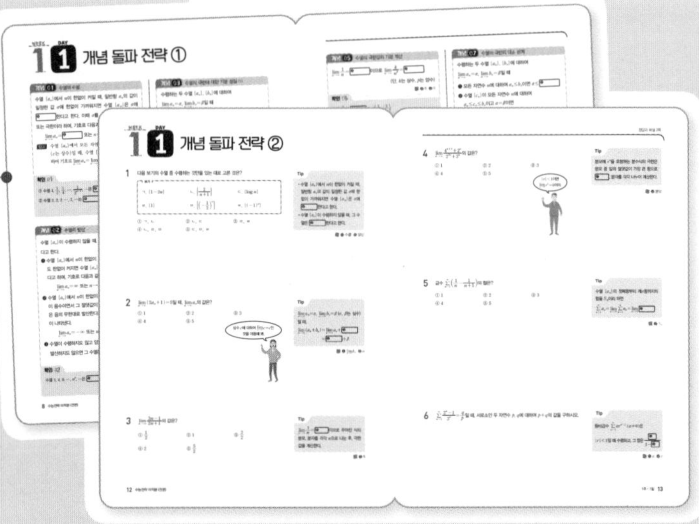

개념 돌파 전략

수능을 대비하기 위해 꼭 알아야 할 핵심 개념을 익힌 뒤, 간단한 문제를 풀며 개념을 잘 이해했는지 확인해 봅니다.

2일, 3일

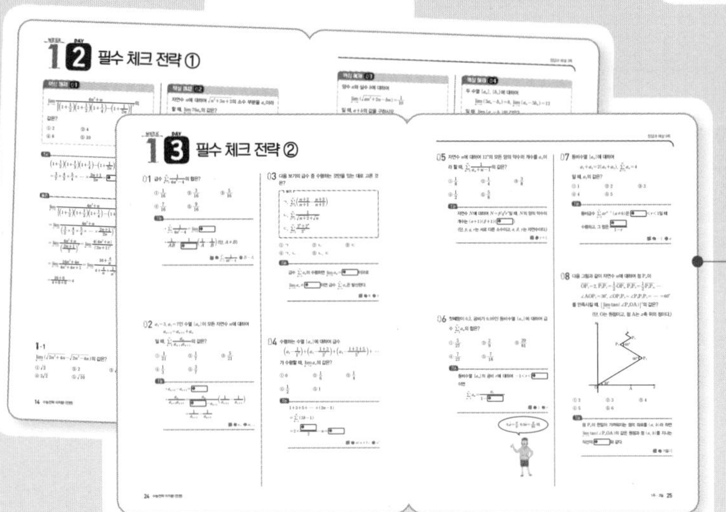

필수 체크 전략

기출문제에서 선별한 대표 유형 문제와 쌍둥이 문제를 함께 풀며 문제에 접근하는 과정과 해결 전략을 체계적으로 익혀 봅니다.

본 책에서 다룬 대표 유형과 그 해결 전략을 집중적으로 연습할 수 있도록 권두 부록을 구성했습니다. 부록을 뜯으면 미니북으로 활용할 수 있습니다.

주 마무리 코너

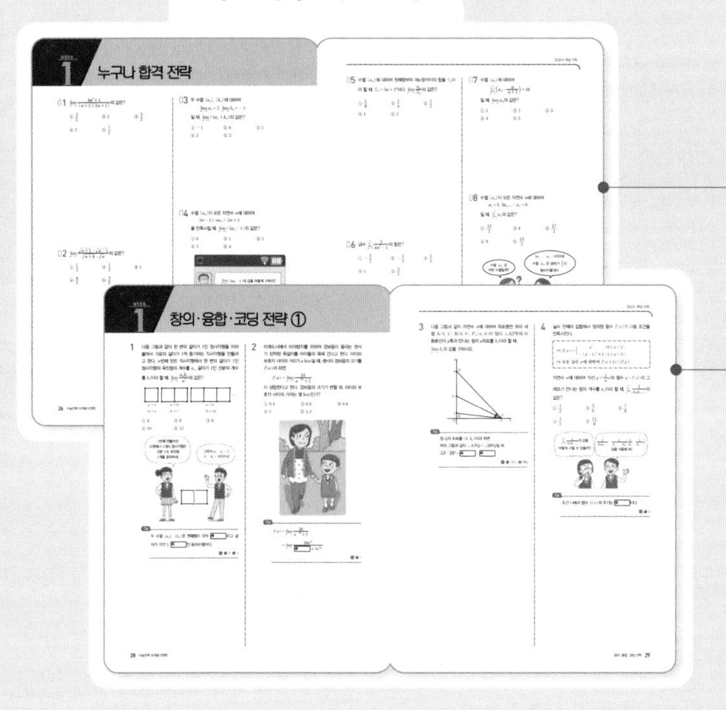

누구나 합격 전략
수능 유형에 맞춘 기초 연습 문제를 풀며 학습 자신감을 높일 수 있습니다.

창의 · 융합 · 코딩 전략
수능에서 요구하는 융복합적 사고력과 문제 해결력을 기를 수 있습니다.

권 마무리 코너

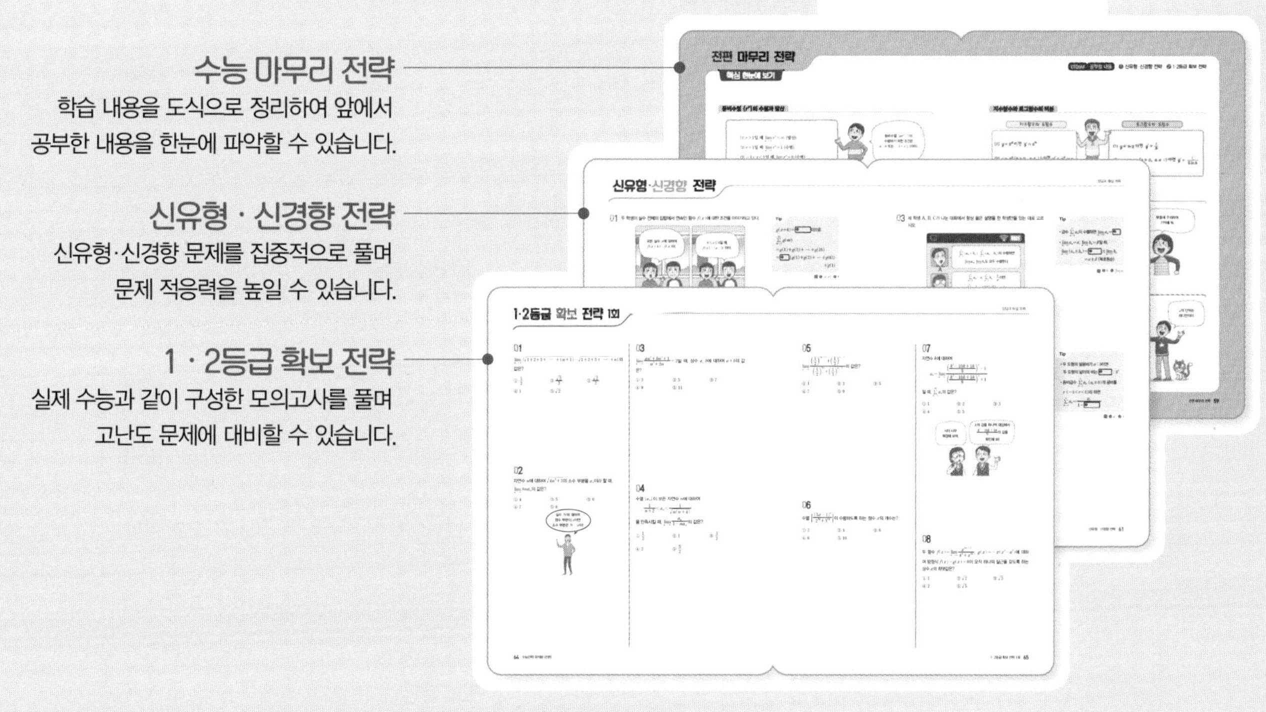

수능 마무리 전략
학습 내용을 도식으로 정리하여 앞에서 공부한 내용을 한눈에 파악할 수 있습니다.

신유형 · 신경향 전략
신유형·신경향 문제를 집중적으로 풀며 문제 적응력을 높일 수 있습니다.

1 · 2등급 확보 전략
실제 수능과 같이 구성한 모의고사를 풀며 고난도 문제에 대비할 수 있습니다.

이 책의 차례

BOOK 1

WEEK 1

WEEK 2

BOOK 2

WEEK 1

여러 가지 미분법

WEEK 2

여러 가지 적분법

WEEK

1 수열의 극한

지금 있는 공기 청정기가 고장 난 거 같은데, 저 공기 청정기 살까요?
무선 공기 청정기 40시간 사용가능
이 공기 청정기에서 쓰는 필터는 성능이 정말 좋습니다.
필터를 한 번 통과할 때마다 미세 먼지 농도가 $\frac{1}{10}$로 줄어들거든요.
그래요. 지금 공기 청정기로는 미세 먼지 농도가 20 μg/m^{3}에서 내려가질 않네요. 근데 성능이 좋은 걸까요?

지금 우리 집의 공기가 저 공기 청정기의 필터를 1번, 2번, 3번 통과할 때마다 미세 먼지 농도는 2 μg/m^3, 0.2 μg/m^3, 0.02 μg/m^{3}로 변해요.
20μg/m³ 2μg/m³ 0.2μg/m³ 0.02μg/m³
그럼 공기를 필터에 한없이 통과시키면 미세 먼지 농도는 0에 한없이 가까워지겠네요.
당장 주문할게요!

공부할 내용 1. 수열의 수렴과 발산 2. 수열의 극한값의 계산 3. 등비수열의 극한 4. 급수의 수렴과 발산 5. 등비급수

WEEK 1 DAY 1

개념 돌파 전략 ①

개념 01 수열의 수렴

수열 $\{a_n\}$에서 n이 한없이 커질 때, 일반항 a_n의 값이 일정한 값 α에 한없이 가까워지면 수열 $\{a_n\}$은 α에 ❶ [ ] 한다고 한다. 이때 α를 수열 $\{a_n\}$의 극한값 또는 극한이라 하며, 기호로 다음과 같이 나타낸다.

$\lim_{n\to\infty} a_n =$ ❷ [ ] 또는 $n\to\infty$일 때 $a_n \to \alpha$

참고 수열 $\{a_n\}$에서 모든 자연수 n에 대하여 $a_n=c$ (c는 상수)일 때, 수열 $\{a_n\}$은 c에 수렴한다고 하며 기호로 $\lim_{n\to\infty} a_n = \lim_{n\to\infty} c = c$와 같이 나타낸다.

답 ❶ 수렴 ❷ α

확인 01

① 수열 $1, \frac{1}{2}, \frac{1}{4}, \cdots, \frac{1}{2^{n-1}}, \cdots$은 ❶ [ ] 에 수렴한다.

② 수열 $2, 2, 2, \cdots, 2, \cdots$는 ❷ [ ] 에 수렴한다.

답 ❶ 0 ❷ 2

개념 02 수열의 발산

수열 $\{a_n\}$이 수렴하지 않을 때, 그 수열은 ❶ [ ] 한다고 한다.

❶ 수열 $\{a_n\}$에서 n이 한없이 커질 때, 일반항 a_n의 값도 한없이 커지면 수열 $\{a_n\}$은 양의 무한대로 발산한다고 하며, 기호로 다음과 같이 나타낸다.

$\lim_{n\to\infty} a_n = \infty$ 또는 $n\to\infty$일 때 $a_n \to \infty$

❷ 수열 $\{a_n\}$에서 n이 한없이 커질 때, 일반항 a_n의 값이 음수이면서 그 절댓값이 한없이 커지면 수열 $\{a_n\}$은 음의 무한대로 발산한다고 하며, 기호로 다음과 같이 나타낸다.

$\lim_{n\to\infty} a_n = -\infty$ 또는 $n\to\infty$일 때 $a_n \to -\infty$

❸ 수열이 수렴하지도 않고 양의 무한대나 음의 무한대로 발산하지도 않으면 그 수열은 ❷ [ ] 한다고 한다.

답 ❶ 발산 ❷ 진동

확인 02

수열 $1, 4, 9, \cdots, n^2, \cdots$은 ❶ [ ] 의 무한대로 발산한다.

답 ❶ 양

개념 03 수열의 극한에 대한 기본 성질 (1)

수렴하는 두 수열 $\{a_n\}$, $\{b_n\}$에 대하여

$\lim_{n\to\infty} a_n = \alpha$, $\lim_{n\to\infty} b_n = \beta$일 때

❶ $\lim_{n\to\infty} ca_n = c\lim_{n\to\infty} a_n = c\alpha$ (단, c는 상수)

❷ $\lim_{n\to\infty} (a_n+b_n) = \lim_{n\to\infty} a_n + \lim_{n\to\infty} b_n =$ ❶ [ ] $+\beta$

❸ $\lim_{n\to\infty} (a_n-b_n) = \lim_{n\to\infty} a_n -$ ❷ [ ] $=\alpha-\beta$

답 ❶ α ❷ $\lim_{n\to\infty} b_n$

확인 03

$\lim_{n\to\infty} a_n = 1$, $\lim_{n\to\infty} b_n = -2$일 때

① $\lim_{n\to\infty} (3a_n+b_n) =$ ❶ [ ] $\lim_{n\to\infty} a_n + \lim_{n\to\infty} b_n$

$=3\times1+(-2)=1$

② $\lim_{n\to\infty} (a_n-2b_n) = \lim_{n\to\infty} a_n - 2\lim_{n\to\infty} b_n$

$=1-2\times(-2)=$ ❷ [ ]

답 ❶ 3 ❷ 5

개념 04 수열의 극한에 대한 기본 성질 (2)

수렴하는 두 수열 $\{a_n\}$, $\{b_n\}$에 대하여

$\lim_{n\to\infty} a_n = \alpha$, $\lim_{n\to\infty} b_n = \beta$일 때

❶ $\lim_{n\to\infty} a_nb_n = \lim_{n\to\infty} a_n \times \lim_{n\to\infty} b_n =$ ❶ [ ]

❷ $\lim_{n\to\infty} \frac{a_n}{b_n} = \frac{\lim_{n\to\infty} a_n}{\lim_{n\to\infty} b_n} = \frac{❷ [\ ]}{\beta}$ (단, $b_n\neq0$, $\beta\neq0$)

답 ❶ $\alpha\beta$ ❷ α

확인 04

$\lim_{n\to\infty} a_n = 1$, $\lim_{n\to\infty} b_n = -2$일 때

① $\lim_{n\to\infty} a_nb_n = \lim_{n\to\infty} a_n \times \lim_{n\to\infty} b_n = 1\times(-2) =$ ❶ [ ]

② $\lim_{n\to\infty} \frac{a_n}{b_n} = \frac{\lim_{n\to\infty} a_n}{❷ [\ ]} = \frac{1}{-2} = -\frac{1}{2}$

답 ❶ -2 ❷ $\lim_{n\to\infty} b_n$

개념 05 수열의 극한값의 기본 계산

$\lim_{n\to\infty}\frac{1}{n}=$ ❶ $\square$ 이므로 $\lim_{n\to\infty}\frac{k}{n^p}=$ ❷ $\square$

(단, k는 상수, p는 양수)

답 ❶ 0 ❷ 0

확인 05

$\lim_{n\to\infty}\frac{2}{n^2}=$ ❶ $\square$ $\lim_{n\to\infty}\left(\frac{1}{n}\times\frac{1}{n}\right)$

$=2\lim_{n\to\infty}\frac{1}{n}\times\lim_{n\to\infty}\frac{1}{n}$

$=2\times0\times0$

$=$ ❷ $\square$

답 ❶ 2 ❷ 0

개념 06 수열의 극한값의 계산 방법

❶ $\frac{\infty}{\infty}$ 꼴의 극한

분모의 ❶ $\square$ 으로 분모, 분자를 각각 나눈다.

❷ $\infty-\infty$ 꼴의 극한

① $\sqrt{}$가 포함된 경우: $\sqrt{}$를 포함한 쪽을 ❷ $\square$ 한다.

② $\sqrt{}$가 없는 다항식인 경우: 최고차항으로 묶는다.

답 ❶ 최고차항 ❷ 유리화

확인 06

① $\lim_{n\to\infty}\frac{2n^3-n}{n^3+3}=\lim_{n\to\infty}\frac{2-\frac{1}{n^2}}{1+\frac{3}{n^3}}=\frac{2-0}{1+\text{❶}\square}=2$

② $\lim_{n\to\infty}(\sqrt{n^2+n}-n)=\lim_{n\to\infty}\frac{(\sqrt{n^2+n}-n)(\sqrt{n^2+n}+n)}{\text{❷}\square}$

$=\lim_{n\to\infty}\frac{n}{\sqrt{n^2+n}+n}$

$=\lim_{n\to\infty}\frac{1}{\sqrt{1+\frac{1}{n}}+1}$

$=\frac{1}{\sqrt{1+0}+1}=\frac{1}{2}$

답 ❶ 0 ❷ $\sqrt{n^2+n}+n$

개념 07 수열의 극한의 대소 관계

수렴하는 두 수열 $\{a_n\}$, $\{b_n\}$에 대하여

$\lim_{n\to\infty}a_n=\alpha$, $\lim_{n\to\infty}b_n=\beta$일 때

❶ 모든 자연수 n에 대하여 $a_n\le b_n$이면 $\alpha\le$ ❶ $\square$

❷ 수열 $\{c_n\}$이 모든 자연수 n에 대하여

$a_n\le c_n\le b_n$이고 $\alpha=\beta$이면

수열 $\{c_n\}$은 수렴하고 $\lim_{n\to\infty}c_n=$ ❷ $\square$

답 ❶ β ❷ α

확인 07

수열 $\{a_n\}$이 모든 자연수 n에 대하여

$\frac{2n^2+n}{n^2+1}\le a_n\le\frac{2n^2+2n}{n^2+1}$이 성립하면

$\lim_{n\to\infty}\frac{2n^2+n}{n^2+1}=2$, $\lim_{n\to\infty}\frac{2n^2+2n}{n^2+1}=$ ❶ $\square$

이므로 수열의 극한의 대소 관계에 의하여

$\lim_{n\to\infty}a_n=$ ❷ $\square$

답 ❶ 2 ❷ 2

개념 08 등비수열의 수렴과 발산

등비수열 $\{r^n\}$의 수렴과 발산은 다음과 같다.

❶ $r>1$일 때 $\lim_{n\to\infty}r^n=\infty$ (발산)

❷ $r=1$일 때 $\lim_{n\to\infty}r^n=$ ❶ $\square$ (수렴)

❸ $-1<r<1$일 때 $\lim_{n\to\infty}r^n=$ ❷ $\square$ (수렴)

❹ $r\le-1$일 때 수열 $\{r^n\}$은 진동한다. (발산)

답 ❶ 1 ❷ 0

확인 08

① 수열 $\left\{\left(\frac{1}{2}\right)^n\right\}$의 공비는 $\frac{1}{2}$이므로

수열 $\left\{\left(\frac{1}{2}\right)^n\right\}$은 ❶ $\square$ 한다.

② 수열 $\{2^n\}$의 공비는 2이므로

수열 $\{2^n\}$은 ❷ $\square$ 한다.

답 ❶ 수렴 ❷ 발산

개념 돌파 전략 ①

개념 09 등비수열의 수렴 조건

❶ 등비수열 $\{r^n\}$의 수렴 조건:

$-1<r\le$ ❶ [ ]

❷ 등비수열 $\{ar^{n-1}\}$의 수렴 조건:

$a=$ ❷ [ ] 또는 $-1<r\le 1$

답 ❶ 1 ❷ 0

확인 09

수열 $\left\{\left(x+\frac{1}{2}\right)^n\right\}$이 수렴하기 위한 실수 x의 값의 범위는

$-1<x+\frac{1}{2}\le$ ❶ [ ] 이므로 ❷ [ ] $<x\le\frac{1}{2}$

답 ❶ 1 ❷ $-\frac{3}{2}$

개념 10 급수의 뜻

❶ 수열 $\{a_n\}$의 각 항을 차례로 덧셈 기호 $+$로 연결한 식을 ❶ [ ] 라 하고, 기호로 $\sum_{n=1}^{\infty} a_n$과 같이 나타낸다.

$$a_1+a_2+a_3+\cdots+a_n+\cdots=\sum_{n=1}^{\infty} a_n$$

❷ 급수 $\sum_{n=1}^{\infty} a_n$에서 첫째항부터 제n항까지의 합 S_n을 이 급수의 제n항까지의 ❷ [ ] 이라 한다. 즉

$$S_n=a_1+a_2+a_3+\cdots+a_n=\sum_{k=1}^{n} a_k$$

답 ❶ 급수 ❷ 부분합

확인 10

급수 $1+3+5+7+\cdots$의 제n항을 a_n이라 하면 $a_n=2n-1$

즉 이 급수의 제n항까지의 부분합 S_n은

$S_n=\sum_{k=1}^{n} a_k=\sum_{k=1}^{n}(2k-1)=2\times$ ❶ [ ] $-n=$ ❷ [ ]

답 ❶ $\frac{n(n+1)}{2}$ ❷ n^2

개념 11 급수의 수렴과 발산

❶ 급수 $\sum_{n=1}^{\infty} a_n$의 부분합으로 이루어진 수열 $\{S_n\}$이 일정한 값 S에 수렴할 때, 즉 $\lim_{n\to\infty} S_n=\lim_{n\to\infty}\sum_{k=1}^{n} a_k=S$ 일 때, 이 급수는 S에 ❶ [ ] 한다고 한다.

이때 S를 이 급수의 합이라 하고, 다음과 같이 나타낸다.

$a_1+a_2+a_3+\cdots+a_n+\cdots=S$ 또는 $\sum_{n=1}^{\infty} a_n=S$

❷ 급수 $\sum_{n=1}^{\infty} a_n$의 ❷ [ ] 으로 이루어진 수열 $\{S_n\}$이 발산할 때, 이 급수는 발산한다고 한다.

답 ❶ 수렴 ❷ 부분합

확인 11

급수 $1+\frac{1}{2}+\frac{1}{4}+\cdots$의 제$n$항을 a_n이라 하면 $a_n=$ ❶ [ ]

즉 $S_n=\dfrac{1-\left(\frac{1}{2}\right)^n}{1-\frac{1}{2}}=2-\left(\frac{1}{2}\right)^{n-1}$ 이므로

$\sum_{n=1}^{\infty} a_n=\lim_{n\to\infty} S_n=\lim_{n\to\infty}\left\{2-\left(\frac{1}{2}\right)^{n-1}\right\}=$ ❷ [ ]

답 ❶ $\left(\frac{1}{2}\right)^{n-1}$ ❷ 2

개념 12 급수와 수열의 극한값 사이의 관계

❶ 급수 $\sum_{n=1}^{\infty} a_n$이 ❶ [ ] 하면 $\lim_{n\to\infty} a_n=$ ❷ [ ] 이다.

❷ $\lim_{n\to\infty} a_n\ne 0$이면 급수 $\sum_{n=1}^{\infty} a_n$은 발산한다.

참고 ❶, ❷는 서로 대우인 명제이다.

답 ❶ 수렴 ❷ 0

확인 12

급수 $2+4+6+\cdots$의 제n항을 a_n이라 하면 $a_n=2n$

즉 $\lim_{n\to\infty} a_n=\lim_{n\to\infty} 2n=\infty\ne 0$이므로 주어진 급수는 ❶ [ ] 한다.

답 ❶ 발산

개념 13 급수의 성질

두 급수 $\sum_{n=1}^{\infty} a_n$, $\sum_{n=1}^{\infty} b_n$이 수렴하고, 그 합을 각각 S, T라 할 때

❶ $\sum_{n=1}^{\infty} ca_n = c\sum_{n=1}^{\infty} a_n =$ [❶] (단, c는 상수)

❷ $\sum_{n=1}^{\infty} (a_n+b_n) = \sum_{n=1}^{\infty} a_n + \sum_{n=1}^{\infty} b_n = S+T$

❸ $\sum_{n=1}^{\infty}$ ([❷]) $= \sum_{n=1}^{\infty} a_n - \sum_{n=1}^{\infty} b_n = S-T$

답 ❶ cS ❷ a_n-b_n

확인 13

$\sum_{n=1}^{\infty} a_n = -2$, $\sum_{n=1}^{\infty} b_n = 1$일 때

① $\sum_{n=1}^{\infty} (a_n-b_n) = \sum_{n=1}^{\infty} a_n - \sum_{n=1}^{\infty} b_n = -2-1 =$ [❶]

② $\sum_{n=1}^{\infty} (2a_n+b_n) = 2\sum_{n=1}^{\infty} a_n + \sum_{n=1}^{\infty} b_n = 2\times$([❷])$+1=-3$

답 ❶ -3 ❷ -2

개념 14 등비급수의 뜻

첫째항이 [❶], 공비가 r인 등비수열 $\{ar^{n-1}\}$에서 얻은 급수

$$\sum_{n=1}^{\infty} ar^{n-1} = a+ar+ar^2+\cdots+ar^{n-1}+\cdots$$

을 첫째항이 a, 공비가 r인 [❷]라 한다.

답 ❶ a ❷ 등비급수

확인 14

급수 $1+\sqrt{2}+2+2\sqrt{2}+\cdots$는 첫째항이 [❶], 공비가 [❷]인 등비급수이다.

답 ❶ 1 ❷ $\sqrt{2}$

개념 15 등비급수의 수렴과 발산

등비급수

$\sum_{n=1}^{\infty} ar^{n-1} = a+ar+ar^2+\cdots+ar^{n-1}+\cdots\ (a\neq 0)$은

❶ $|r|<1$일 때 수렴하고, 그 합은 $\dfrac{a}{[❶\ ]}$이다.

❷ $|r|\geq 1$일 때 [❷]한다.

답 ❶ $1-r$ ❷ 발산

확인 15

등비급수 $\sum_{n=1}^{\infty}\left(-\frac{1}{2}\right)^{n-1}$의 공비는 $-\frac{1}{2}$이므로 수렴하고, 그 합은

$\dfrac{1}{1-([❶\ ])} =$ [❷]

답 ❶ $-\frac{1}{2}$ ❷ $\frac{2}{3}$

개념 16 등비급수의 활용

닮은꼴이 한없이 반복되는 도형에서 선분의 길이, 도형의 넓이 등의 합에 대한 문제는 등비급수를 이용하여 다음과 같은 순서로 해결한다.

❶ 선분의 길이, 도형의 넓이 등이 줄어들거나 늘어나는 일정한 [❶]을 찾는다.

❷ 첫째항 a와 공비 r ($|r|<1$)를 구한다.

❸ 등비급수의 합 [❷]를 이용한다.

답 ❶ 규칙 ❷ $\frac{a}{1-r}$

확인 16

지면에서 위로 4 m의 높이만큼 던져 올린 공이 직전에 낙하한 높이의 $\frac{2}{3}$만큼 다시 수직으로 튀어 오를 때, 공이 정지할 때까지 움직인 거리는 첫째항이 8, 공비가 [❶]인 등비급수의 합과 같으므로

$\dfrac{[❷\ ]}{1-\frac{2}{3}} = 24\ (\mathrm{m})$

답 ❶ $\frac{2}{3}$ ❷ 8

WEEK 1 DAY 1

개념 돌파 전략 ②

1 다음 보기의 수열 중 수렴하는 것만을 있는 대로 고른 것은?

보기

ㄱ. $\{1-2n\}$ ㄴ. $\left\{\frac{2}{n+1}\right\}$ ㄷ. $\{\log n\}$

ㄹ. $\{1\}$ ㅁ. $\left\{\left(-\frac{1}{2}\right)^n\right\}$ ㅂ. $\{(-1)^n\}$

① ㄱ, ㄴ ② ㄴ, ㄷ ③ ㄹ, ㅂ

④ ㄴ, ㄹ, ㅁ ⑤ ㄷ, ㅁ, ㅂ

Tip

• 수열 $\{a_n\}$에서 n이 한없이 커질 때, 일반항 a_n의 값이 일정한 값 α에 한없이 가까워지면 수열 $\{a_n\}$은 α에 ❶ 한다고 한다.

• 수열 $\{a_n\}$이 수렴하지 않을 때, 그 수열은 ❷ 한다고 한다.

답 ❶ 수렴 ❷ 발산

2 $\lim_{n\to\infty}(2a_n+1)=5$일 때, $\lim_{n\to\infty}a_n$의 값은?

① 1 ② 2 ③ 3

④ 4 ⑤ 5

상수 c에 대하여 $\lim_{n\to\infty}c=c$인 것을 이용해 봐.

Tip

$\lim_{n\to\infty}a_n=\alpha$, $\lim_{n\to\infty}b_n=\beta$ (α, β는 실수) 일 때,

$\lim_{n\to\infty}(a_n+b_n)=\lim_{n\to\infty}a_n+$ ❶

$=$ ❷ $+\beta$

답 ❶ $\lim_{n\to\infty}b_n$ ❷ α

3 $\lim_{n\to\infty}\frac{3n-1}{2n+1}$의 값은?

① $\frac{1}{2}$ ② 1 ③ $\frac{3}{2}$

④ 2 ⑤ $\frac{5}{2}$

Tip

$\lim_{n\to\infty}\frac{1}{n}=$ ❶ 이므로 주어진 식의 분모, 분자를 각각 n으로 나눈 후, 극한값을 계산한다.

답 ❶ 0

4 $\lim_{n\to\infty}\frac{4^{n+1}+2^n}{2^{2n}+3^n}$의 값은?

① 1　② 2　③ 3　④ 4　⑤ 5

Tip

분모에 r^n을 포함하는 분수식의 극한은 분모 중 밑의 절댓값이 가장 큰 항으로 ❶ ___, 분자를 각각 나누어 계산한다.

답 ❶ 분모

5 급수 $\sum_{n=1}^{\infty}\left(\frac{1}{n}-\frac{1}{n+1}\right)$의 합은?

① 1　② 2　③ 3　④ 4　⑤ 5

Tip

수열 $\{a_n\}$의 첫째항부터 제n항까지의 합을 S_n이라 하면

$\sum_{n=1}^{\infty}a_n=\lim_{n\to\infty}\sum_{k=1}^{n}a_k=\lim_{n\to\infty}$ ❶ ___

답 ❶ S_n

6 $\sum_{n=1}^{\infty}\frac{2^n-1}{3^n}=\frac{q}{p}$일 때, 서로소인 두 자연수 p, q에 대하여 $p+q$의 값을 구하시오.

Tip

등비급수 $\sum_{n=1}^{\infty}ar^{n-1}\ (a\neq0)$은

$|r|<1$일 때 수렴하고, 그 합은 $\frac{❶}{1-❷}$

답 ❶ a ❷ r

WEEK 1 DAY 2

필수 체크 전략 ①

핵심 예제 01

$\lim_{n\to\infty}\frac{4n^2+n}{\left\{\left(1+\frac{1}{2}\right)\left(1+\frac{1}{3}\right)\left(1+\frac{1}{4}\right)\cdots\left(1+\frac{1}{2n}\right)\right\}^2}$의 값은?

① 2　② 4　③ 6
④ 8　⑤ 10

Tip

$$\left(1+\frac{1}{2}\right)\left(1+\frac{1}{3}\right)\left(1+\frac{1}{4}\right)\cdots\left(1+\frac{1}{2n}\right)$$
$$=\frac{3}{2}\times\frac{4}{3}\times\frac{5}{4}\times\cdots\times\frac{2n+1}{2n}=\boxed{❶\quad}$$

답 ❶ $\frac{2n+1}{2}$

풀이

$$\lim_{n\to\infty}\frac{4n^2+n}{\left\{\left(1+\frac{1}{2}\right)\left(1+\frac{1}{3}\right)\left(1+\frac{1}{4}\right)\cdots\left(1+\frac{1}{2n}\right)\right\}^2}$$
$$=\lim_{n\to\infty}\frac{4n^2+n}{\left(\frac{3}{2}\times\frac{4}{3}\times\frac{5}{4}\times\cdots\times\frac{2n+1}{2n}\right)^2}$$
$$=\lim_{n\to\infty}\frac{4n^2+n}{\left(\frac{2n+1}{2}\right)^2}=\lim_{n\to\infty}\frac{4(4n^2+n)}{(2n+1)^2}$$
$$=\lim_{n\to\infty}\frac{16n^2+4n}{4n^2+4n+1}=\lim_{n\to\infty}\frac{16+\frac{4}{n}}{4+\frac{4}{n}+\frac{1}{n^2}}$$
$$=\frac{16+0}{4+0+0}=4$$

답 ②

1-1

$\lim_{n\to\infty}(\sqrt{2n^2+4n}-\sqrt{2n^2-4n})$의 값은?

① $\sqrt{2}$　② 2　③ $\sqrt{6}$
④ $2\sqrt{2}$　⑤ $\sqrt{10}$

핵심 예제 02

자연수 n에 대하여 $\sqrt{n^2+3n+2}$의 소수 부분을 a_n이라 할 때, $\lim_{n\to\infty}70a_n$의 값은?

① 35　② 42　③ 49
④ 56　⑤ 63

Tip

실수 N에 대하여 정수 부분을 x, 소수 부분을 y라 하면
$N=\boxed{❶\quad}+y$이므로 $y=N-x$

답 ❶ x

풀이

$\sqrt{n^2+2n+1}<\sqrt{n^2+3n+2}<\sqrt{n^2+4n+4}$이므로
$n+1<\sqrt{n^2+3n+2}<n+2$
즉 $\sqrt{n^2+3n+2}$의 정수 부분은 $n+1$이므로
$a_n=\sqrt{n^2+3n+2}-(n+1)$
$\therefore \lim_{n\to\infty}70a_n$
$$=\lim_{n\to\infty}70\{\sqrt{n^2+3n+2}-(n+1)\}$$
$$=70\lim_{n\to\infty}\frac{\{\sqrt{n^2+3n+2}-(n+1)\}\{\sqrt{n^2+3n+2}+(n+1)\}}{\sqrt{n^2+3n+2}+(n+1)}$$
$$=70\lim_{n\to\infty}\frac{n+1}{\sqrt{n^2+3n+2}+n+1}$$
$$=70\lim_{n\to\infty}\frac{1+\frac{1}{n}}{\sqrt{1+\frac{3}{n}+\frac{2}{n^2}}+1+\frac{1}{n}}$$
$$=70\times\frac{1+0}{\sqrt{1+0+0}+1+0}=70\times\frac{1}{2}=35$$

답 ①

2-1

자연수 n에 대하여 $\sqrt{n^2+5n+9}$의 소수 부분을 a_n이라 할 때, $\lim_{n\to\infty}\frac{4}{a_n}$의 값은?

① 8　② 16　③ 24
④ 32　⑤ 40

핵심 예제 03

양수 a와 실수 b에 대하여

$$\lim_{n\to\infty}(\sqrt{an^2+2n}-bn)=\frac{1}{10}$$

일 때, $a+b$의 값을 구하시오.

Tip

$\infty-\infty$ 꼴의 극한은 근호를 포함한 쪽을

❶ ______ 하여 ❷ ______ 꼴로 변형하여 계산한다.

답 ❶ 유리화 ❷ $\frac{\infty}{\infty}$

풀이

$b\le 0$이면 $\lim_{n\to\infty}(\sqrt{an^2+2n}-bn)=\infty$이므로 $b>0$이어야 한다.

$$\therefore \lim_{n\to\infty}(\sqrt{an^2+2n}-bn)$$

$$=\lim_{n\to\infty}\frac{(\sqrt{an^2+2n}-bn)(\sqrt{an^2+2n}+bn)}{\sqrt{an^2+2n}+bn}$$

$$=\lim_{n\to\infty}\frac{(a-b^2)n^2+2n}{\sqrt{an^2+2n}+bn}$$

$$=\lim_{n\to\infty}\frac{(a-b^2)n+2}{\sqrt{a+\frac{2}{n}}+b}$$

이때 이 식의 극한값이 $\frac{1}{10}$이므로

$a-b^2=0$, $\frac{2}{\sqrt{a}+b}=\frac{1}{10}$

위의 두 식을 연립하여 풀면

$a=100$, $b=10$ ($\because b>0$)

$\therefore a+b=100+10=110$

답 110

3-1

실수 a, b에 대하여

$$\lim_{n\to\infty}\frac{an^3+bn^2+3n-1}{3n^2-2n+1}=3$$

일 때, $a+b$의 값은?

① 5 ② 6 ③ 7
④ 8 ⑤ 9

핵심 예제 04

두 수열 $\{a_n\}$, $\{b_n\}$에 대하여

$$\lim_{n\to\infty}(3a_n-b_n)=8,\ \lim_{n\to\infty}(a_n-3b_n)=12$$

일 때, $\lim_{n\to\infty}(a_n-b_n)$의 값은?

① 3 ② 4 ③ 5
④ 6 ⑤ 7

Tip

- 일반항을 포함하는 수열의 극한은 주어진 수열을 새로운 일반항으로 ❶ ______ 한다.
- $\lim_{n\to\infty}c_n=\alpha$, $\lim_{n\to\infty}d_n=\beta$ (α, β는 실수)일 때,
  $\lim_{n\to\infty}(c_n+d_n)=\alpha+$ ❷ ______

답 ❶ 치환 ❷ β

풀이

$c_n=3a_n-b_n$, $d_n=a_n-3b_n$이라 하면

$a_n=\frac{1}{8}(3c_n-d_n)$, $b_n=\frac{1}{8}(c_n-3d_n)$

이때 $a_n-b_n=\frac{1}{4}(c_n+d_n)$이고,

$\lim_{n\to\infty}c_n=8$, $\lim_{n\to\infty}d_n=12$이므로

$$\lim_{n\to\infty}(a_n-b_n)=\lim_{n\to\infty}\frac{1}{4}(c_n+d_n)$$

$$=\frac{1}{4}\lim_{n\to\infty}(c_n+d_n)$$

$$=\frac{1}{4}\left(\lim_{n\to\infty}c_n+\lim_{n\to\infty}d_n\right)$$

$$=\frac{1}{4}\times(8+12)=5$$

답 ③

4-1

두 수열 $\{a_n\}$, $\{b_n\}$에 대하여

$$\lim_{n\to\infty}a_n=\infty,\ \lim_{n\to\infty}(2a_n-b_n)=3$$

일 때, $\lim_{n\to\infty}\frac{a_n+2b_n}{3a_n-b_n}$의 값은?

① 1 ② 3 ③ 5
④ 7 ⑤ 9

필수 체크 전략 ①

핵심 예제 05

수열 $\{a_n\}$이 모든 자연수 n에 대하여

$n^2 < a_n < n^2 + n$

을 만족시킬 때, $\lim_{n\to\infty} \frac{\sum_{k=1}^{n} a_k}{n^3}$의 값을 구하시오.

Tip

수열 $\{c_n\}$이 모든 자연수 n에 대하여

$a_n < c_n < b_n$이고 $\lim_{n\to\infty} a_n = \lim_{n\to\infty} b_n = \alpha$이면

$\lim_{n\to\infty} c_n =$ ❶

답 ❶ α

풀이

$n^2 < a_n < n^2 + n$에서 $\sum_{k=1}^{n} k^2 < \sum_{k=1}^{n} a_k < \sum_{k=1}^{n} (k^2 + k)$

$$\frac{n(n+1)(2n+1)}{6} < \sum_{k=1}^{n} a_k < \frac{n(n+1)(2n+1)}{6} + \frac{n(n+1)}{2}$$

$$\frac{n(n+1)(2n+1)}{6} < \sum_{k=1}^{n} a_k < \frac{n(n+1)(n+2)}{3}$$

$$\frac{n(n+1)(2n+1)}{6n^3} < \frac{\sum_{k=1}^{n} a_k}{n^3} < \frac{n(n+1)(n+2)}{3n^3}$$

이때

$$\lim_{n\to\infty} \frac{n(n+1)(2n+1)}{6n^3} = \frac{1}{3},\ \lim_{n\to\infty} \frac{n(n+1)(n+2)}{3n^3} = \frac{1}{3}$$

이므로

$$\lim_{n\to\infty} \frac{\sum_{k=1}^{n} a_k}{n^3} = \frac{1}{3}$$

답 $\frac{1}{3}$

5-1

수열 $\{a_n\}$이 모든 자연수 n에 대하여

$\sqrt{2n^2+4n-1} < a_n < \sqrt{2n^2+4n+5}$

를 만족시킬 때, $\lim_{n\to\infty} \frac{a_n - \sqrt{2}n}{n}$의 값을 구하시오.

핵심 예제 06

등비수열 $\left\{(x^2-x-6)\left(\frac{x+1}{2}\right)^{n-1}\right\}$이 수렴하도록 하는 모든 정수 x의 값의 합은?

① 1 ② 3 ③ 5 ④ 7 ⑤ 9

Tip

등비수열 $\{a_n\}$의 공비가 r일 때, 수렴 조건은

$a_1 =$ ❶ 또는 $-1 < r \le$ ❷

답 ❶ 0 ❷ 1

풀이

수열 $\left\{(x^2-x-6)\left(\frac{x+1}{2}\right)^{n-1}\right\}$의 첫째항이 x^2-x-6, 공비가 $\frac{x+1}{2}$이므로 이 등비수열이 수렴하려면

$x^2-x-6=0$ 또는 $-1 < \frac{x+1}{2} \le 1$

(i) $x^2-x-6=0$에서 $(x+2)(x-3)=0$

$\therefore x=-2$ 또는 $x=3$

(ii) $-1 < \frac{x+1}{2} \le 1$에서 $-2 < x+1 \le 2$

$\therefore -3 < x \le 1$

(i), (ii)에서 주어진 등비수열이 수렴하도록 하는 정수 x는 -2, -1, 0, 1, 3으로 그 합은

$(-2)+(-1)+0+1+3=1$

답 ①

6-1

$0 < x < 16$일 때, 등비수열 $\left\{\left(2\cos\frac{\pi}{8}x\right)^n\right\}$이 수렴하도록 하는 자연수 x의 개수는?

① 5 ② 6 ③ 7 ④ 8 ⑤ 9

6-2

등비수열 $\left\{(x+2)\left(\frac{2x-6}{5}\right)^n\right\}$이 수렴하도록 하는 정수 x의 개수를 구하시오.

핵심 예제 07

$x>0$에서 정의된 함수 $f(x)=\lim_{n\to\infty}\frac{x^{n+1}+8}{x^{n-1}+2}$에 대하여 $f\left(f\left(\frac{1}{2}\right)\right)$의 값을 구하시오.

Tip

- $0<x<1$이면 $\lim_{n\to\infty}x^n=$ ❶
- $x>1$이면 $\lim_{n\to\infty}x^n=$ ❷
- $x=1$이면 $\lim_{n\to\infty}x^n=1$

답 ❶ 0 ❷ ∞

풀이

$$f\left(\frac{1}{2}\right)=\lim_{n\to\infty}\frac{\left(\frac{1}{2}\right)^{n+1}+8}{\left(\frac{1}{2}\right)^{n-1}+2}=\frac{0+8}{0+2}=4$$

$$\therefore f\left(f\left(\frac{1}{2}\right)\right)=f(4)=\lim_{n\to\infty}\frac{4^{n+1}+8}{4^{n-1}+2}=\lim_{n\to\infty}\frac{4+\frac{8}{4^n}}{\frac{1}{4}+2\times\frac{1}{4^n}}$$

$$=\frac{4+0}{\frac{1}{4}+2\times 0}=16$$

답 16

7-1

함수 $f(x)=\lim_{n\to\infty}\frac{2\times\left(\frac{x}{3}\right)^{2n+1}-1}{\left(\frac{x}{3}\right)^{2n}+3}$에 대하여

$f(k)=-\frac{1}{3}$을 만족시키는 정수 k의 개수는?

① 5　② 7　③ 9
④ 11　⑤ 13

7-2

$x>0$에서 정의된 함수

$$f(x)=\lim_{n\to\infty}\frac{x^{2n+4}-x^{2n+1}+2x^{n+2}-x}{x^{2n}+1}$$

에 대하여 $f\left(\frac{1}{2}\right)+f(1)+f(2)$의 값을 구하시오.

핵심 예제 08

오른쪽 그림과 같이 자연수 n에 대하여 곡선 $y=x^2$ 위의 점 $P_n\left(\frac{1}{n}, \frac{1}{n^2}\right)$을 지나고 직선 OP_n과 수직인 직선이 y축과 만나는 점을 A_n이라 하자.

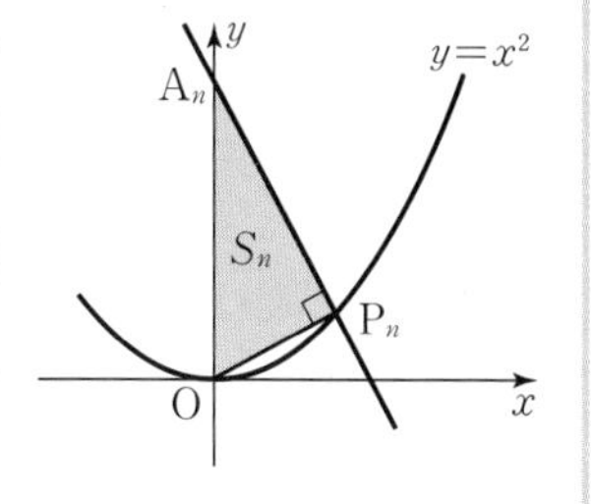

삼각형 A_nOP_n의 넓이를 S_n이라 할 때, $\lim_{n\to\infty}nS_n$의 값을 구하시오. (단, O는 원점이다.)

Tip

- 기울기의 곱이 ❶ 인 두 직선은 서로 수직이다.
- 원점 $(0, 0)$과 점 $P_n\left(\frac{1}{n}, \frac{1}{n^2}\right)$을 지나는 직선의 기울기는 $\frac{❷}{\frac{1}{n}}=\frac{1}{n}$

답 ❶ -1 ❷ $\frac{1}{n^2}$

풀이

원점 O와 점 $P_n\left(\frac{1}{n}, \frac{1}{n^2}\right)$을 지나는 직선의 기울기는 $\frac{1}{n}$이므로

직선 OP_n과 수직인 직선의 방정식은

$y=-n\left(x-\frac{1}{n}\right)+\frac{1}{n^2}$　　$\therefore y=-nx+1+\frac{1}{n^2}$

즉 점 A_n의 좌표는 $\left(0, 1+\frac{1}{n^2}\right)$이므로

$S_n=\frac{1}{2}\times\left(1+\frac{1}{n^2}\right)\times\frac{1}{n}=\frac{1}{2n}\left(1+\frac{1}{n^2}\right)$

$\therefore \lim_{n\to\infty}nS_n=\lim_{n\to\infty}\frac{1}{2}\left(1+\frac{1}{n^2}\right)=\frac{1}{2}$

답 $\frac{1}{2}$

8-1

오른쪽 그림과 같이 자연수 n에 대하여 두 함수 $y=4^x$, $y=3^x$의 그래프와 직선 $x=n$의 교점을 각각 A_n, B_n이라 하자. 선분 A_nB_n의 길이를 l_n이라 할 때, $\lim_{n\to\infty}\frac{l_{n-1}}{l_n}$의 값을 구하시오.

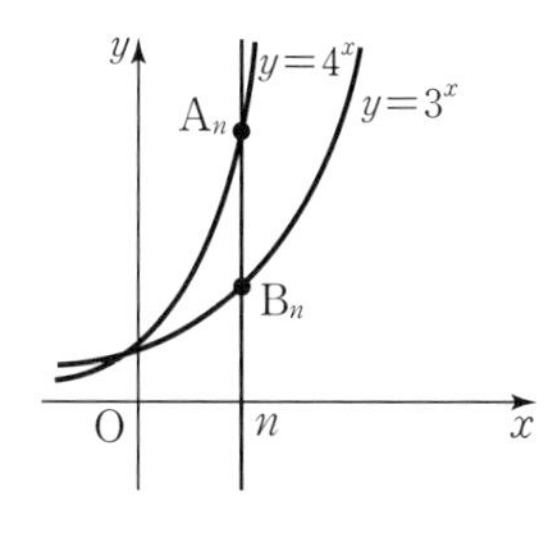

WEEK 1 DAY 2

필수 체크 전략 ②

01 함수 $f(x)$가

$$f(x)=\begin{cases}\sqrt{2} & (x\text{는 유리수}) \\ 1 & (x\text{는 무리수})\end{cases}$$

일 때, $\lim_{n\to\infty}\left\{f\left(1+\frac{1}{n}\right)+f\left(f\left(1+\frac{\pi}{n}\right)\right)\right\}$의 값은?

① 1 ② 2 ③ $1+\sqrt{2}$
④ $2\sqrt{2}$ ⑤ $2+\sqrt{2}$

Tip

모든 자연수 n에 대하여 $1+\frac{1}{n}$은 ❶ [ ]이고,

$1+\frac{\pi}{n}$는 ❷ [ ]이다.

답 ❶ 유리수 ❷ 무리수

02 수렴하는 수열 $\{a_n\}$에 대하여

$$\lim_{n\to\infty}\frac{2a_n-3}{a_n+1}=\frac{1}{3}$$

일 때, $\lim_{n\to\infty}a_n$의 값은?

① 1 ② 2 ③ 3
④ 4 ⑤ 5

Tip

$\lim_{n\to\infty}a_n=\alpha$, $\lim_{n\to\infty}b_n=\beta$ (α, β는 실수)일 때,

(1) $\lim_{n\to\infty}a_nb_n=\lim_{n\to\infty}a_n\times\lim_{n\to\infty}b_n=$ ❶ [ ]

(2) $\lim_{n\to\infty}\frac{a_n}{b_n}=\frac{\lim_{n\to\infty}a_n}{\lim_{n\to\infty}b_n}=\frac{❷\ [\ ]}{\beta}$ (단, $b_n\neq0$, $\beta\neq0$)

답 ❶ $\alpha\beta$ ❷ α

03 $\lim_{n\to\infty}\frac{\sqrt{8n+2}+\sqrt{16n-10}}{\sqrt{2n+1}+\sqrt{4n+8}}$의 값은?

① 1 ② 2 ③ 3
④ 4 ⑤ 5

Tip

$\frac{\infty}{\infty}$ 꼴의 극한은 분모의 ❶ [ ]으로 분모, ❷ [ ]를 각각 나눈다.

답 ❶ 최고차항 ❷ 분자

04 수열 $\{a_n\}$이 모든 자연수 n에 대하여

$$\frac{4n^2-n+1}{n+2}<a_n<\frac{4n^2+10n-1}{n+3}$$

을 만족시킬 때, $\lim_{n\to\infty}\frac{a_n}{n}$의 값은?

① 1 ② 2 ③ 3
④ 4 ⑤ 5

Tip

수열 $\{c_n\}$이 모든 자연수 n에 대하여

$a_n<c_n<b_n$이고 $\lim_{n\to\infty}a_n=\lim_{n\to\infty}b_n=\alpha$이면

$\lim_{n\to\infty}c_n=$ ❶ [ ]

답 ❶ α

05 자연수 n에 대하여

$$\frac{n(n+1)}{2} \le t < \frac{(n+1)(n+2)}{2}$$

를 만족시키는 자연수 t의 개수를 $f(n)$이라 하자.

$\lim_{n\to\infty} \frac{f(n)}{\sqrt{t}} = \alpha$일 때, $10\alpha^2$의 값은?

① 20 ② 40 ③ 60
④ 80 ⑤ 100

Tip

- $\frac{n(n+1)}{2} \le t < \frac{(n+1)(n+2)}{2}$에서
  $\sqrt{\frac{n(n+1)}{2}} \le \sqrt{t} <$ ❶
- $\lim_{n\to\infty} a_n = \alpha$ (α는 실수), $a_n \neq 0$, $\alpha \neq 0$이면
  $\lim_{n\to\infty} \frac{1}{a_n} =$ ❷

답 ❶ $\sqrt{\frac{(n+1)(n+2)}{2}}$ ❷ $\frac{1}{\alpha}$

06 $\lim_{n\to\infty} \frac{3^{2n}-8^n}{(-3)^{2n-1}+8^n}$의 값은?

① -5 ② -4 ③ -3
④ -2 ⑤ -1

Tip

- 분모에 r^n을 포함하는 분수식의 극한은 분모 중 밑의 ❶ 이 가장 큰 항으로 분모, 분자를 각각 나누어 계산한다.
- 수열 $\{r^n\}$에 대하여 $-1 < r < 1$이면
  $\lim_{n\to\infty} r^n =$ ❷ 임을 이용하여 극한값을 구한다.

답 ❶ 절댓값 ❷ 0

07 수열 $\{\sqrt{25^n+a^n}-5^n\}$이 수렴하도록 하는 자연수 a의 개수는?

① 1 ② 2 ③ 3
④ 4 ⑤ 5

Tip

무리식이 포함된 경우 분모를 ❶ 로 보고 분자를 ❷ 하여 $\frac{\infty}{\infty}$ 꼴로 나타낸 다음 극한값을 구한다.

답 ❶ 1 ❷ 유리화

08 자연수 n에 대하여 곡선 $y=(x-n)^2$과 직선 $y=\frac{4}{n}x$의 두 교점 사이의 거리를 L_n이라 할 때, $\lim_{n\to\infty} L_n$의 값을 구하시오.

Tip

곡선 $y=(x-n)^2$과 직선 $y=\frac{4}{n}x$의 두 교점의 x좌표는 방정식 $(x-n)^2=$ ❶ 의 해와 같다.

답 ❶ $\frac{4}{n}x$

WEEK 1 DAY 3

필수 체크 전략 ①

핵심 예제 01

급수 $\frac{1}{1\times3}+\frac{1}{3\times5}+\frac{1}{5\times7}+\cdots$의 합은?

① $\frac{1}{2}$ ② 1 ③ $\frac{3}{2}$

④ 2 ⑤ $\frac{5}{2}$

Tip

• $\frac{1}{AB}=\frac{1}{\boxed{❶\quad}}\left(\frac{1}{A}-\frac{1}{B}\right)$ (단, $A\neq B$)

• $S_n=a_1+a_2+a_3+\cdots+a_n=\sum_{k=1}^{n}a_k$일 때,

$\sum_{n=1}^{\infty}a_n=\lim_{n\to\infty}\boxed{❷\quad}$

답 ❶ $B-A$ ❷ S_n

풀이

주어진 급수의 제n항을 a_n, 제n항까지의 부분합을 S_n이라 하면

$a_n=\frac{1}{(2n-1)(2n+1)}=\frac{1}{2}\left(\frac{1}{2n-1}-\frac{1}{2n+1}\right)$이므로

$S_n=\sum_{k=1}^{n}\frac{1}{2}\left(\frac{1}{2k-1}-\frac{1}{2k+1}\right)=\frac{1}{2}\left(1-\frac{1}{2n+1}\right)$

$\therefore \lim_{n\to\infty}S_n=\lim_{n\to\infty}\frac{1}{2}\left(1-\frac{1}{2n+1}\right)=\frac{1}{2}$

답 ①

1-1

급수 $\log\left(1-\frac{1}{2^2}\right)+\log\left(1-\frac{1}{3^2}\right)+\log\left(1-\frac{1}{4^2}\right)+\cdots$의 합은?

① $-\log 3$ ② $-\log 2$ ③ 0

④ $\log 2$ ⑤ $\log 3$

핵심 예제 02

수열 $\{a_n\}$에 대하여 다항식 $a_nx^2+2a_nx+4$를 $x-n$으로 나누었을 때의 나머지가 10일 때, $\sum_{n=1}^{\infty}a_n$의 값은?

① $\frac{5}{2}$ ② $\frac{7}{2}$ ③ $\frac{9}{2}$

④ $\frac{11}{2}$ ⑤ $\frac{13}{2}$

Tip

다항식 $f(x)$를 $x-n$으로 나누었을 때의 나머지는

$\boxed{❶\quad}$

답 ❶ $f(n)$

풀이

다항식 $a_nx^2+2a_nx+4$를 $x-n$으로 나누었을 때의 나머지가 10이므로

$a_nn^2+2a_nn+4=10$

$a_n(n^2+2n)=6 \qquad \therefore a_n=\frac{6}{n(n+2)}$

$\therefore \sum_{n=1}^{\infty}a_n=\sum_{n=1}^{\infty}\frac{6}{n(n+2)}=\lim_{n\to\infty}\sum_{k=1}^{n}3\left(\frac{1}{k}-\frac{1}{k+2}\right)$

$=3\lim_{n\to\infty}\left\{\left(1-\frac{1}{3}\right)+\left(\frac{1}{2}-\frac{1}{4}\right)+\left(\frac{1}{3}-\frac{1}{5}\right)+\cdots+\left(\frac{1}{n-1}-\frac{1}{n+1}\right)+\left(\frac{1}{n}-\frac{1}{n+2}\right)\right\}$

$=3\lim_{n\to\infty}\left(1+\frac{1}{2}-\frac{1}{n+1}-\frac{1}{n+2}\right)=3\times\frac{3}{2}=\frac{9}{2}$

답 ③

2-1

수열 $\{a_n\}$에 대하여 첫째항부터 제n항까지의 합을 S_n이라 할 때, $S_n=n^2$이다. $\sum_{n=1}^{\infty}\frac{2}{(2n+1)a_n}$의 값을 구하시오.

2-2

자연수 n에 대하여 이차방정식 $x^2-2x+4n^2=0$의 두 근을 a_n, b_n이라 할 때, $\sum_{n=1}^{\infty}\frac{60}{(a_n-1)(b_n-1)}$의 값을 구하시오.

핵심 예제 03

다음 급수의 수렴, 발산을 조사하고, 수렴하면 그 합을 구하시오.

$$1-\frac{1}{\sqrt{2}}+\frac{1}{\sqrt{2}}-\frac{1}{\sqrt{3}}+\frac{1}{\sqrt{3}}-\frac{1}{\sqrt{4}}+\frac{1}{\sqrt{4}}-\cdots$$

Tip

주어진 급수의 제n항을 a_n이라 하면 자연수 k에 대하여

$a_{2k-1}=$ ❶ ☐, $a_{2k}=$ ❷ ☐

답 ❶ $\frac{1}{\sqrt{k}}$ ❷ $-\frac{1}{\sqrt{k+1}}$

풀이

주어진 급수의 제n항을 a_n, 제n항까지의 부분합을 S_n이라 하면

(i) $a_{2k-1}=\frac{1}{\sqrt{k}}$ (k는 자연수)이므로

$$S_{2k-1}=1+\left(-\frac{1}{\sqrt{2}}+\frac{1}{\sqrt{2}}\right)+\left(-\frac{1}{\sqrt{3}}+\frac{1}{\sqrt{3}}\right)+\cdots+\left(-\frac{1}{\sqrt{k}}+\frac{1}{\sqrt{k}}\right)$$

$$=1$$

$$\therefore \lim_{k\to\infty}S_{2k-1}=\lim_{k\to\infty}1=1$$

(ii) $a_{2k}=-\frac{1}{\sqrt{k+1}}$ (k는 자연수)이므로

$$S_{2k}=S_{2k-1}-\frac{1}{\sqrt{k+1}}=1-\frac{1}{\sqrt{k+1}}$$

$$\therefore \lim_{k\to\infty}S_{2k}=\lim_{k\to\infty}\left(1-\frac{1}{\sqrt{k+1}}\right)=1$$

(i), (ii)에서 $\lim_{k\to\infty}S_{2k-1}=\lim_{k\to\infty}S_{2k}=1$이므로 주어진 급수는 수렴하고, 그 합은 1이다.

답 수렴, 1

핵심 예제 04

급수 $\left(x_1-\frac{1+3}{3}\right)+\left(x_2-\frac{1+3+3^2}{3^2}\right)+\left(x_3-\frac{1+3+3^2+3^3}{3^3}\right)+\cdots$

이 수렴할 때, $\lim_{n\to\infty}10x_n$의 값은?

① 13 ② 14 ③ 15
④ 16 ⑤ 17

Tip

• 급수 $\sum_{n=1}^{\infty}a_n$이 수렴하면 $\lim_{n\to\infty}a_n=$ ❶ ☐

• $1+3+3^2+\cdots+3^n=\frac{❷\ ☐\ -1}{3-1}$

답 ❶ 0 ❷ 3^{n+1}

풀이

주어진 급수의 제n항을 a_n이라 하면

$$a_n=x_n-\frac{1+3+3^2+\cdots+3^n}{3^n}=x_n-\frac{3^{n+1}-1}{2\times3^n}$$

이때 $x_n=a_n+\frac{3^{n+1}-1}{2\times3^n}$이고

$\lim_{n\to\infty}a_n=0$이므로

$$\lim_{n\to\infty}x_n=\lim_{n\to\infty}\left(a_n+\frac{3^{n+1}-1}{2\times3^n}\right)$$

$$=\lim_{n\to\infty}a_n+\lim_{n\to\infty}\frac{3^{n+1}-1}{2\times3^n}$$

$$=0+\lim_{n\to\infty}\frac{3-\left(\frac{1}{3}\right)^n}{2}$$

$$=0+\frac{3-0}{2}=\frac{3}{2}$$

$$\therefore \lim_{n\to\infty}10x_n=10\times\frac{3}{2}=15$$

답 ③

3-1

다음 급수의 수렴, 발산을 조사하고, 수렴하면 그 합을 구하시오.

$$\frac{1}{2}-\frac{2}{3}+\frac{2}{3}-\frac{3}{4}+\frac{3}{4}-\frac{4}{5}+\frac{4}{5}-\cdots$$

4-1

수열 $\{a_n\}$에 대하여 $\sum_{n=1}^{\infty}\left(7-\frac{a_n}{3^n}\right)=2022$일 때,

$\lim_{n\to\infty}\frac{a_n}{3^{n-1}}$의 값은?

① 20 ② 21 ③ 22
④ 23 ⑤ 24

필수 체크 전략 ①

핵심 예제 05

두 급수 $\sum_{n=1}^{\infty} a_n$, $\sum_{n=1}^{\infty} b_n$이 모두 수렴하고

$$\sum_{n=1}^{\infty}(a_n+b_n)=10,\ \sum_{n=1}^{\infty}(a_n-b_n)=4$$

일 때, $\sum_{n=1}^{\infty} a_n$의 값을 구하시오.

Tip

두 급수 $\sum_{n=1}^{\infty} a_n$, $\sum_{n=1}^{\infty} b_n$이 수렴할 때,

(1) $\sum_{n=1}^{\infty}(a_n+b_n)=\sum_{n=1}^{\infty} a_n+$ ❶ ☐

(2) $\sum_{n=1}^{\infty}(a_n-b_n)=\sum_{n=1}^{\infty} a_n$ ❷ ☐ $\sum_{n=1}^{\infty} b_n$

답 ❶ $\sum_{n=1}^{\infty} b_n$ ❷ $-$

풀이

$\sum_{n=1}^{\infty}(a_n+b_n)=10$에서

$\sum_{n=1}^{\infty} a_n+\sum_{n=1}^{\infty} b_n=10$ ······㉠

$\sum_{n=1}^{\infty}(a_n-b_n)=4$에서

$\sum_{n=1}^{\infty} a_n-\sum_{n=1}^{\infty} b_n=4$ ······㉡

㉠, ㉡을 연립하여 풀면

$\sum_{n=1}^{\infty} a_n=7$

답 7

핵심 예제 06

다음 등비급수의 합을 구하시오.

(1) $\sum_{n=1}^{\infty}\frac{2^{2n-1}+3^{n+1}}{6^n}$

(2) $\sum_{n=1}^{\infty}\left(\frac{1}{2}\right)^n\sin\frac{n\pi}{2}$

Tip

(i) 주어진 급수를 $\sum_{n=1}^{\infty} ar^{n-1}$ 꼴로 나타낸다.

(ii) ❶ ☐ $<r<1$이면 급수 $\sum_{n=1}^{\infty} ar^{n-1}$의 합이 $\frac{❷\ ☐}{1-r}$임을 이용한다.

답 ❶ -1 ❷ a

풀이

(1) $\sum_{n=1}^{\infty}\frac{2^{2n-1}+3^{n+1}}{6^n}=\sum_{n=1}^{\infty}\frac{1}{2}\times\left(\frac{2}{3}\right)^n+\sum_{n=1}^{\infty}3\times\left(\frac{1}{2}\right)^n$

$=\frac{1}{2}\times\frac{\frac{2}{3}}{1-\frac{2}{3}}+3\times\frac{\frac{1}{2}}{1-\frac{1}{2}}$

$=\frac{1}{2}\times2+3\times1=4$

(2) $\sum_{n=1}^{\infty}\left(\frac{1}{2}\right)^n\sin\frac{n\pi}{2}=\frac{1}{2}-\frac{1}{2^3}+\frac{1}{2^5}-\frac{1}{2^7}+\cdots$

$=\frac{\frac{1}{2}}{1-\left(-\frac{1}{2^2}\right)}=\frac{2}{5}$

답 (1) 4 (2) $\frac{2}{5}$

5-1

두 급수 $\sum_{n=1}^{\infty} a_n$, $\sum_{n=1}^{\infty} b_n$에 대하여

$$\sum_{n=1}^{\infty} a_n=5,\ \sum_{n=1}^{\infty}(3a_n+5b_n)=30$$

일 때, $\sum_{n=1}^{\infty} b_n$의 값은?

① 3 ② 4 ③ 5 ④ 6 ⑤ 7

6-1

수열 $\{a_n\}$의 일반항이 $a_n=\frac{2^n-1}{3}$일 때, $\sum_{n=1}^{\infty}\frac{a_n}{4^n}$의 값은?

① $\frac{1}{9}$ ② $\frac{2}{9}$ ③ $\frac{1}{3}$ ④ $\frac{4}{9}$ ⑤ $\frac{5}{9}$

핵심 예제 07

급수 $\sum_{n=1}^{\infty}(x-2)(x-3)^n$이 수렴하도록 하는 모든 정수 x의 값의 합은?

① 1 ② 2 ③ 3
④ 4 ⑤ 5

Tip

등비급수 $\sum_{n=1}^{\infty}ar^{n-1}$이 수렴하려면

$a=$ ❶ ___ 또는 $-1<r<$ ❷ ___

답 ❶ 0 ❷ 1

풀이

급수 $\sum_{n=1}^{\infty}(x-2)(x-3)^n$의 첫째항이 $(x-2)(x-3)$, 공비가 $x-3$이므로 이 급수가 수렴하려면

$(x-2)(x-3)=0$ 또는 $-1<x-3<1$

(i) $(x-2)(x-3)=0$에서 $x=2$ 또는 $x=3$

(ii) $-1<x-3<1$에서 $2<x<4$

(i), (ii)에서 주어진 급수가 수렴하도록 하는 정수 x는 2, 3이므로 그 합은

$2+3=5$

답 ⑤

7-1

급수 $\sum_{n=1}^{\infty}\left(\frac{x}{3-x}\right)^n$이 수렴하도록 하는 정수 x의 최댓값은?

① -2 ② -1 ③ 0
④ 1 ⑤ 2

7-2

급수 $\sum_{n=1}^{\infty}r^n$이 수렴할 때, 다음 보기의 급수 중 항상 수렴하는 것만을 있는 대로 고르시오.

보기

ㄱ. $\sum_{n=1}^{\infty}\left(\frac{r+2}{3}\right)^n$ ㄴ. $\sum_{n=1}^{\infty}\frac{r^n+(-r)^n}{3}$

ㄷ. $\sum_{n=1}^{\infty}r^{3n}$ ㄹ. $\sum_{n=1}^{\infty}\left(\frac{r}{4}+1\right)^n$

핵심 예제 08

어떤 공을 땅에 떨어뜨리면 그 공은 직전에 낙하한 높이의 $\frac{4}{5}$만큼 수직으로 다시 튀어 오른다고 한다. 이 공을 높이가 10 m인 곳에서 땅에 떨어뜨렸을 때, 공이 정지할 때까지 움직인 거리는 몇 m인지 구하시오.

Tip

실생활 문제에서 도형의 길이 등이 일정한 규칙에 의하여 줄어들거나 늘어날 때, 첫째항과 ❶ ___ 를 찾아 등비급수의 합을 이용하여 문제를 해결한다.

답 ❶ 공비

풀이

공이 정지할 때까지 움직인 거리는

$10+2\times10\times\frac{4}{5}+2\times10\times\left(\frac{4}{5}\right)^2+\cdots$

$=10+\frac{16}{1-\frac{4}{5}}$

$=10+80=90\ (\mathrm{m})$

답 90

8-1

오른쪽 그림과 같이 자연수 n에 대하여 점 P_n이

$\overline{OP_1}=2$, $\overline{P_1P_2}=\frac{4}{5}\overline{OP_1}$,

$\overline{P_2P_3}=\frac{4}{5}\overline{P_1P_2}$, $\cdots$

를 만족시킨다. 점 P_n이 한없이 가까워지는 점의 좌표를 (x, y)라 할 때, $x+y$의 값을 구하시오.

(단, O는 원점이다.)

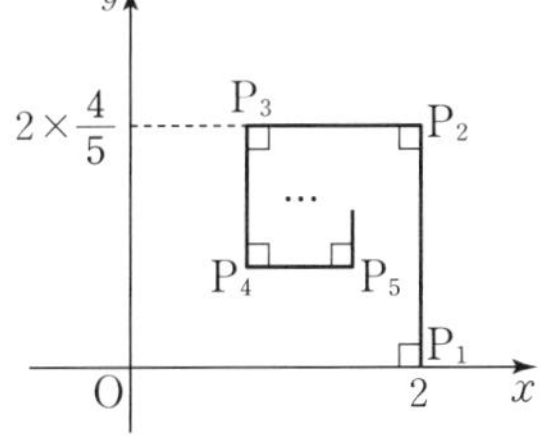

WEEK 1 DAY 3

필수 체크 전략 ②

01 급수 $\sum_{n=2}^{\infty}\frac{1}{4n^2-4}$의 합은?

① $\frac{1}{16}$ ② $\frac{3}{16}$ ③ $\frac{5}{16}$
④ $\frac{7}{16}$ ⑤ $\frac{9}{16}$

Tip

- $\sum_{n=2}^{\infty}\frac{1}{4n^2-4}=\lim_{n\to\infty}$ ❶ ☐
- $\frac{1}{AB}=\frac{1}{❷\ ☐}\left(\frac{1}{A}-\frac{1}{B}\right)$ (단, $A\neq B$)

답 ❶ $\sum_{k=2}^{n}\frac{1}{4k^2-4}$ ❷ $B-A$

02 $a_1=3$, $a_2=7$인 수열 $\{a_n\}$이 모든 자연수 n에 대하여

$$a_{n+2}=a_{n+1}+a_n$$

일 때, $\sum_{n=1}^{\infty}\frac{a_n}{a_{n+1}a_{n+2}}$의 값은?

① $\frac{1}{21}$ ② $\frac{1}{7}$ ③ $\frac{5}{21}$
④ $\frac{1}{3}$ ⑤ $\frac{3}{7}$

Tip

- $a_{n+2}-a_{n+1}=$ ❶ ☐
- $\frac{a_n}{a_{n+1}a_{n+2}}=\frac{a_n}{❷\ ☐-a_{n+1}}\left(\frac{1}{a_{n+1}}-\frac{1}{a_{n+2}}\right)$
$=\frac{1}{a_{n+1}}-\frac{1}{a_{n+2}}$

답 ❶ a_n ❷ a_{n+2}

03 다음 보기의 급수 중 수렴하는 것만을 있는 대로 고른 것은?

보기

ㄱ. $\sum_{n=1}^{\infty}\left(\frac{n+2}{n+1}-\frac{n+3}{n+2}\right)$

ㄴ. $\sum_{n=1}^{\infty}\frac{1}{\sqrt{n+2}+\sqrt{n}}$

ㄷ. $\sum_{n=1}^{\infty}\frac{3^n+2^n}{3^n}$

① ㄱ ② ㄴ ③ ㄷ
④ ㄱ, ㄴ ⑤ ㄴ, ㄷ

Tip

급수 $\sum_{n=1}^{\infty}a_n$이 수렴하면 $\lim_{n\to\infty}a_n=$ ❶ ☐이므로

$\lim_{n\to\infty}a_n\neq$ ❷ ☐이면 급수 $\sum_{n=1}^{\infty}a_n$은 발산한다.

답 ❶ 0 ❷ 0

04 수렴하는 수열 $\{a_n\}$에 대하여 급수

$$\left(a_1-\frac{1}{1^2}\right)+\left(a_2-\frac{1+3}{3^2}\right)+\left(a_3-\frac{1+3+5}{5^2}\right)+\cdots$$

가 수렴할 때, $\lim_{n\to\infty}a_n$의 값은?

① 0 ② $\frac{1}{6}$ ③ $\frac{1}{4}$
④ $\frac{1}{2}$ ⑤ 1

Tip

$1+3+5+\cdots+(2n-1)$
$=\sum_{k=1}^{n}(2k-1)$
$=2\times\frac{❶\ ☐}{2}-n=$ ❷ ☐

답 ❶ $n(n+1)$ ❷ n^2

05 자연수 n에 대하여 12^n의 모든 양의 약수의 개수를 a_n이라 할 때, $\sum_{n=1}^{\infty}\frac{1}{a_n+n-1}$의 값은?

① $\frac{1}{8}$ ② $\frac{1}{4}$ ③ $\frac{3}{8}$
④ $\frac{1}{2}$ ⑤ $\frac{5}{8}$

Tip
자연수 N에 대하여 $N=p^\alpha q^\beta r^\gamma$일 때, N의 양의 약수의 개수는 $(\alpha+1)(\beta+1)($❶ $\square)$
(단, p, q, r는 서로 다른 소수이고, α, β, γ는 자연수이다.)

답 ❶ $\gamma+1$

06 첫째항이 $0.\dot{2}$, 공비가 $0.0\dot{9}$인 등비수열 $\{a_n\}$에 대하여 급수 $\sum_{n=1}^{\infty}a_n$의 합은?

① $\frac{5}{27}$ ② $\frac{2}{9}$ ③ $\frac{20}{81}$
④ $\frac{7}{27}$ ⑤ $\frac{7}{18}$

Tip
등비수열 $\{a_n\}$의 공비 r에 대하여 $-1<r<$ ❶ $\square$ 이면

$$\sum_{n=1}^{\infty}a_n=\frac{a_1}{1-\text{❷}\square}$$

답 ❶ 1 ❷ r

07 등비수열 $\{a_n\}$에 대하여

$$a_2+a_4=2(a_3+a_5),\ \sum_{n=2}^{\infty}a_n=4$$

일 때, a_1의 값은?

① 1 ② 2 ③ 3
④ 4 ⑤ 5

Tip
등비급수 $\sum_{n=1}^{\infty}ar^{n-1}\ (a\neq0)$은 ❶ $\square$ $<r<1$일 때 수렴하고, 그 합은 $\frac{\text{❷}\square}{1-r}$

답 ❶ -1 ❷ a

08 다음 그림과 같이 자연수 n에 대하여 점 P_n이

$$\overline{OP_1}=2,\ \overline{P_1P_2}=\frac{1}{2}\overline{OP_1},\ \overline{P_2P_3}=\frac{1}{2}\overline{P_1P_2},\ \cdots$$
$$\angle AOP_1=30^\circ,\ \angle OP_1P_2=\angle P_1P_2P_3=\cdots=60^\circ$$

를 만족시킬 때, $\left\{\lim_{n\to\infty}\tan(\angle P_nOA)\right\}^2$의 값은?
(단, O는 원점이고, 점 A는 x축 위의 점이다.)

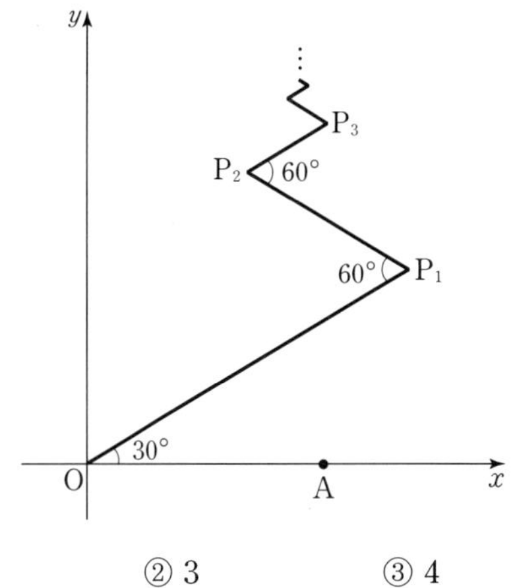

① 2 ② 3 ③ 4
④ 5 ⑤ 6

Tip
점 P_n이 한없이 가까워지는 점의 좌표를 (a, b)라 하면 $\lim_{n\to\infty}\tan(\angle P_nOA)$의 값은 원점과 점 (a, b)를 지나는 직선의 ❶ $\square$ 와 같다.

답 ❶ 기울기

누구나 합격 전략

01 $\lim_{n\to\infty}\frac{4n^2+1}{(n+1)(2n+1)}$의 값은?

① $\frac{3}{2}$　② 2　③ $\frac{5}{2}$　④ 3　⑤ $\frac{7}{2}$

02 $\lim_{n\to\infty}\frac{\sqrt{n+1}-\sqrt{n-1}}{\sqrt{n+4}-\sqrt{n}}$의 값은?

① $\frac{1}{3}$　② $\frac{1}{2}$　③ 1　④ $\frac{4}{3}$　⑤ $\frac{3}{2}$

03 두 수열 $\{a_n\}$, $\{b_n\}$에 대하여

$$\lim_{n\to\infty}a_n=2,\ \lim_{n\to\infty}b_n=-1$$

일 때, $\lim_{n\to\infty}(2a_n+b_n)$의 값은?

① -1　② 0　③ 1　④ 2　⑤ 3

04 수열 $\{a_n\}$이 모든 자연수 n에 대하여

$$2n-1<na_n<2n+3$$

을 만족시킬 때, $\lim_{n\to\infty}(2a_n-1)$의 값은?

① 0　② 1　③ 2　④ 3　⑤ 4

05 수열 $\{a_n\}$에 대하여 첫째항부터 제n항까지의 합을 S_n이라 할 때, $S_n=3n\times2^n$이다. $\lim_{n\to\infty}\frac{a_n}{S_n}$의 값은?

① $\frac{1}{8}$ ② $\frac{1}{4}$ ③ $\frac{1}{2}$

④ 1 ⑤ 2

06 급수 $\sum_{n=1}^{\infty}\frac{3}{4n^2-1}$의 합은?

① $-\frac{3}{2}$ ② $-\frac{1}{2}$ ③ $\frac{1}{2}$

④ 1 ⑤ $\frac{3}{2}$

07 수열 $\{a_n\}$에 대하여

$$\sum_{n=1}^{\infty}\left(a_n-\frac{n}{n+1}\right)=10$$

일 때, $\lim_{n\to\infty}a_n$의 값은?

① 1 ② 2 ③ 3

④ 4 ⑤ 5

08 수열 $\{a_n\}$이 모든 자연수 n에 대하여

$$a_1=5,\ 3a_{n+1}-a_n=0$$

일 때, $\sum_{n=1}^{\infty}a_n$의 값은?

① $\frac{15}{2}$ ② 8 ③ $\frac{17}{2}$

④ 9 ⑤ $\frac{19}{2}$

WEEK 1

창의·융합·코딩 전략 ①

1 다음 그림과 같이 한 변의 길이가 1인 정사각형을 이어 붙여서 가로의 길이가 1씩 증가하는 직사각형을 만들려고 한다. n번째 만든 직사각형에서 한 변의 길이가 1인 정사각형의 꼭짓점의 개수를 a_n, 길이가 1인 선분의 개수를 b_n이라 할 때, $\lim_{n\to\infty}\frac{a_nb_n}{n^2}$의 값은?

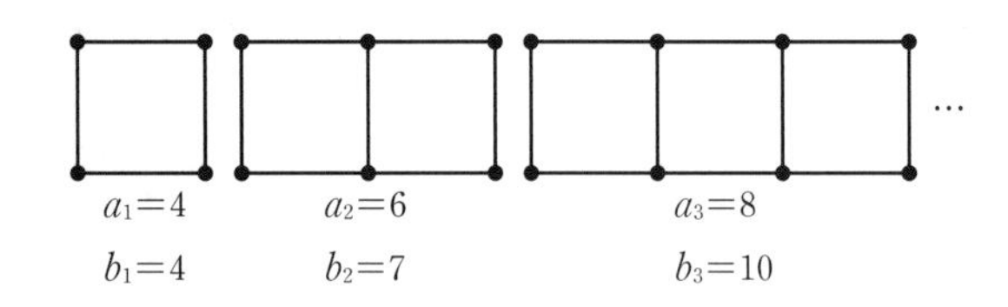

① 4 ② 6 ③ 8
④ 10 ⑤ 12

Tip

두 수열 $\{a_n\}$, $\{b_n\}$은 첫째항이 모두 ❶ [ ] 이고 공차가 각각 2, ❷ [ ] 인 등차수열이다.

답 ❶ 4 ❷ 3

2 미래도시에서 미아방지를 위하여 경보음이 울리는 센서가 장착된 목걸이를 아이들의 목에 건다고 한다. 아이와 보호자 사이의 거리가 a km일 때, 센서의 경보음의 크기를 $f(a)$라 하면

$$f(a)=\lim_{n\to\infty}\frac{10}{a^{-2n}+2}$$

이 성립한다고 한다. 경보음의 크기가 변할 때, 아이와 보호자 사이의 거리는 몇 km인가?

① 0.4 ② 0.6 ③ 0.8
④ 1 ⑤ 1.2

Tip

$$f(a)=\lim_{n\to\infty}\frac{10}{a^{-2n}+2}$$
$$=\lim_{n\to\infty}\frac{10a^{2n}}{❶\ \boxed{\ }+2a^{2n}}$$

답 ❶ 1

3 다음 그림과 같이 자연수 n에 대하여 좌표평면 위의 세 점 $\mathrm{A}(0,\ 1)$, $\mathrm{B}(0,\ 9)$, $\mathrm{P}_n(n,\ 0)$이 있다. $\angle\mathrm{APB}$의 이등분선이 y축과 만나는 점의 y좌표를 b_n이라 할 때, $\lim\limits_{n\to\infty} b_n$의 값을 구하시오.

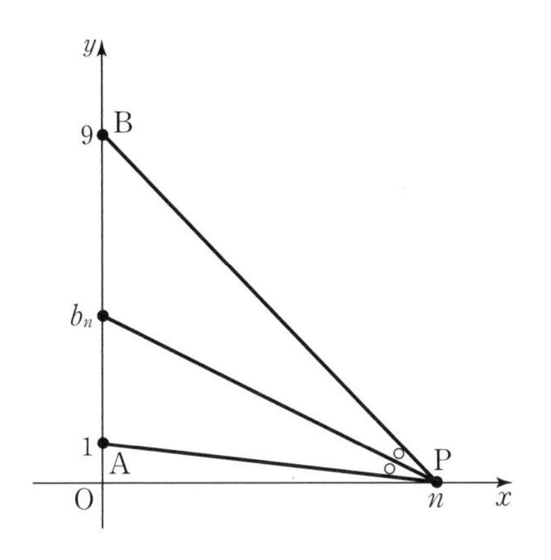

Tip

점 Q의 좌표를 $(0,\ b_n)$이라 하면

위의 그림과 같이 $\angle\mathrm{APQ}=\angle\mathrm{BPQ}$일 때,

$\overline{\mathrm{AP}}:\overline{\mathrm{BP}}=$ ❶ ______ : ❷ ______

답 ❶ $\overline{\mathrm{AQ}}$ ❷ $\overline{\mathrm{BQ}}$

4 실수 전체의 집합에서 정의된 함수 $f(x)$가 다음 조건을 만족시킨다.

> (가) $f(x)=\begin{cases} x^3 & (0\le x<1) \\ -(x-1)^2+1 & (1\le x<2) \end{cases}$
>
> (나) 모든 실수 x에 대하여 $f(x+2)=f(x)$

자연수 n에 대하여 직선 $y=\dfrac{1}{n}x$와 함수 $y=f(x)$의 그래프가 만나는 점의 개수를 a_n이라 할 때, $\displaystyle\sum_{n=1}^{\infty}\frac{2}{a_n a_{n+2}}$의 값은?

① $\dfrac{1}{2}$ ② $\dfrac{5}{6}$ ③ $\dfrac{7}{6}$

④ $\dfrac{3}{2}$ ⑤ $\dfrac{11}{6}$

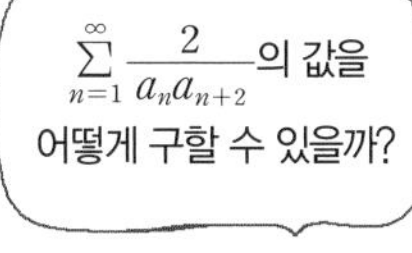

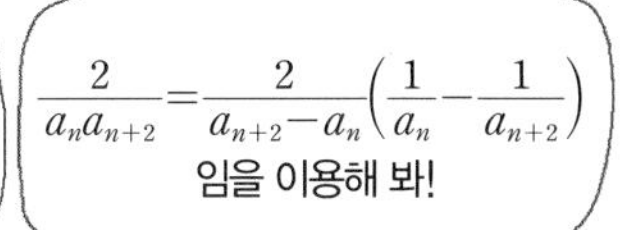

Tip

조건 (나)에서 함수 $f(x)$의 주기는 ❶ ______ 이다.

답 ❶ 2

창의·융합·코딩 전략 ②

5 제논이 낸 문제를 논리적으로 파훼하는 것은 당시의 수학으로는 불가능한 일이었기에 '역설'이라는 이름이 붙었다. 다음은 제논의 역설 중 하나인 '아킬레우스와 거북이의 경주'이다.

> 거북이가 아킬레우스보다 100 m 앞에서 출발하고 아킬레우스가 100 m 가는 동안 거북이가 10 m를 간다고 가정해 보자. 아킬레우스가 거북이를 따라잡기 위하여 100 m 앞으로 가면 동시에 거북이는 10 m 앞으로 간다. 거북이는 아킬레우스보다 10 m만큼 앞에 있는데, 다시 아킬레우스가 거북이의 위치까지 10 m를 가면 거북이는 1 m 앞으로 가서 거북이가 다시 1 m만큼을 앞서게 된다. 마찬가지로 아킬레우스가 다시 1 m를 가면 거북이는 0.1 m 앞으로 가서 아킬레우스는 여전히 뒤에 있게 된다. 따라서 아킬레우스는 항상 거북이 뒤에 있으므로 아무리 가까워져도 거북이를 따라잡는 건 불가능하다.

급수를 이용하여 제논의 주장이 틀렸음을 밝힐 수 있었다. 위의 상황에서 아킬레우스가 10 m/s로 달린다고 할 때, 출발한 지 몇 초 후에 거북이를 따라잡는지 구하시오.

Tip

아킬레우스가 1초에 ❶ ______ m를 달린다.

즉 아킬레우스가 x m 달렸을 때, 걸린 시간은 ❷ ______ 초이다.

답 ❶ 10 ❷ $\frac{x}{10}$

6 직사각형에서 짧은 변을 한 변으로 하는 정사각형을 잘라내고 남은 직사각형이 처음의 직사각형과 서로 닮음이면 이 직사각형을 황금직사각형이라 한다. 다음 그림과 같이 긴 변의 길이가 1인 황금직사각형 R_1에서 짧은 변을 한 변으로 하는 정사각형 S_1을 잘라내고 남은 직사각형을 R_2, 직사각형 R_2에서 정사각형 S_2를 잘라내고 남은 직사각형을 R_3이라 하자. 이와 같은 과정을 반복하여 n번째 얻은 직사각형 R_n의 둘레의 길이를 l_n이라 하자.

$\sum_{n=1}^{\infty} l_n = kl_1$일 때, 상수 k의 값은?

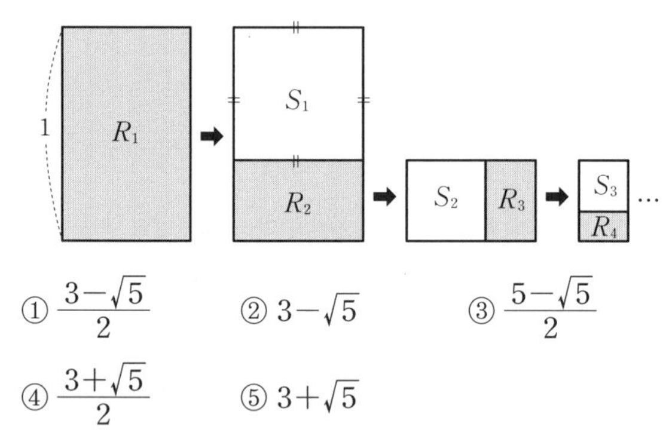

① $\frac{3-\sqrt{5}}{2}$　② $3-\sqrt{5}$　③ $\frac{5-\sqrt{5}}{2}$

④ $\frac{3+\sqrt{5}}{2}$　⑤ $3+\sqrt{5}$

Tip

- 황금직사각형 R_1의 짧은 변의 길이를 x라 하면 R_2의 긴 변의 길이는 ❶ ______ 이다.
- 두 직사각형 R_1, R_2는 서로 닮음이므로 $1 : x = x :$ ❷ ______

답 ❶ x ❷ $1-x$

7 다음 그림과 같이 반지름의 길이가 r_1인 원 C_1에 내접하는 정삼각형을 그리고, 이 정삼각형에 내접하는 정사각형을 그린다. 또 이 정사각형에 내접하는 원 C_2를 그리고 원 C_2의 반지름의 길이를 r_2라 하자. 원 C_2에 내접하는 정삼각형을 그리고, 이 정삼각형에 내접하는 정사각형을 그린다. 또 이 정사각형에 내접하는 원 C_3을 그리고 원 C_3의 반지름의 길이를 r_3이라 하자. 이와 같은 과정을 반복하여 n번째 얻은 원 C_n의 반지름의 길이를 r_n이라 할 때,

$\sum_{n=1}^{\infty} r_n$의 값은? (단, $r_1=12$)

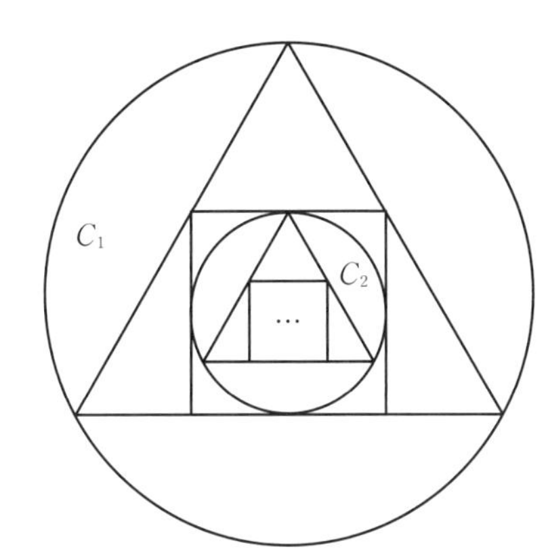

① $\dfrac{12(3\sqrt{3}-4)}{11}$　② $\dfrac{24(3\sqrt{3}-4)}{11}$

③ $\dfrac{6(3\sqrt{3}+4)}{11}$　④ $\dfrac{12(3\sqrt{3}+4)}{11}$

⑤ $\dfrac{24(3\sqrt{3}+4)}{11}$

Tip

원에 내접하는 정삼각형에 대하여 원의 중심은 정삼각형의 ❶ [　　] 과 일치한다. 즉 원의 중심은 정삼각형의 한 꼭짓점에서 대변까지의 중선을 ❷ [　　] : 1로 내분한다.

답 ❶ 무게중심 ❷ 2

8 다음 그림과 같이 지름의 길이가 16인 반원의 지름을 $1:3$으로 내분하는 점을 지나고 이 반원에 내접하는 2개의 반원을 그린 후 새로 그린 2개의 반원의 내부를 색칠하여 얻은 그림을 R_1이라 하자. 만들어진 각 반원에서 지름을 $1:3$으로 내분하는 점을 지나고 반원에 내접하는 반원을 2개씩 그린 후 새로 그린 4개의 반원의 내부를 색칠하여 얻은 그림을 R_2라 하자. 이와 같은 과정을 반복하여 n번째 얻은 그림에서 색칠되어 있는 부분의 넓이를 S_n이라 할 때, $\sum_{n=1}^{\infty} S_n=\dfrac{q}{p}\pi$이다. 서로소인 두 자연수 p, q에 대하여 $p+q$의 값을 구하시오.

Tip

위의 그림과 같이 반원 O의 지름을 $1:3$으로 내분하는 점을 지나고 이 반원에 내접하는 2개의 반원 O_1, O_2에 대하여

(O의 넓이) : (O_1의 넓이) : (O_2의 넓이)

$=1:$ ❶ [　　] : ❷ [　　]

답 ❶ $\frac{1}{16}$ ❷ $\frac{9}{16}$

WEEK

2 여러 가지 함수의 미분

공부할 내용　1. 지수함수와 로그함수의 극한과 도함수　2. 삼각함수의 덧셈정리
3. 삼각함수의 극한　4. 사인함수와 코사인함수의 도함수

WEEK 2 DAY 1 개념 돌파 전략 ①

개념 01 지수함수의 극한

지수함수 $y=a^x$ $(a>0,\ a\neq1)$은 실수 전체의 집합에서 연속이므로 임의의 실수 r에 대하여 $\lim\limits_{x\to r}a^x=a^r$

❶ $a>$ [❶] 일 때

$\lim\limits_{x\to-\infty}a^x=0$

$\lim\limits_{x\to\infty}a^x=\infty$

❷ $0<a<1$일 때

$\lim\limits_{x\to-\infty}a^x=\infty$

$\lim\limits_{x\to\infty}a^x=$ [❷]

답 ❶ 1 ❷ 0

확인 01

① $\lim\limits_{x\to-\infty}2^x=0$, $\lim\limits_{x\to\infty}2^x=$ [❶]

② $\lim\limits_{x\to-\infty}\left(\frac{1}{3}\right)^x=\infty$, $\lim\limits_{x\to\infty}\left(\frac{1}{3}\right)^x=$ [❷]

답 ❶ ∞ ❷ 0

개념 02 로그함수의 극한

로그함수 $y=\log_a x$ $(a>0,\ a\neq1)$는 양의 실수 전체의 집합에서 [❶] 이므로 임의의 양수 r에 대하여

$\lim\limits_{x\to r}\log_a x=\log_a r$

❶ $a>1$일 때

$\lim\limits_{x\to0+}\log_a x=-\infty$

$\lim\limits_{x\to\infty}\log_a x=\infty$

❷ $0<a<1$일 때

$\lim\limits_{x\to0+}\log_a x=$ [❷]

$\lim\limits_{x\to\infty}\log_a x=-\infty$

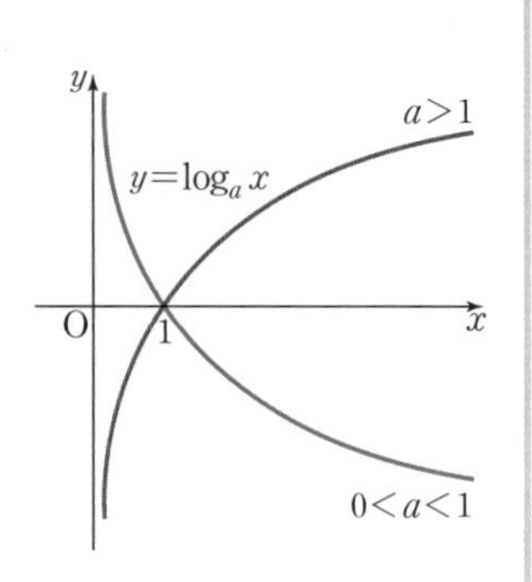

답 ❶ 연속 ❷ ∞

확인 02

① $\lim\limits_{x\to0+}\log_{\frac{3}{2}}x=$ [❶], $\lim\limits_{x\to\infty}\log_{\frac{3}{2}}x=\infty$

② $\lim\limits_{x\to0+}\log_{\frac{1}{5}}x=$ [❷], $\lim\limits_{x\to\infty}\log_{\frac{1}{5}}x=-\infty$

답 ❶ $-\infty$ ❷ ∞

개념 03 무리수 e와 자연로그

❶ 무리수 e

$$e=\lim_{x\to0}(1+x)^{\frac{1}{x}}=\lim_{x\to\infty}\left(1+\frac{1}{x}\right)^x$$

$(e=2.71828182845904\cdots)$

❷ 무리수 e를 [❶] 으로 하는 로그 $\log_e x$를 자연로그라 하고, 간단히 $\ln x$와 같이 나타낸다.

참고 (1) 무리수 e를 밑으로 하는 지수함수를 $y=e^x$으로 나타낸다.

(2) 로그함수 $y=\ln x$와 지수함수 $y=e^x$은 서로 [❷] 의 관계에 있다.

답 ❶ 밑 ❷ 역함수

확인 03

$\frac{1}{x}=t$라 하면 $x\to\infty$일 때 $t\to$ [❶] 이므로

$\lim\limits_{x\to\infty}\left(1+\frac{1}{x}\right)^x=\lim\limits_{t\to0}(1+t)^{\frac{1}{t}}=$ [❷]

답 ❶ 0 ❷ e

개념 04 지수 · 로그함수의 극한: 밑이 e인 경우

❶ $\lim\limits_{x\to0}\frac{\ln(1+x)}{x}=$ [❶]

❷ $\lim\limits_{x\to0}\frac{[❷\ ]-1}{x}=1$

참고 $\lim\limits_{x\to0}\frac{x}{\ln(1+x)}=1$, $\lim\limits_{x\to0}\frac{x}{e^x-1}=1$

답 ❶ 1 ❷ e^x

확인 04

① $\lim\limits_{x\to0}\frac{\ln(1+2x)}{x}=\lim\limits_{x\to0}\frac{\ln(1+2x)}{[❶\ ]}\times2=1\times2=2$

② $\lim\limits_{x\to0}\frac{e^{3x}-1}{6x}=\lim\limits_{x\to0}\frac{e^{3x}-1}{3x}\times$ [❷] $=1\times\frac{1}{2}=\frac{1}{2}$

답 ❶ $2x$ ❷ $\frac{1}{2}$

개념 05 지수 · 로그함수의 극한: 밑이 e가 아닌 경우

$a>0$, $a\neq1$일 때

❶ $\lim_{x\to0}\frac{\log_a(1+x)}{x}=\frac{1}{\boxed{❶\quad}}$

❷ $\lim_{x\to0}\frac{a^x-1}{\boxed{❷\quad}}=\ln a$

답 ❶ $\ln a$ ❷ x

확인 05

① $\lim_{x\to0}\frac{\log_4(1-x)}{x}=\lim_{x\to0}\frac{\log_4(1-x)}{-x}\times(-1)=-\frac{1}{\boxed{❶\quad}}$

② $\lim_{x\to0}\frac{5^{2x}-1}{3x}=\lim_{x\to0}\frac{5^{2x}-1}{2x}\times\frac{2}{3}=\frac{2}{3}\boxed{❷\quad}$

답 ❶ $\ln 4$ ❷ $\ln 5$

개념 06 지수함수의 도함수

❶ $y=e^x$이면 $y'=\boxed{❶\quad}$

❷ $y=a^x$ $(a>0, a\neq1)$이면 $y'=a^x\boxed{❷\quad}$

참고 (1) $y'=\lim_{h\to0}\frac{e^{x+h}-e^x}{h}=\lim_{h\to0}\frac{e^x(e^h-1)}{h}$

$=\lim_{h\to0}\frac{e^h-1}{h}\times e^x=1\times e^x=e^x$

(2) $y'=\lim_{h\to0}\frac{a^{x+h}-a^x}{h}=\lim_{h\to0}\frac{a^x(a^h-1)}{h}$

$=\lim_{h\to0}\frac{a^h-1}{h}\times a^x=\ln a\times a^x$

$=a^x\ln a$

답 ❶ e^x ❷ $\ln a$

확인 06

① $y=e^{x+2}$이면 $y=e^2\times e^x$이므로

$y'=e^2\times(e^x)'=e^2\times\boxed{❶\quad}=e^{x+2}$

② $y=3^{x+1}$이면 $y=3\times3^x$이므로

$y'=3\times(3^x)'=3\times3^x\ln3=3^{x+1}\boxed{❷\quad}$

답 ❶ e^x ❷ $\ln 3$

개념 07 로그함수의 도함수

❶ $y=\ln x$이면 $y'=\boxed{❶\quad}$

❷ $y=\log_a x$ $(a>0, a\neq1)$이면 $y'=\frac{\boxed{❷\quad}}{x\ln a}$

참고 (1) $y'=\lim_{h\to0}\frac{\ln(x+h)-\ln x}{h}$

$=\lim_{h\to0}\frac{1}{h}\ln\frac{x+h}{x}$

$=\lim_{h\to0}\frac{1}{x}\times\frac{x}{h}\ln\left(1+\frac{h}{x}\right)$

$=\lim_{h\to0}\ln\left(1+\frac{h}{x}\right)^{\frac{x}{h}}\times\frac{1}{x}$

$=\ln e\times\frac{1}{x}=\frac{1}{x}$

(2) $\log_a x=\frac{\ln x}{\ln a}$이므로 $y'=\left(\frac{\ln x}{\ln a}\right)'=\frac{1}{x\ln a}$

답 ❶ $\frac{1}{x}$ ❷ 1

확인 07

① $y=\ln 5x$이면 $y=\ln5+\ln x$이므로

$y'=(\ln5+\ln x)'=\boxed{❶\quad}$

② $y=\log_2 x$이면 $y=\frac{\ln x}{\boxed{❷\quad}}$이므로

$y'=\left(\frac{\ln x}{\ln 2}\right)'=\frac{1}{\ln2}\times(\ln x)'=\frac{1}{\ln 2}\times\frac{1}{x}=\frac{1}{x\ln2}$

답 ❶ $\frac{1}{x}$ ❷ $\ln 2$

개념 08 사인함수의 덧셈정리

❶ $\sin(\alpha+\beta)=\sin\alpha\cos\beta+\boxed{❶\quad}\sin\beta$

❷ $\sin(\boxed{❷\quad})=\sin\alpha\cos\beta-\cos\alpha\sin\beta$

답 ❶ $\cos\alpha$ ❷ $\alpha-\beta$

확인 08

① $\sin105^\circ=\sin(45^\circ+60^\circ)$

$=\sin45^\circ\cos60^\circ+\cos45^\circ\sin60^\circ$

$=\frac{\sqrt2}{2}\times\frac{1}{2}+\frac{\sqrt2}{2}\times\boxed{❶\quad}=\frac{\sqrt2+\sqrt6}{4}$

② $\sin15^\circ=\sin(60^\circ-45^\circ)$

$=\sin60^\circ\cos45^\circ-\cos60^\circ\sin45^\circ$

$=\frac{\sqrt3}{2}\times\frac{\sqrt2}{2}-\frac{1}{2}\times\frac{\sqrt2}{2}=\frac{\sqrt6-\sqrt2}{\boxed{❷\quad}}$

답 ❶ $\frac{\sqrt3}{2}$ ❷ 4

개념 돌파 전략 ①

개념 09 코사인함수의 덧셈정리

❶ $\cos(\boxed{❶})=\cos\alpha\cos\beta-\sin\alpha\sin\beta$

❷ $\cos(\alpha-\beta)=\boxed{❷}\cos\beta+\sin\alpha\sin\beta$

답 ❶ $\alpha+\beta$ ❷ $\cos\alpha$

확인 09

① $\cos 105^\circ=\cos(45^\circ+60^\circ)$

$=\cos 45^\circ\cos 60^\circ-\sin 45^\circ\sin 60^\circ$

$=\frac{\sqrt{2}}{2}\times\boxed{❶}-\frac{\sqrt{2}}{2}\times\frac{\sqrt{3}}{2}=\frac{\sqrt{2}-\sqrt{6}}{4}$

② $\cos 15^\circ=\cos(60^\circ-45^\circ)$

$=\cos 60^\circ\cos 45^\circ+\sin 60^\circ\sin 45^\circ$

$=\frac{1}{2}\times\frac{\sqrt{2}}{2}+\frac{\sqrt{3}}{2}\times\frac{\sqrt{2}}{2}=\frac{\boxed{❷}}{4}$

답 ❶ $\frac{1}{2}$ ❷ $\sqrt{2}+\sqrt{6}$

개념 10 탄젠트함수의 덧셈정리

❶ $\tan(\alpha+\beta)=\frac{\tan\alpha+\boxed{❶}}{1-\tan\alpha\tan\beta}$

❷ $\tan(\alpha-\beta)=\frac{\tan\alpha-\tan\beta}{\boxed{❷}+\tan\alpha\tan\beta}$

답 ❶ $\tan\beta$ ❷ 1

확인 10

① $\tan 75^\circ=\tan(\boxed{❶}+45^\circ)=\frac{\tan 30^\circ+\tan 45^\circ}{1-\tan 30^\circ\tan 45^\circ}$

$=\frac{\frac{\sqrt{3}}{3}+1}{1-\frac{\sqrt{3}}{3}\times 1}=2+\sqrt{3}$

② $\tan 15^\circ=\tan(45^\circ-30^\circ)=\frac{\tan 45^\circ-\tan 30^\circ}{1+\tan 45^\circ\tan 30^\circ}$

$=\frac{1-\frac{\sqrt{3}}{3}}{1+1\times\frac{\sqrt{3}}{3}}=2-\boxed{❷}$

답 ❶ 30° ❷ $\sqrt{3}$

개념 11 삼각함수의 덧셈정리의 활용

삼각함수의 덧셈정리 중 $\sin(\alpha+\beta)$, $\cos(\alpha+\beta)$, $\tan(\alpha+\beta)$에서 $\beta=\alpha$로 놓으면 다음과 같은 공식을 얻을 수 있다.

❶ $\sin 2\alpha=2\sin\alpha\cos\alpha$

❷ $\cos 2\alpha=\cos^2\alpha-\sin^2\alpha$

$=2\cos^2\alpha-\boxed{❶}$

$=1-2\sin^2\alpha$

❸ $\tan 2\alpha=\frac{\boxed{❷}}{1-\tan^2\alpha}$

답 ❶ 1 ❷ $2\tan\alpha$

확인 11

$\sin\alpha=\frac{3}{5}$, $\cos\alpha=\frac{4}{5}$, $\tan\alpha=\frac{3}{4}$ $\left(0<\alpha<\frac{\pi}{2}\right)$일 때

① $\sin 2\alpha=2\sin\alpha\cos\alpha=2\times\frac{3}{5}\times\frac{4}{\boxed{❶}}=\frac{24}{25}$

② $\cos 2\alpha=\cos^2\alpha-\sin^2\alpha=\left(\frac{4}{5}\right)^2-\left(\frac{3}{5}\right)^2=\frac{\boxed{❷}}{25}$

③ $\tan 2\alpha=\frac{2\tan\alpha}{1-\tan^2\alpha}=\frac{2\times\frac{3}{4}}{1-\left(\frac{3}{4}\right)^2}=\frac{24}{7}$

답 ❶ 5 ❷ 7

개념 12 삼각함수의 극한

임의의 실수 a에 대하여

❶ $\lim_{x\to a}\sin x=\boxed{❶}$

❷ $\lim_{x\to a}\cos x=\cos a$

❸ $\lim_{x\to a}\tan x=\tan a$ (단, $a\neq n\pi+\boxed{❷}$, n은 정수)

답 ❶ $\sin a$ ❷ $\frac{\pi}{2}$

확인 12

① $\lim_{x\to\frac{\pi}{2}}\sin x=\sin\frac{\pi}{2}=\boxed{❶}$

② $\lim_{x\to 0}\cos 2x=\cos(2\times 0)=\cos 0=\boxed{❷}$

답 ❶ 1 ❷ 1

개념 13 함수 $\frac{\sin x}{x}$의 극한

x의 단위가 라디안일 때

❶ $\lim_{x \to 0} \frac{\sin x}{x} =$ ❶ [ ]

❷ $\lim_{x \to 0} \frac{\tan x}{x} =$ ❷ [ ]

참고 $\tan x = \frac{\sin x}{\cos x}$이므로

$$\lim_{x \to 0} \frac{\tan x}{x} = \lim_{x \to 0} \frac{\sin x}{x \cos x}$$
$$= \lim_{x \to 0} \left(\frac{\sin x}{x} \times \frac{1}{\cos x} \right)$$
$$= \lim_{x \to 0} \frac{\sin x}{x} \times \lim_{x \to 0} \frac{1}{\cos x}$$
$$= 1 \times 1 = 1$$

답 ❶ 1 ❷ 1

확인 13

① $\lim_{x \to 0} \frac{\sin 4x}{x} = \lim_{x \to 0} \frac{\sin 4x}{\text{❶ [ ]}} \times 4$

$= 1 \times 4 = 4$

② $\lim_{x \to 0} \frac{\tan x}{3x} = \lim_{x \to 0} \frac{\tan x}{x} \times \frac{1}{3}$

$=$ ❷ [ ] $\times \frac{1}{3} = \frac{1}{3}$

답 ❶ $4x$ ❷ 1

개념 14 삼각함수의 도함수

❶ $y = \sin x$이면 $y' =$ ❶ [ ]

❷ $y = \cos x$이면 $y' =$ ❷ [ ] $\sin x$

참고 $y = \sin x$, $y = \cos x$는 실수 전체의 집합에서 미분가능하다.

답 ❶ $\cos x$ ❷ $-$

확인 14

① $y = 2\sin x$이면 $y' =$ ❶ [ ]

② $y = x^2 + \cos x$이면 $y' = 2x -$ ❷ [ ]

답 ❶ $2\cos x$ ❷ $\sin x$

개념 15 삼각함수의 정의

각 θ를 나타내는 동경이 원점 O를 중심으로 하고 반지름의 길이가 r인 원과 만나는 점을 $\mathrm{P}(x, y)$라 할 때

$\csc \theta = \frac{\text{❶ [ ]}}{y}$ $(y \neq 0)$

$\sec \theta = \frac{r}{x}$ $(x \neq 0)$

$\cot \theta = \frac{x}{y}$ $(y \neq 0)$

P(x, y), r, y, θ, −r, x, O, r, x, −r

이 함수들을 차례로 θ에 대한 코시컨트함수, 시컨트함수, 코탄젠트함수라 한다.

참고 $\csc \theta = \frac{1}{\sin \theta}$, $\sec \theta = \frac{1}{\cos \theta}$, $\cot \theta = \frac{1}{\text{❷ [ ]}}$

답 ❶ r ❷ $\tan \theta$

확인 15

$\sin \theta = \frac{4}{5}$, $\cos \theta = \frac{3}{5}$, $\tan \theta = \frac{4}{3}$ $\left(0 < \theta < \frac{\pi}{2}\right)$일 때

① $\csc \theta = \frac{1}{\sin \theta} = \frac{\text{❶ [ ]}}{4}$

② $\sec \theta = \frac{1}{\cos \theta} = \frac{5}{3}$

③ $\cot \theta = \frac{1}{\tan \theta} = \frac{3}{\text{❷ [ ]}}$

답 ❶ 5 ❷ 4

개념 16 삼각함수 사이의 관계

❶ $1 +$ ❶ [ ] $= \sec^2 \theta$

❷ $1 + \cot^2 \theta =$ ❷ [ ]

참고 $\sin^2 \theta + \cos^2 \theta = 1$의 양변을 $\cos^2 \theta$ $(\cos^2 \theta \neq 0)$와 $\sin^2 \theta$ $(\sin^2 \theta \neq 0)$로 각각 나누면

① $\frac{\sin^2 \theta}{\cos^2 \theta} + \frac{\cos^2 \theta}{\cos^2 \theta} = \frac{1}{\cos^2 \theta}$

⇨ $1 + \tan^2 \theta = \sec^2 \theta$

② $\frac{\sin^2 \theta}{\sin^2 \theta} + \frac{\cos^2 \theta}{\sin^2 \theta} = \frac{1}{\sin^2 \theta}$

⇨ $\cot^2 \theta + 1 = \csc^2 \theta$

답 ❶ $\tan^2 \theta$ ❷ $\csc^2 \theta$

확인 16

θ가 제1사분면의 각이고 $\tan \theta = \frac{4}{3}$일 때, $\sec \theta$ ❶ [ ] 0이므로

$\sec^2 \theta = 1 +$ ❷ [ ] $= 1 + \left(\frac{4}{3}\right)^2 = \frac{25}{9}$ $\therefore \sec \theta = \frac{5}{3}$

답 ❶ > ❷ $\tan^2 \theta$

WEEK 2 DAY 1

개념 돌파 전략 ②

1 $\lim_{x \to 0}(1+x)^{\frac{2}{x}}$의 값은?

① 1　② e　③ $2e$
④ e^2　⑤ $3e$

Tip

$\lim_{x \to 0}(1+x)^{\frac{1}{x}}=$ ❶ ☐

답 ❶ e

2 $\lim_{x \to 0}\frac{\ln(1+3x)}{x}$의 값은?

① $\frac{1}{3}$　② $\frac{1}{2}$　③ 1
④ 2　⑤ 3

Tip

$\lim_{x \to 0}\frac{\ln(1+x)}{x}=\lim_{x \to 0}\ln(1+x)^{\frac{1}{x}}$
$=\ln$ ❶ ☐
$=$ ❷ ☐

답 ❶ e ❷ 1

3 함수 $f(x)=e^x\ln x$에 대하여 $f'(1)$의 값은?

① -1　② 1　③ e
④ $2e$　⑤ e^2

Tip

두 함수 $f(x)$, $g(x)$가 미분가능할 때
$\{f(x)g(x)\}'$
$=f'(x)$ ❶ ☐ $+f(x)$ ❷ ☐

답 ❶ $g(x)$ ❷ $g'(x)$

4 $\sin\alpha=\frac{\sqrt{5}}{5}$, $\sin\beta=\frac{\sqrt{10}}{10}$일 때, $\alpha+\beta=\frac{q}{p}\pi$이다. 서로소인 두 자연수 p, q에 대하여 $p+q$의 값은? $\left(\text{단, } 0<\alpha<\frac{\pi}{2},\ 0<\beta<\frac{\pi}{2}\right)$

① 5　② 7　③ 9　④ 11　⑤ 13

Tip

- $\sin^2\theta+\cos^2\theta=$ ❶ [　　]
- $\cos(\alpha+\beta)$
  $=\cos\alpha\cos\beta-\sin\alpha$ ❷ [　　]

답 ❶ 1 ❷ $\sin\beta$

5 $\lim_{x\to 0}\frac{\sin 2x}{3x}$의 값은?

① $\frac{1}{3}$　② $\frac{2}{3}$　③ 1　④ $\frac{4}{3}$　⑤ $\frac{5}{3}$

Tip

0이 아닌 상수 a, b에 대하여

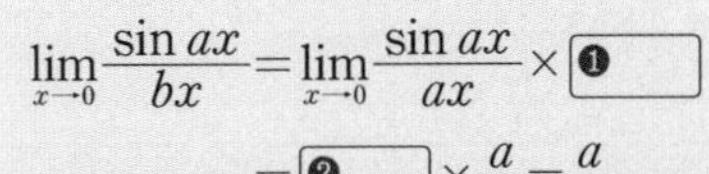

$\lim_{x\to 0}\frac{\sin ax}{bx}=\lim_{x\to 0}\frac{\sin ax}{ax}\times$ ❶ [　　]

$=$ ❷ [　　] $\times\frac{a}{b}=\frac{a}{b}$

답 ❶ $\frac{a}{b}$ ❷ 1

6 함수 $f(x)=x^2\sin x$에 대하여 $f'(\pi)$의 값은?

① $-\pi^2$　② $-\pi$　③ 1　④ π　⑤ π^2

Tip

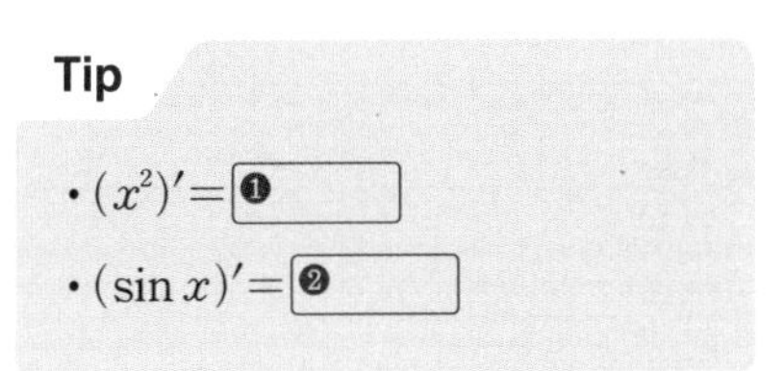

- $(x^2)'=$ ❶ [　　]
- $(\sin x)'=$ ❷ [　　]

답 ❶ $2x$ ❷ $\cos x$

WEEK 2 DAY 2

필수 체크 전략 ①

핵심 예제 01

$\lim\limits_{x\to0}(1+2x)^{\frac{1}{x}}$의 값은?

① e^{-1}　② 1　③ 2

④ e　⑤ e^2

Tip

0이 아닌 상수 a에 대하여

$\lim\limits_{x\to0}(1+ax)^{\frac{1}{x}}=\lim\limits_{x\to0}\{(1+ax)^{\frac{1}{ax}}\}^{\boxed{❶}}=e^a$

답 ❶ a

풀이

$\lim\limits_{x\to0}(1+2x)^{\frac{1}{x}}=\lim\limits_{x\to0}\{(1+2x)^{\frac{1}{2x}}\}^2=e^2$

답 ⑤

$\lim\limits_{▲\to0}(1+▲)^{\frac{1}{▲}}=e$를 이용하여 극한값을 구하자!

1-1

$\lim\limits_{x\to-\infty}\left(1+\dfrac{1}{2x}\right)^{6x}$의 값은?

① 1　② 2　③ e

④ e^3　⑤ e^6

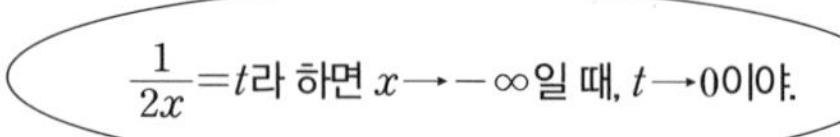

1-2

$\lim\limits_{x\to1}x^{\frac{2}{1-x}}$의 값은?

① e^{-2}　② e^{-1}　③ 1

④ e　⑤ e^2

핵심 예제 02

$\lim\limits_{x\to0}\dfrac{e^x-2^x}{3x}=\dfrac{1}{3}\ln\dfrac{e}{n}$일 때, 자연수 n의 값은?

① 1　② 2　③ 3

④ 4　⑤ 5

Tip

• $\lim\limits_{x\to0}\dfrac{e^x-1}{3x}=\lim\limits_{x\to0}\dfrac{e^x-1}{x}\times\dfrac{1}{\boxed{❶}}=\dfrac{1}{3}$

• $\lim\limits_{x\to0}\dfrac{2^x-1}{3x}=\lim\limits_{x\to0}\dfrac{2^x-1}{x}\times\dfrac{1}{3}=\boxed{❷}\times\dfrac{1}{3}=\dfrac{1}{3}\ln2$

답 ❶ 3 ❷ $\ln2$

풀이

$$\begin{aligned}\lim_{x\to0}\frac{e^x-2^x}{3x}&=\lim_{x\to0}\frac{(e^x-1)-(2^x-1)}{3x}\\&=\lim_{x\to0}\frac{e^x-1}{3x}-\lim_{x\to0}\frac{2^x-1}{3x}\\&=\lim_{x\to0}\frac{1}{3}\times\frac{e^x-1}{x}-\lim_{x\to0}\frac{1}{3}\times\frac{2^x-1}{x}\\&=\frac{1}{3}\times1-\frac{1}{3}\ln2=\frac{1}{3}(\ln e-\ln2)\\&=\frac{1}{3}\ln\frac{e}{2}\end{aligned}$$

$\therefore n=2$

답 ②

2-1

$\lim\limits_{x\to0}\dfrac{e^{3x}-1}{2x}$의 값은?

① $\dfrac{1}{2}$　② 1　③ $\dfrac{3}{2}$

④ 2　⑤ $\dfrac{5}{2}$

2-2

$\lim\limits_{x\to\infty}2x(e^{\frac{1}{x}}-1)$의 값은?

① e^{-1}　② $\dfrac{1}{2}$　③ 1

④ 2　⑤ e

핵심 예제 03

$\lim_{x\to0}\frac{\ln(1+x)}{x^2+x}$의 값은?

① 1　② 3　③ 5
④ 7　⑤ 9

Tip

- $\frac{\ln(1+x)}{x^2+x}=\frac{\ln(1+x)}{x(\boxed{❶}+1)}$
- $\lim_{x\to0}\frac{\ln(1+x)}{x}=\lim_{x\to0}\ln(1+x)^{\frac{1}{x}}=\ln e=\boxed{❷}$

답 ❶ x ❷ 1

풀이

$$\lim_{x\to0}\frac{\ln(1+x)}{x^2+x}=\lim_{x\to0}\frac{\ln(1+x)}{x(x+1)}$$
$$=\lim_{x\to0}\frac{\ln(1+x)}{x}\times\frac{1}{x+1}$$
$$=1\times\frac{1}{1}=1$$

답 ①

핵심 예제 04

$\lim_{x\to0}\frac{e^{2x}-1}{\ln(1+3x)}$의 값은?

① e^{-1}　② $\frac{2}{3}$　③ $\frac{3}{2}$
④ e　⑤ 6

Tip

$$\frac{e^{2x}-1}{\ln(1+3x)}=\frac{e^{2x}-1}{2x}\times\frac{\boxed{❶}}{\ln(1+3x)}\times\frac{2}{3}$$

답 ❶ $3x$

풀이

$$\lim_{x\to0}\frac{e^{2x}-1}{\ln(1+3x)}$$
$$=\lim_{x\to0}\frac{e^{2x}-1}{2x}\times\frac{3x}{\ln(1+3x)}\times\frac{2}{3}$$
$$=1\times1\times\frac{2}{3}=\frac{2}{3}$$

답 ②

3-1

$\lim_{x\to\infty}x\{\ln(x+2)-\ln x\}$의 값은?

① e^{-2}　② e^{-1}　③ $\frac{1}{2}$
④ 1　⑤ 2

3-2

$\lim_{x\to0}\frac{\ln(1+2x)}{\log(1-3x)}$의 값은?

① $-\frac{2}{3}\ln 10$　② $-\frac{1}{3}\ln 10$　③ $-\frac{2}{3}$
④ $-\frac{2}{3\ln 10}$　⑤ $-\frac{1}{3\ln 10}$

4-1

$\lim_{x\to0}\frac{\ln(1+x)}{e^x-1}$의 값은?

① 1　② 2　③ e
④ 3　⑤ e^2

4-2

$\lim_{x\to1}\frac{e^{x-1}-\ln ex}{x-1}$의 값은?

① 0　② e^{-1}　③ 1
④ 2　⑤ e

필수 체크 전략 ①

핵심 예제 05

함수 $f(x)=\begin{cases} \dfrac{\ln(a+2x)}{e^x-1} & (x\neq0) \\ b & (x=0) \end{cases}$가 $x=0$에서 연속일 때, 상수 a, b에 대하여 a^2+b^2의 값은?

① 2 ② 5 ③ 8
④ 10 ⑤ 13

Tip

함수 $f(x)$가 $x=0$에서 연속이면 $\lim_{x\to0}f(x)=$ ❶ ☐

답 ❶ $f(0)$

풀이

함수 $f(x)$가 $x=0$에서 연속이므로 $\lim_{x\to0}f(x)=f(0)$

$\lim_{x\to0}\dfrac{\ln(a+2x)}{e^x-1}=f(0)$에서 $x\to0$일 때, (분모)$\to0$이므로 (분자)$\to0$이다.

즉 $\lim_{x\to0}\ln(a+2x)=0$이므로 $\ln a=0$ $\quad\therefore a=1$

이때

$$f(0)=\lim_{x\to0}\frac{\ln(1+2x)}{e^x-1}$$
$$=\lim_{x\to0}\frac{\ln(1+2x)}{2x}\times\frac{x}{e^x-1}\times2$$
$$=1\times1\times2=2$$

$\lim_{x\to0}\dfrac{e^x-1}{x}=1$ 이야.

이므로 $b=2$

따라서 $a=1$, $b=2$이므로

$a^2+b^2=1^2+2^2=5$

답 ②

핵심 예제 06

모든 양의 실수 x에 대하여 $3^x<2^x+3^x<2\times3^x$일 때, $\lim_{x\to\infty}(2^x+3^x)^{\frac{1}{x}}$의 값은?

① 0 ② 1 ③ 2
④ 3 ⑤ 4

Tip

$f(x)\le g(x)\le h(x)$일 때

$\lim_{x\to a}f(x)=\lim_{x\to a}h(x)=\alpha$ (α는 실수)이면

$\lim_{x\to a}g(x)=$ ❶ ☐

답 ❶ α

풀이

모든 양의 실수 x에 대하여 $3^x<2^x+3^x<2\times3^x$이므로

$(3^x)^{\frac{1}{x}}<(2^x+3^x)^{\frac{1}{x}}<(2\times3^x)^{\frac{1}{x}}$

$3<(2^x+3^x)^{\frac{1}{x}}<3\times2^{\frac{1}{x}}$

이때 $\lim_{x\to\infty}3=3$, $\lim_{x\to\infty}3\times2^{\frac{1}{x}}=3\times2^0=3$

이므로 함수의 극한의 대소 관계에 의하여

$\lim_{x\to\infty}(2^x+3^x)^{\frac{1}{x}}=3$

답 ④

5-1

함수 $f(x)=\begin{cases} \dfrac{e^{2x}+a}{\ln(1+x)} & (x\neq0) \\ b & (x=0) \end{cases}$가 $x=0$에서 연속일 때, 상수 a, b에 대하여 $a+b$의 값은?

① -1 ② 0 ③ 1
④ 2 ⑤ 3

6-1

모든 양의 실수 x에 대하여 함수 $f(x)$가

$$5-2^{-x}\le f(x)\le5+\frac{1}{x}$$

을 만족시킬 때, $\lim_{x\to\infty}f(x)$의 값은?

① 0 ② 1 ③ $\dfrac{5}{2}$
④ 3 ⑤ 5

핵심 예제 07

오른쪽 그림과 같이 x축 위의 두 점 $\mathrm{P}(t,\ 0)$, $\mathrm{Q}(2t,\ 0)$을 지나고 y축에 평행한 직선이 곡선 $y=\ln(1+x)$와 만나는 점을 각각 R, S라 하자. 삼각형 OPR, 사다리꼴 PQSR의 넓이를 각각 $S_1(t)$, $S_2(t)$라 할 때, $\lim_{t \to 0} \frac{S_1(t)}{S_2(t)}$의 값을 구하시오. (단, O는 원점이다.)

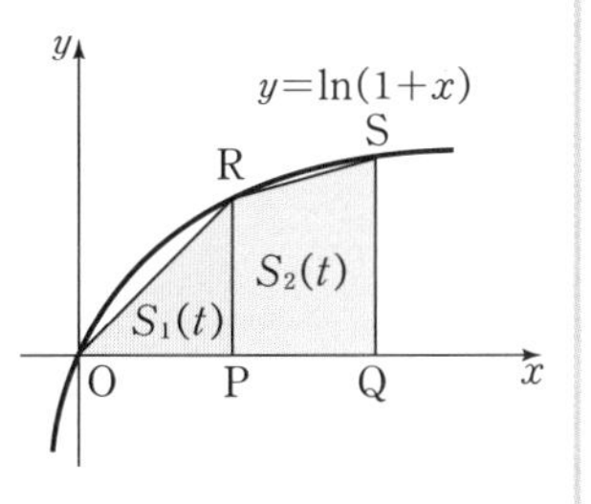

Tip

두 점 $\mathrm{P}(t,\ 0)$, $\mathrm{Q}(2t,\ 0)$을 지나고 y축에 평행한 직선은 각각 $x=$ ❶ , $x=2t$이므로 점 R의 x좌표는 t, 점 S의 x좌표는 ❷ 이다.

답 ❶ t ❷ $2t$

풀이

두 점 $\mathrm{R}(t,\ \ln(1+t))$, $\mathrm{S}(2t,\ \ln(1+2t))$에 대하여

$S_1(t)=\frac{1}{2}t\ln(1+t)$, $S_2(t)=\frac{1}{2}t\{\ln(1+t)+\ln(1+2t)\}$

이므로

$$\lim_{t \to 0}\frac{S_1(t)}{S_2(t)}=\lim_{t \to 0}\frac{\ln(1+t)}{\ln(1+t)+\ln(1+2t)}$$

$$=\lim_{t \to 0}\frac{\frac{\ln(1+t)}{t}}{\frac{\ln(1+t)}{t}+\frac{\ln(1+2t)}{2t}\times 2}$$

$$=\frac{1}{1+1\times 2}=\frac{1}{3}$$

답 $\frac{1}{3}$

7-1

오른쪽 그림과 같이 곡선 $y=2^x$ 위의 점 $\mathrm{P}(t,\ 2^t)\ (t>0)$에서 x축에 내린 수선의 발을 Q, 점 $\mathrm{A}(0,\ 1)$에서 선분 PQ에 내린 수선의 발을 H라 하자. 삼각형 AHP의 넓이를 $S(t)$라 할 때, $\lim_{t \to 0+}\frac{S(t)}{t^2}$의 값을 구하시오.

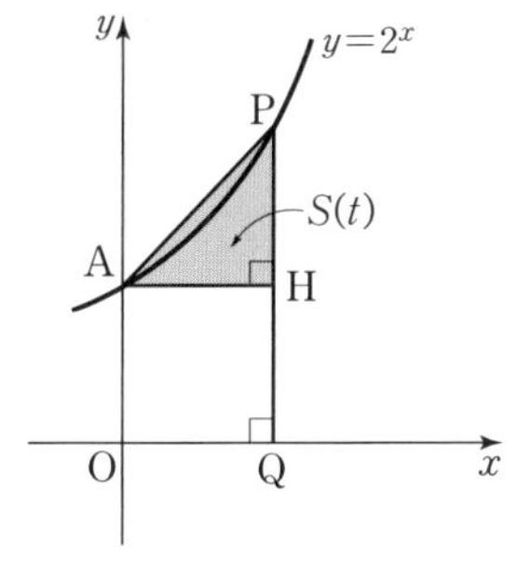

핵심 예제 08

함수 $f(x)=pe^x+q\ln(2x+1)$에 대하여 $\lim_{x \to 0}\frac{f(x)-2}{x}=6$일 때, p^2+q^2의 값은?

(단, p, q는 상수이다.)

① 8 ② 9 ③ 10 ④ 11 ⑤ 12

Tip

$\lim_{x \to a}\frac{g(x)}{f(x)}=k$ (k는 실수)일 때

$f(a)=0$이면 $g(a)=$ ❶

답 ❶ 0

풀이

$\lim_{x \to 0}\frac{f(x)-2}{x}=6$에서 $x \to 0$일 때, (분모)$\to 0$이므로 (분자)$\to 0$이다.

즉 $\lim_{x \to 0}\{f(x)-2\}=0$이므로 $f(0)=2$ $\quad \therefore p=2$

이때 $\lim_{x \to 0}\frac{f(x)-2}{x}=\lim_{x \to 0}\frac{f(x)-f(0)}{x-0}=f'(0)$이고

$f'(x)=2e^x+\frac{2q}{2x+1}$이므로

$f'(0)=2+2q=6 \quad \therefore q=2$

따라서 $p=2$, $q=2$이므로

$p^2+q^2=2^2+2^2=8$

답 ①

미분계수의 정의를 이용하여 구해 봐!

8-1

함수 $f(x)=3^x\log_2(x+1)$에 대하여 $f'(0)$의 값은?

① -1 ② $\ln 2$ ③ 1 ④ $\frac{1}{\ln 2}$ ⑤ $\ln 4$

WEEK 2 DAY 2

필수 체크 전략 ②

01 $\lim_{x\to 0}\frac{2^{\frac{1}{x}}+a}{2^{\frac{1}{x}}+2^{x+1}}$의 값이 존재하도록 하는 상수 a의 값은?

① 1 ② 2 ③ 3
④ 4 ⑤ 5

Tip

함수 $f(x)$가 $x=0$에서 극한값이 존재하려면

❶ $\square = \lim_{x\to 0+} f(x)$이어야 한다.

답 ❶ $\lim_{x\to 0-} f(x)$

02 $\lim_{x\to 1}\log_2(e^{x-1}+1)$의 값은?

① 1 ② 2 ③ e
④ 4 ⑤ e^2

Tip

실수 전체의 집합에서 $f(x)>0$인 함수 $f(x)$가 실수 r에 대하여 $\lim_{x\to r} f(x)=f(r)$일 때

$\lim_{x\to r}\log_a f(x)=\log_a$ ❶ $\square$ (단, $a>0$, $a\neq 1$)

답 ❶ $f(r)$

03 $\lim_{x\to\infty} x\left(1-\log_2\frac{2x+3}{x}\right)=-\frac{p}{\ln 4}$일 때, 자연수 p의 값은?

① 1 ② 2 ③ 3
④ 4 ⑤ 5

Tip

• $1-\log_2\frac{2x+3}{x}=\log_2 2-\log_2\frac{2x+3}{x}$

$=\log_2\frac{2x}{❶\square}$

• $\lim_{x\to\infty}\left(1+\frac{1}{x}\right)^x=$ ❷ $\square$ 이므로

$\lim_{x\to\infty}\log_2\left(1+\frac{1}{x}\right)^x=\log_2 e$

답 ❶ $2x+3$ ❷ e

04 $\lim_{x\to 0}\frac{e^{2x}-1}{x^2+2x}$의 값은?

① $\frac{1}{2}$ ② 1 ③ $\frac{3}{2}$
④ 2 ⑤ 3

Tip

$\frac{e^{2x}-1}{x^2+2x}=\frac{e^{2x}-1}{x(❶\square+2)}=\frac{e^{2x}-1}{2x}\times\frac{❷\square}{x+2}$

답 ❶ x ❷ 2

05 두 함수

$$f(x)=\sum_{k=1}^{5}\ln(kx+1),\ g(x)=\sum_{k=1}^{10}(e^{kx}-1)$$

에 대하여 $\lim_{x\to0}\frac{f(x)}{g(x)}=\frac{q}{p}$이다. 서로소인 두 자연수 p, q에 대하여 $p+q$의 값은?

① 8　② 11　③ 14　④ 21　⑤ 24

Tip

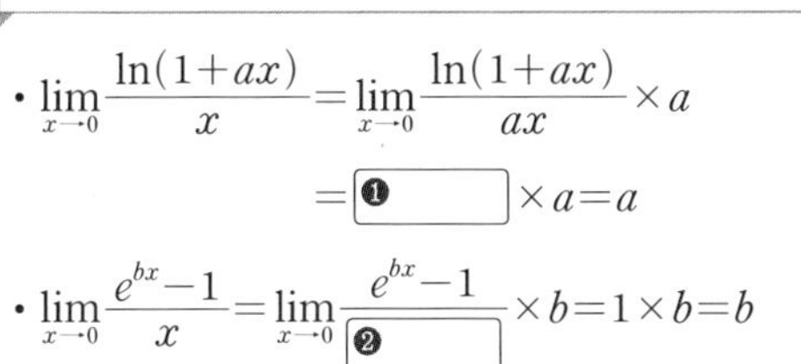

- $\lim_{x\to0}\frac{\ln(1+ax)}{x}=\lim_{x\to0}\frac{\ln(1+ax)}{ax}\times a$
  $=$ ❶ $\boxed{}$ $\times a=a$
- $\lim_{x\to0}\frac{e^{bx}-1}{x}=\lim_{x\to0}\frac{e^{bx}-1}{❷\ \boxed{}}\times b=1\times b=b$

답 ❶ 1 ❷ bx

06 곡선 $y=\ln x$ 위의 두 점 A(1, 0), B(t, $\ln t$) ($t>1$)에 대하여 선분 AB의 수직이등분선이 y축과 만나는 점을 C라 하자. 점 B가 점 A에 한없이 가까워질 때, 점 C의 y좌표의 극한값은?

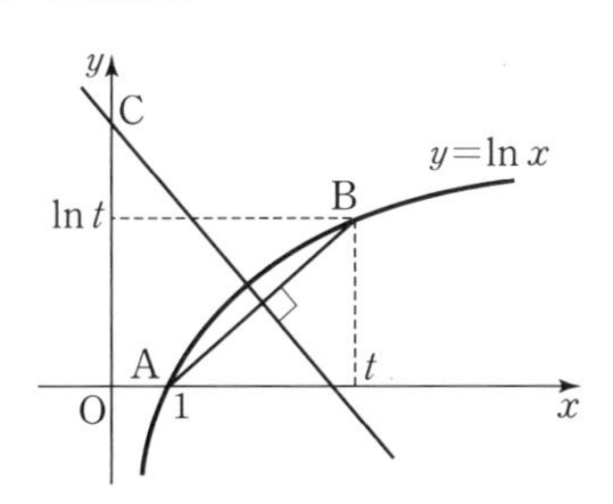

① $\frac{1}{2e}$　② $\frac{1}{e}$　③ $\frac{1}{2}$　④ 1　⑤ e

Tip

- 점 B(t, $\ln t$)가 점 A(1, 0)에 한없이 가까워지려면 $t\to$ ❶ $\boxed{}$이어야 한다.
- 선분 AB의 중점의 좌표는 $\left(❷\ \boxed{},\ \frac{\ln t}{2}\right)$

답 ❶ 1 ❷ $\frac{1+t}{2}$

07 함수 $f(x)=(x^2+2x)e^x$에 대하여 $f'(0)$의 값은?

① 0　② 1　③ 2　④ 3　⑤ 4

Tip

두 함수 $f(x)$, $g(x)$가 미분가능할 때

$\{f(x)g(x)\}'=$ ❶ $\boxed{}$ $g(x)+f(x)$ ❷ $\boxed{}$

답 ❶ $f'(x)$ ❷ $g'(x)$

08 함수 $f(x)=\begin{cases} ae^x & (x<1) \\ \ln bx & (x\ge1) \end{cases}$가 모든 실수 x에서 미분가능할 때, 상수 a, b에 대하여 ab의 값은?

① e^{-2}　② e^{-1}　③ 1　④ e　⑤ e^2

Tip

함수 $f(x)$가 모든 실수 x에서 미분가능하므로 $x=1$에서 미분가능하다. 즉 함수 $f(x)$는 $x=$ ❶ $\boxed{}$에서 연속이고 미분계수 ❷ $\boxed{}$이 존재한다.

답 ❶ 1 ❷ $f'(1)$

WEEK 2 DAY 3

필수 체크 전략 ①

핵심 예제 01

$\sin\alpha+\sin\beta+\sin\gamma=0$, $\cos\alpha+\cos\beta+\cos\gamma=0$ 일 때, $\cos(\alpha-\beta)$의 값은?

① -1 ② $-\frac{\sqrt{3}}{2}$ ③ $-\frac{1}{2}$

④ $\frac{1}{2}$ ⑤ $\frac{\sqrt{3}}{2}$

Tip

• $\sin^2\theta+\cos^2\theta=$ ❶

• $\cos($ ❷ $)=\cos\alpha\cos\beta+\sin\alpha\sin\beta$

답 ❶ 1 ❷ $\alpha-\beta$

풀이

$\sin\alpha+\sin\beta+\sin\gamma=0$에서 $\sin\alpha+\sin\beta=-\sin\gamma$

$\cos\alpha+\cos\beta+\cos\gamma=0$에서 $\cos\alpha+\cos\beta=-\cos\gamma$

두 식의 양변을 각각 제곱하면

$\sin^2\alpha+2\sin\alpha\sin\beta+\sin^2\beta=\sin^2\gamma$ ……㉠

$\cos^2\alpha+2\cos\alpha\cos\beta+\cos^2\beta=\cos^2\gamma$ ……㉡

㉠+㉡을 하면

$2+2(\cos\alpha\cos\beta+\sin\alpha\sin\beta)=1$

$\cos\alpha\cos\beta+\sin\alpha\sin\beta=-\frac{1}{2}$

$\therefore \cos(\alpha-\beta)=-\frac{1}{2}$

답 ③

핵심 예제 02

$\tan\alpha=\frac{1}{3}$, $\tan(\alpha+\beta)=\frac{1}{2}$일 때, $\tan(\alpha-\beta)=\frac{q}{p}$이다. 서로소인 두 자연수 p, q에 대하여 $p+q$의 값은?

① 11 ② 13 ③ 15

④ 17 ⑤ 19

Tip

• $\tan(\alpha+$ ❶ $)=\frac{\tan\alpha+\tan\beta}{1-\tan\alpha\tan\beta}$

• $\tan(\alpha-\beta)=\frac{❷ -\tan\beta}{1+\tan\alpha\tan\beta}$

답 ❶ β ❷ $\tan\alpha$

풀이

$\tan\alpha=\frac{1}{3}$이므로 $\tan(\alpha+\beta)=\frac{\tan\alpha+\tan\beta}{1-\tan\alpha\tan\beta}=\frac{1}{2}$에서

$\frac{\frac{1}{3}+\tan\beta}{1-\frac{1}{3}\tan\beta}=\frac{1}{2}$, $\frac{2}{3}+2\tan\beta=1-\frac{1}{3}\tan\beta$

$\frac{7}{3}\tan\beta=\frac{1}{3}$ $\quad\therefore \tan\beta=\frac{1}{7}$

즉 $\tan(\alpha-\beta)=\frac{\tan\alpha-\tan\beta}{1+\tan\alpha\tan\beta}=\frac{\frac{1}{3}-\frac{1}{7}}{1+\frac{1}{3}\times\frac{1}{7}}=\frac{2}{11}$

따라서 $p=11$, $q=2$이므로

$p+q=13$

답 ②

1-1

$\sin\left(\alpha+\frac{2}{3}\pi\right)\sin\left(\alpha+\frac{4}{3}\pi\right)+\cos^2\alpha$의 값은?

① $-\frac{3}{4}$ ② $-\frac{1}{4}$ ③ 0

④ $\frac{1}{4}$ ⑤ $\frac{3}{4}$

2-1

이차방정식의 근과 계수의 관계를 이용해 봐.

이차방정식 $x^2-2x-1=0$의 두 근이 $\tan\alpha$, $\tan\beta$일 때, $\tan(\alpha+\beta)$의 값은?

① -2 ② -1 ③ 1

④ $\sqrt{3}$ ⑤ 2

핵심 예제 03

다음 그림과 같이 빗변이 아닌 두 변의 길이가 각각 3, 4인 두 직각삼각형 ABC와 ADE가 있다. $\angle CAE=\theta$라 할 때, $\sin\theta$의 값을 구하시오.

(단, 점 B는 선분 AD 위에 있다.)

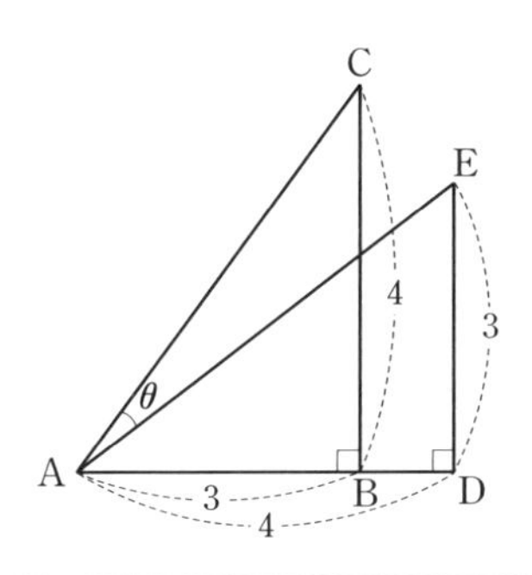

Tip

• 삼각형 ABC에서 $\overline{AC}=\sqrt{3^2+4^2}=$ ❶ ____

• 삼각형 ADE에서 ❷ ____ $=\sqrt{4^2+3^2}=5$

답 ❶ 5 ❷ $\overline{AE}$

풀이

$\angle CAB=\alpha$, $\angle EAD=\beta$라 하면 $\overline{AC}=\overline{AE}=5$이므로

$\sin\alpha=\dfrac{\overline{BC}}{\overline{AC}}=\dfrac{4}{5}$, $\cos\alpha=\dfrac{\overline{AB}}{\overline{AC}}=\dfrac{3}{5}$

$\sin\beta=\dfrac{\overline{DE}}{\overline{AE}}=\dfrac{3}{5}$, $\cos\beta=\dfrac{\overline{AD}}{\overline{AE}}=\dfrac{4}{5}$

이때 $\theta=\alpha-\beta$이므로

$\sin\theta=\sin(\alpha-\beta)=\sin\alpha\cos\beta-\cos\alpha\sin\beta$

$=\dfrac{4}{5}\times\dfrac{4}{5}-\dfrac{3}{5}\times\dfrac{3}{5}=\dfrac{7}{25}$

답 $\dfrac{7}{25}$

3-1

다음 그림과 같이 $\overline{AD}=2$, $\overline{BC}=\overline{BD}=4$인 등변사다리꼴 ABCD가 있다. $\angle ABD=\theta$일 때, $\sin\theta=\dfrac{\sqrt{a}}{b}$이다. 두 자연수 a, b에 대하여 $a-b$의 값을 구하시오. (단, $b<10$)

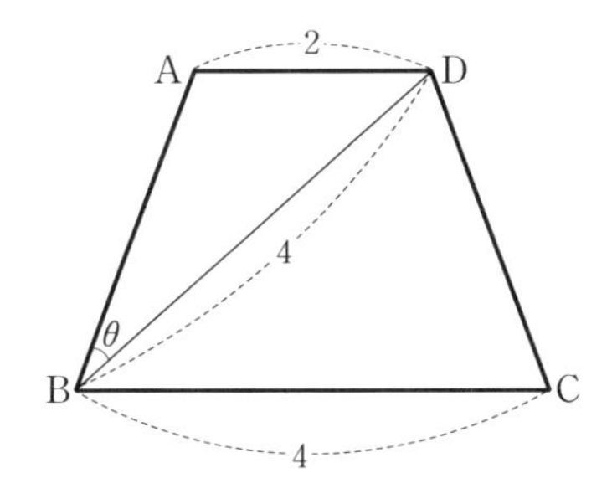

핵심 예제 04

다음 그림과 같이 중심이 C인 원을 밑면으로 갖는 원뿔이 있다. $\angle PAC=15^\circ$이고 $\overline{BC}=\overline{PC}$일 때, $\dfrac{\overline{AB}}{\overline{BP}}$의 값을 구하시오. (단, 점 P는 원뿔의 꼭짓점이고 네 점 A, B, C, D는 한 직선 위에 있다.)

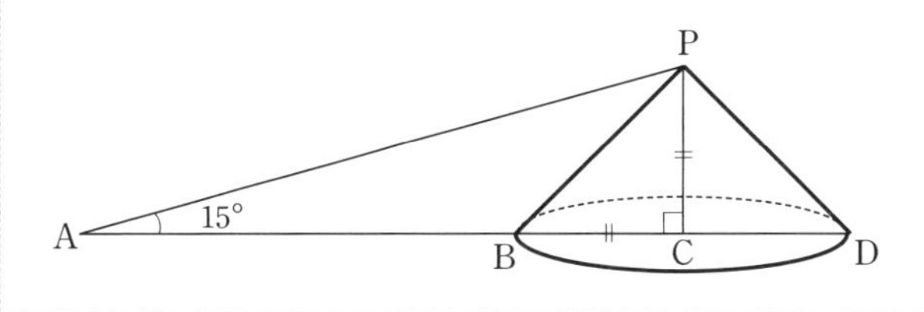

Tip

$\overline{BC}=\overline{PC}$이므로 삼각형 PBC는 직각 ❶ ____ 삼각형이고

$\angle PBC=$ ❷ ____

답 ❶ 이등변 ❷ 45°

풀이

$\overline{BC}=\overline{PC}=h$라 하면 $\overline{BP}=\sqrt{2}h$

$\angle PBC=45^\circ$이므로 $\angle APB=30^\circ$

삼각형 ACP에서

$\overline{AC}=\overline{PC}\tan 75^\circ=h\tan(45^\circ+30^\circ)$

$=h\times\dfrac{\tan 45^\circ+\tan 30^\circ}{1-\tan 45^\circ\tan 30^\circ}=h\times\dfrac{1+\dfrac{1}{\sqrt{3}}}{1-\dfrac{1}{\sqrt{3}}}$

$=h\times\dfrac{\sqrt{3}+1}{\sqrt{3}-1}=(2+\sqrt{3})h$

이므로 $\overline{AB}=\overline{AC}-\overline{BC}=(2+\sqrt{3})h-h=(1+\sqrt{3})h$

$\therefore \dfrac{\overline{AB}}{\overline{BP}}=\dfrac{(1+\sqrt{3})h}{\sqrt{2}h}=\dfrac{\sqrt{2}+\sqrt{6}}{2}$

답 $\dfrac{\sqrt{2}+\sqrt{6}}{2}$

4-1

다음 그림과 같이 한 변의 길이가 1인 4개의 정사각형이 놓여 있다. $\angle DBE=\theta$라 할 때, $\tan\theta$의 값을 구하시오.

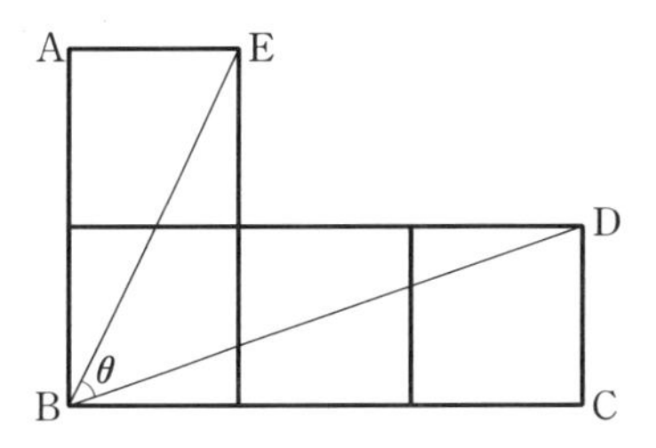

필수 체크 전략 ①

핵심 예제 05

$\lim_{x\to 0}\frac{\tan^2 3x}{1-\cos 2x}$의 값은?

① $\frac{3}{4}$ ② $\frac{9}{4}$ ③ $\frac{5}{2}$

④ $\frac{9}{2}$ ⑤ 6

Tip

θ의 단위가 라디안일 때,

$\lim_{\theta\to 0}\frac{\tan\theta}{\theta}=$ ❶ ____ , $\lim_{\theta\to 0}\frac{\tan^2\theta}{❷\ \_\_\_\_}=1$

답 ❶ 1 ❷ θ^2

풀이

$$\lim_{x\to 0}\frac{\tan^2 3x}{1-\cos 2x}$$
$$=\lim_{x\to 0}\frac{\tan^2 3x(1+\cos 2x)}{(1-\cos 2x)(1+\cos 2x)}$$
$$=\lim_{x\to 0}\frac{\tan^2 3x(1+\cos 2x)}{\sin^2 2x}$$
$$=\lim_{x\to 0}\frac{\tan^2 3x}{(3x)^2}\times\frac{(2x)^2}{\sin^2 2x}\times\frac{9}{4}\times(1+\cos 2x)$$
$$=1\times 1\times\frac{9}{4}\times(1+1)=\frac{9}{2}$$

답 ④

5-1

$\lim_{x\to\infty}x^2\sin\frac{3}{x}\tan\frac{6}{x}$의 값은?

① 1 ② 9 ③ 18

④ 27 ⑤ 36

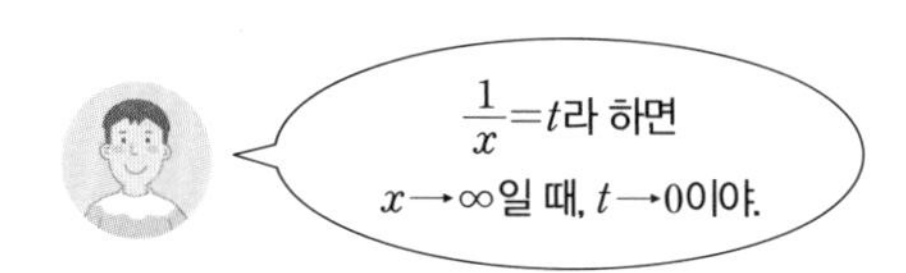

핵심 예제 06

다음 그림과 같이 중심이 C인 원이 반지름의 길이가 1이고 중심각의 크기가 θ인 부채꼴 AOB에 내접한다. 원과 호 AB가 만나는 점을 T, 두 선분 OA, OB가 만나는 점을 각각 P, Q라 하자. 원의 넓이를 $S(\theta)$라 할 때, $\lim_{\theta\to 0+}\frac{S(\theta)}{\theta^2}$의 값을 구하시오. (단, $0<\theta<\pi$)

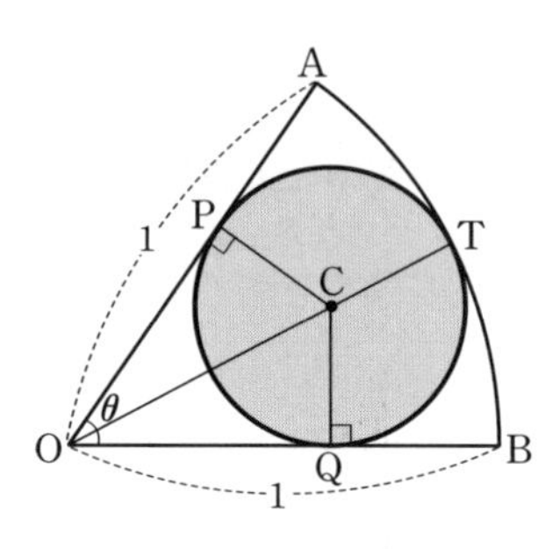

Tip

삼각형 COP와 삼각형 COQ는 합동이므로

$\angle\text{COP}=\angle\text{COQ}=\frac{❶\ \_\_\_\_}{2}$

답 ❶ θ

풀이

내접하는 원의 반지름의 길이를 r라 하면

$\overline{\text{OC}}=\overline{\text{OT}}-\overline{\text{CT}}=1-r$

즉 $\sin\frac{\theta}{2}=\frac{r}{1-r}$이므로 $r=\frac{\sin\frac{\theta}{2}}{1+\sin\frac{\theta}{2}}$

$$\therefore \lim_{\theta\to 0+}\frac{S(\theta)}{\theta^2}=\lim_{\theta\to 0+}\pi\times\left(\frac{\sin\frac{\theta}{2}}{1+\sin\frac{\theta}{2}}\right)^2\times\frac{1}{\theta^2}$$
$$=\lim_{\theta\to 0+}\pi\times\frac{\sin^2\frac{\theta}{2}}{\left(\frac{\theta}{2}\right)^2}\times\left(\frac{1}{2}\right)^2\times\frac{1}{\left(1+\sin\frac{\theta}{2}\right)^2}$$
$$=\pi\times 1\times\frac{1}{4}\times 1=\frac{\pi}{4}$$

답 $\frac{\pi}{4}$

6-1

오른쪽 그림과 같이 원 $x^2+y^2=9$ 위에 점 A(3, 0)과 점 P가 있다. 점 P에서 x축에 내린 수선의 발을 H, $\angle\text{POA}=\theta$라 할 때, $\lim_{\theta\to 0+}\frac{\overline{\text{AH}}}{\overline{\text{PH}}^2}$의 값을 구하시오.

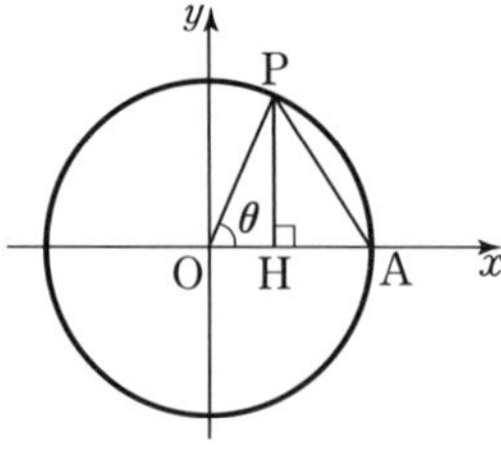

(단, $0<\theta<\frac{\pi}{2}$이고, O는 원점이다.)

핵심 예제 07

함수 $f(x)=e^x(2\sin x-\cos x)$에 대하여 $f'(0)$의 값은?

① -3　② -1　③ 0
④ 1　⑤ 3

Tip

두 함수 $f(x)$, $g(x)$가 미분가능할 때

$\{f(x)g(x)\}'=f'(x)$ ❶ ______ $+f(x)$ ❷ ______

답 ❶ $g(x)$ ❷ $g'(x)$

풀이

$f(x)=e^x(2\sin x-\cos x)$에서

$f'(x)=e^x(2\sin x-\cos x)+e^x(2\cos x+\sin x)$

$=e^x(3\sin x+\cos x)$

$\therefore f'(0)=1$

답 ④

핵심 예제 08

함수 $f(x)=\begin{cases} p\sin x+q\cos x & (x<0) \\ e^x & (x\ge 0)\end{cases}$이 모든 실수 x에서 미분가능할 때, 상수 p, q에 대하여 p^2+q^2의 값은?

① 1　② 2　③ 3
④ 4　⑤ 5

Tip

함수 $f(x)=\begin{cases} g(x) & (x<a) \\ h(x) & (x\ge a)\end{cases}$가 모든 실수 x에서 미분가능하면 $x=a$에서 미분가능하다. 즉 함수 $f(x)$는 $x=a$에서 ❶ ______ 이고, $f'(a)$가 ❷ ______ 한다.

답 ❶ 연속 ❷ 존재

풀이

함수 $f(x)$가 모든 실수 x에서 미분가능하므로 $x=0$에서 미분가능하고, 연속이다.

즉 $\lim_{x\to 0-}(p\sin x+q\cos x)=\lim_{x\to 0+}e^x=f(0)$이므로 $q=1$

또 $f'(0)$이 존재하므로

$f'(x)=\begin{cases} p\cos x-q\sin x & (x<0) \\ e^x & (x>0)\end{cases}$

에서 $\lim_{x\to 0-}(p\cos x-q\sin x)=\lim_{x\to 0+}e^x$

$\therefore p=1$

따라서 $p=1$, $q=1$이므로

$p^2+q^2=1^2+1^2=2$

답 ②

7-1

함수 $f(x)=2+\cos^2 x$에 대하여 $f'\left(\frac{\pi}{4}\right)$의 값은?

① -2　② -1　③ 0
④ 1　⑤ 2

8-1

함수 $f(x)=\begin{cases} \sin x+p & (x<0) \\ qx+3 & (x\ge 0)\end{cases}$이 모든 실수 x에서 미분가능할 때, 상수 p, q에 대하여 $p-q$의 값은?

① 0　② $\frac{1}{2}$　③ 1
④ $\frac{3}{2}$　⑤ 2

필수 체크 전략 ②

01 $\tan\alpha=\frac{1}{2}$, $\tan\beta=\frac{1}{5}$, $\tan\gamma=\frac{1}{8}$을 만족시키는 세 예각 α, β, γ에 대하여 $\alpha+\beta+\gamma$의 값은?

① $\frac{\pi}{6}$　② $\frac{\pi}{4}$　③ $\frac{\pi}{3}$
④ $\frac{\pi}{2}$　⑤ $\frac{2}{3}\pi$

Tip

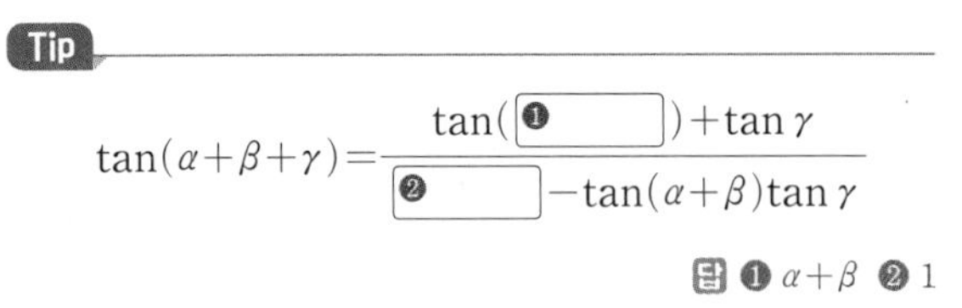

$$\tan(\alpha+\beta+\gamma)=\frac{\tan(\boxed{❶\quad})+\tan\gamma}{\boxed{❷\quad}-\tan(\alpha+\beta)\tan\gamma}$$

답 ❶ $\alpha+\beta$ ❷ 1

02 다음 그림과 같이 원 $x^2+y^2=25$와 원점 O를 지나는 두 직선 $y=\frac{1}{2}x$, $y=mx$가 있다. 직선 $y=\frac{1}{2}x$는 직선 $y=mx$가 x축의 양의 방향과 이루는 각을 이등분한다. 양수 m에 대하여 제1사분면에서의 직선 $y=mx$와 원 $x^2+y^2=25$의 교점의 x좌표를 구하시오.

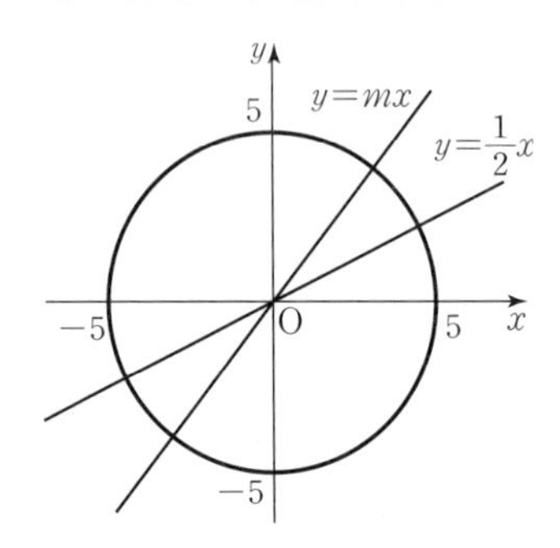

Tip

직선 $y=mx+n$ (m, n은 상수)이 x축의 양의 방향과 이루는 각의 크기를 θ라 하면

$\boxed{❶\quad}=\tan\theta$ $\left(단,\ 0<\theta<\frac{\pi}{2}\right)$

답 ❶ m

03 $\lim_{x\to\frac{\pi}{2}}\frac{ax+b}{\cos x}=2$가 성립하도록 하는 상수 a, b에 대하여 ab의 값은?

① -2π　② $-\pi$　③ π
④ 2π　⑤ π^2

Tip

$\lim_{x\to a}\frac{g(x)}{f(x)}=k$ (k는 실수)에서 $x\to a$일 때,
(분모)$\to\boxed{❶\quad}$이므로 (분자)$\to0$이다.

답 ❶ 0

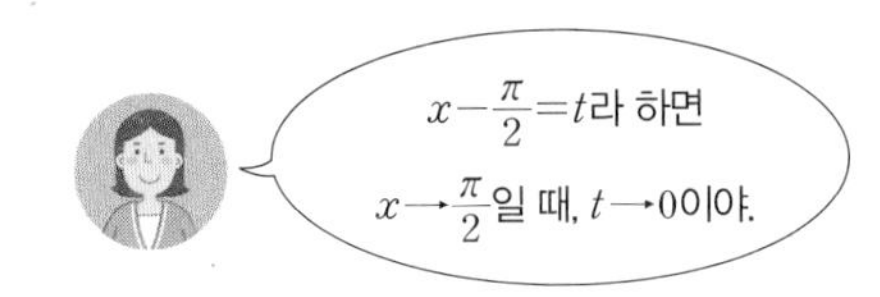

04 $\lim_{x\to0}\frac{\tan x-\sin x}{x^n}$가 0이 아닌 값으로 수렴할 때, 자연수 n의 값은?

① 1　② 2　③ 3
④ 4　⑤ 5

Tip

$$\frac{\tan x-\sin x}{x^n}=\frac{\frac{\sin x}{\cos x}-\sin x}{x^n}=\frac{\sin x(1-\boxed{❶\quad})}{\boxed{❷\quad}\cos x}$$

답 ❶ $\cos x$ ❷ x^n

05 한 변의 길이가 2인 정n각형에 내접하는 원의 넓이를 S_n이라 할 때, $\lim_{n\to\infty}\frac{S_n}{n^2}$의 값은?

① $\frac{1}{\pi^2}$ ② $\frac{1}{\pi}$ ③ $\frac{4}{\pi}$
④ π ⑤ 4π

Tip

정n각형의 한 내각의 크기는 $\frac{\pi(❶\ \boxed{})}{n}$

답 ❶ $n-2$

06 오른쪽 그림과 같이 반지름의 길이가 1이고 중심이 O인 원 위에 두 점 A, B가 있다. 점 A에서의 접선이 $\overline{\mathrm{OB}}$의 연장선과 만나는 점을 D, 점 B에서 $\overline{\mathrm{OA}}$에 내린 수선의 발을 C, $\angle\mathrm{AOB}=\theta$라 하자. 사다리꼴 ADBC의 넓이를 $S(\theta)$라 할 때, $\lim_{\theta\to0+}\frac{S(\theta)}{\theta^3}$의 값을 구하시오. $\left(\text{단, } 0<\theta<\frac{\pi}{2}\right)$

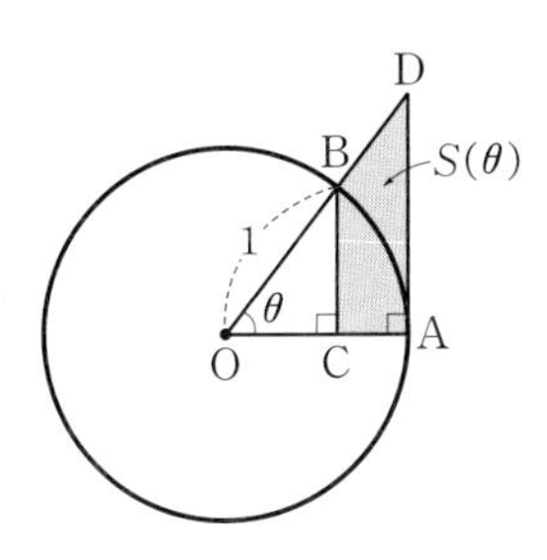

Tip

반지름의 길이가 1이고 중심이 O인 원에서 $\angle\mathrm{AOB}=\theta$라 하면

$\overline{\mathrm{BC}}=❶\ \boxed{}$, $\overline{\mathrm{OC}}=❷\ \boxed{}$, $\overline{\mathrm{AD}}=\tan\theta$

답 ❶ $\sin\theta$ ❷ $\cos\theta$

07 $-\pi<x<\pi$에서 함수 $f(x)$가

$$f(x)=\begin{cases}\frac{\sin 2x\tan^2 x}{1-\cos x} & (x\neq0)\\ 0 & (x=0)\end{cases}$$

으로 정의될 때, $f'(0)$의 값을 구하시오.

Tip

$$f'(0)=\lim_{x\to0}\frac{f(x)-❶\ \boxed{}}{x}$$

답 ❶ $f(0)$

08 함수 $f(x)=2x^3\cos x$에 대하여 $\lim_{h\to0}\frac{f(\pi+2h)-f(\pi-h)}{h}$의 값은?

① $-20\pi^2$ ② $-18\pi^2$ ③ $-16\pi^2$
④ $-14\pi^2$ ⑤ $-12\pi^2$

Tip

$$\lim_{h\to0}\frac{f(a+h)-f(a-h)}{h}$$
$$=\lim_{h\to0}\frac{f(a+h)-f(a)+❶\ \boxed{}-f(a-h)}{h}$$
$$=\lim_{h\to0}\frac{f(a+h)-f(a)}{h}+\lim_{h\to0}\frac{f(a-h)-f(a)}{❷\ \boxed{}}$$
$$=f'(a)+f'(a)=2f'(a)$$

답 ❶ $f(a)$ ❷ $-h$

WEEK 2

누구나 합격 전략

01 $\lim_{x\to0}\frac{4^x+3^x+2^x}{2^x+1}$의 값은?

① 1　② $\frac{3}{2}$　③ 2　④ $\frac{5}{2}$　⑤ 3

02 $\lim_{x\to1}\frac{e^{2x}-1}{e^x-1}$의 값은?

① $e-2$　② $e-1$　③ e　④ $e+1$　⑤ $e+2$

03 $\lim_{x\to0}\frac{\ln(1+x)}{2x}$의 값은?

① $\frac{1}{2}$　② 1　③ $\frac{3}{2}$　④ 2　⑤ 3

04 함수 $f(x)=\begin{cases} e^x & (x\le0) \\ ax+b & (x>0)\end{cases}$가 모든 실수 x에서 미분가능할 때, 상수 a, b에 대하여 $a+b$의 값은?

① 2　② 3　③ 4　④ 5　⑤ 6

x의 값의 범위에 따라 다르게 정의된 함수가 모든 실수 x에서 미분가능하므로 경계점인 $x=0$에서 미분가능성을 보이면 돼!

05 $\sin\alpha=\frac{1}{2}$, $\cos\beta=\frac{1}{3}$일 때, $\sin(\alpha+\beta)$의 값은?

$\left(단,\ 0<\alpha<\frac{\pi}{2},\ 0<\beta<\frac{\pi}{2}\right)$

① $\frac{1}{6}$ ② $\frac{1+\sqrt{6}}{6}$ ③ $\frac{2+\sqrt{6}}{6}$

④ $\frac{1+2\sqrt{6}}{6}$ ⑤ $\frac{1+\sqrt{6}}{3}$

06 두 직선 $3x-y=0$, $x-2y-8=0$이 이루는 예각의 크기를 θ라 할 때, $\tan\theta$의 값은?

① $\frac{1}{4}$ ② $\frac{1}{2}$ ③ 1

④ 2 ⑤ 4

07 $\lim_{x\to0}\frac{\sin x}{x^2+2x}$의 값은?

① $\frac{1}{3}$ ② $\frac{1}{2}$ ③ 1

④ $\frac{4}{3}$ ⑤ $\frac{3}{2}$

08 함수 $f(x)=e^x\sin x\cos x$에 대하여
$f'(x)=e^x(a\sin 2x+b\cos 2x)$일 때, ab의 값은?

(단, a, b는 상수이다.)

① $-\frac{1}{2}$ ② 0 ③ $\frac{1}{2}$

④ 1 ⑤ $\frac{3}{2}$

창의·융합·코딩 전략 ①

1 두 곡선 $y=\log_2(8x+12)$, $y=\log_2(2x+3)$과 직선 $y=k$가 만나는 점을 각각 A, B라 하자. 점 A를 지나고 y축에 평행한 직선이 곡선 $y=\log_2(2x+3)$과 만나는 점을 C, 점 B를 지나고 y축에 평행한 직선이 곡선 $y=\log_2(8x+12)$와 만나는 점을 D라 하자.
두 곡선 $y=\log_2(8x+12)$, $y=\log_2(2x+3)$과 두 선분 AC, BD로 둘러싸인 부분의 넓이를 $S(k)$라 할 때, $\lim_{k\to0}\frac{4S(k)-3}{\ln(1+2k)}$의 값을 구하시오.

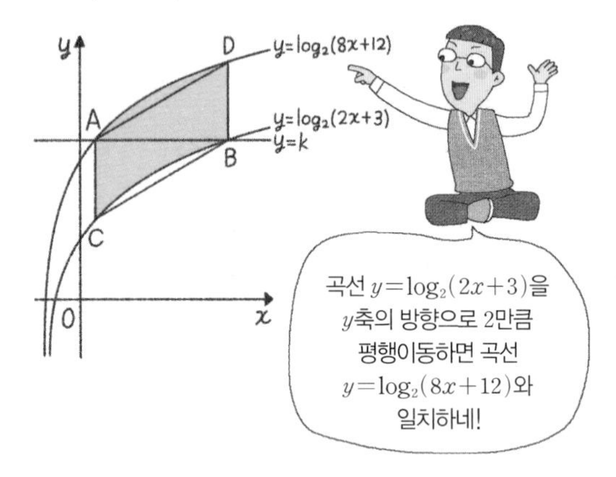

곡선 $y=\log_2(2x+3)$을 y축의 방향으로 2만큼 평행이동하면 곡선 $y=\log_2(8x+12)$와 일치하네!

Tip

- $\lim_{k\to0}\frac{2^k-1}{k}=$ ❶ ☐
- $\lim_{k\to0}\frac{\ln(1+2k)}{k}=\lim_{k\to0}\frac{\ln(1+2k)}{2k}\times2=$ ❷ ☐

답 ❶ $\ln 2$ ❷ 2

2 다음 그림과 같이 곡선 $y=\ln(x+1)$ 위의 점 P에서 x축에 내린 수선의 발을 Q, 원점 O에 대하여 $\overline{OP}=\overline{OR}$를 만족시키는 y축 위의 점을 R라 하고, 두 삼각형 OPR, OQP의 넓이를 각각 S_1, S_2라 하자. 점 P가 이 곡선을 따라 원점 O에 한없이 가까워질 때, $\frac{S_1}{S_2}$의 극한값은?

(단, 점 P는 제1사분면 위의 점이다.)

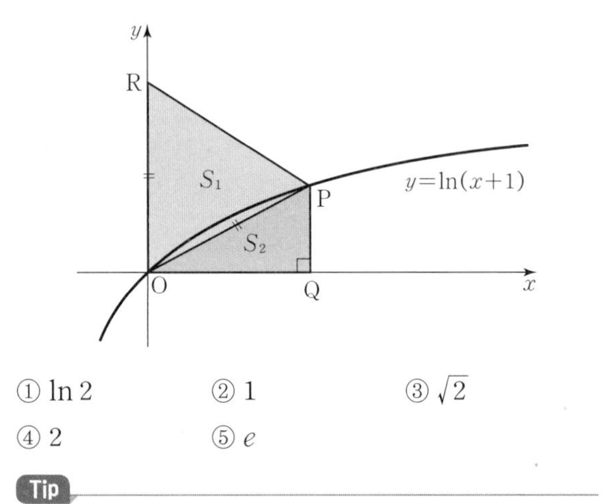

① $\ln 2$ ② 1 ③ $\sqrt{2}$
④ 2 ⑤ e

Tip

삼각형 OPR의 밑변이 $\overline{OR}$일 때, 높이는 ❶ ☐의 길이와 같다.

답 ❶ $\overline{OQ}$

3 원금 A억 원을 연이율 r %로 예금했을 때, 이자가 1년에 n번 지급되고 t년 후의 원리합계를 A_t억 원이라 하면

$$A_t=A\left(1+\frac{r}{100n}\right)^{nt}$$

이 성립한다고 한다. n이 한없이 커질 때, 연속복리로 이자를 지급했다고 한다. 원금 1억 원을 연이율 3 %의 연속복리로 예금했을 때, 10년 후의 원리합계는 a억 원이다. $100\ln a$의 값을 구하시오.

Tip

$\lim_{x\to0}(1+x)^{\frac{1}{x}}=$ ❶ [ ],
$\lim_{x\to\infty}\left(1+\frac{1}{x}\right)^{x}=$ ❷ [ ]

답 ❶ e ❷ e

4 시각 t에서 방사성 물질의 양을 $f(t)$라 할 때,

$f(t+T)=\frac{1}{2}f(t)$를 만족시키는 양의 실수 T를 시각 t에서의 반감기라 한다.

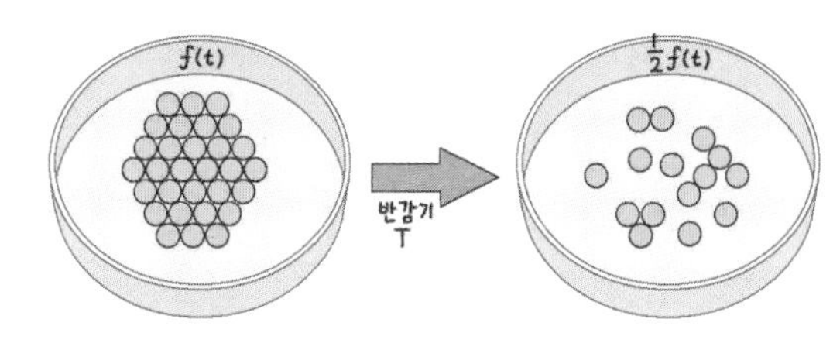

반감기 T가 시각 t에 상관없이 일정하면

$$f(t)=f(0)\times\left(\frac{1}{2}\right)^{\frac{t}{T}}$$

이 성립한다고 할 때, $f'(t)=-\lambda f(t)$를 만족시키는 양의 실수 λ를 '붕괴상수'라 한다. 다음 중 반감기 T와 붕괴상수 λ의 관계로 옳은 것은?

① $\lambda T=1$ ② $\lambda T=\ln 2$
③ $\lambda=(\ln 2)T$ ④ $\lambda=\sqrt{T}$
⑤ $\lambda^2=(\ln 2)T$

Tip

$y=a^x\ (a>0,\ a\neq1)$이면 $y'=$ ❶ [ ]

답 ❶ $a^x\ln a$

5 다음 그림과 같이 높이가 4 m인 받침대 위에 높이가 12 m인 동상이 있다. 야간에 동상을 보기 위하여 지점 A에 조명을 설치하려고 한다. $\angle\text{DAC}=\theta$라 할 때, θ가 최대가 되도록 하는 선분 AB의 길이는 $x\text{ m}$이다. x의 값은? (단, 폭은 무시한다.)

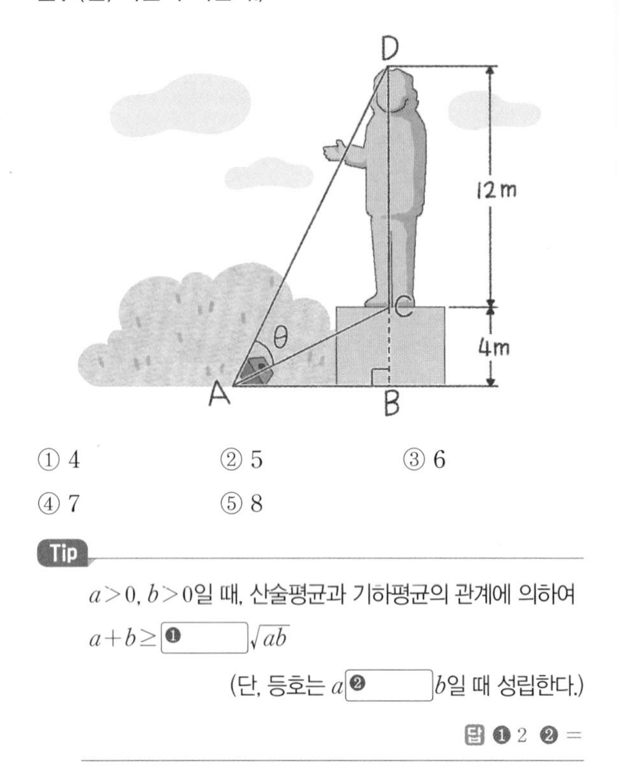

① 4　② 5　③ 6　④ 7　⑤ 8

Tip

$a>0$, $b>0$일 때, 산술평균과 기하평균의 관계에 의하여

$a+b\geq$ ❶ $\sqrt{ab}$

(단, 등호는 a ❷ b일 때 성립한다.)

답 ❶ 2 ❷ =

6 다음 그림과 같이 높이가 6 m인 나무가 있다. 나무의 아래 끝 점 O에서부터 6 m 떨어진 지점 P에서 눈의 높이가 1.5 m인 사람이 나무를 바라보고 서 있다. 이 사람이 나무의 위 끝 점 A와 아래 끝 점 O를 바라본 시선이 이루는 각의 크기를 θ라 할 때, $\tan\theta$의 값은?

(단, 나무의 굵기는 무시한다.)

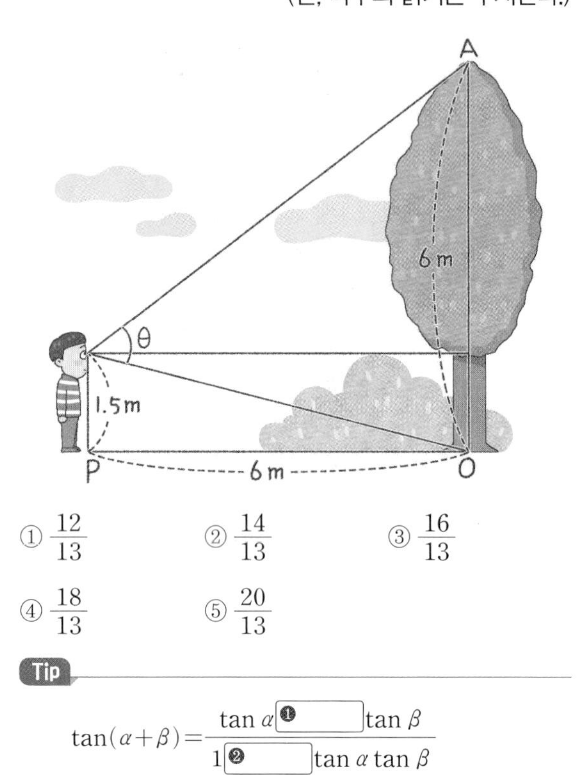

① $\frac{12}{13}$　② $\frac{14}{13}$　③ $\frac{16}{13}$　④ $\frac{18}{13}$　⑤ $\frac{20}{13}$

Tip

$$\tan(\alpha+\beta)=\frac{\tan\alpha \text{ ❶ } \tan\beta}{1 \text{ ❷ } \tan\alpha\tan\beta}$$

답 ❶ + ❷ −

7 다음 그림과 같이 좌표평면에서 원점 O를 중심으로 하고 반지름의 길이가 각각 1, $\sqrt{2}$인 두 사분원 C_1, C_2가 있다. 직선 $y=\frac{1}{2}$이 두 사분원 C_1, C_2와 제1사분면에서 만나는 점을 각각 P, Q라 하자. 점 A$(\sqrt{2}, 0)$에 대하여 $\angle QOP=\alpha$, $\angle AOQ=\beta$라 할 때, $\sin(\alpha-\beta)$의 값은?

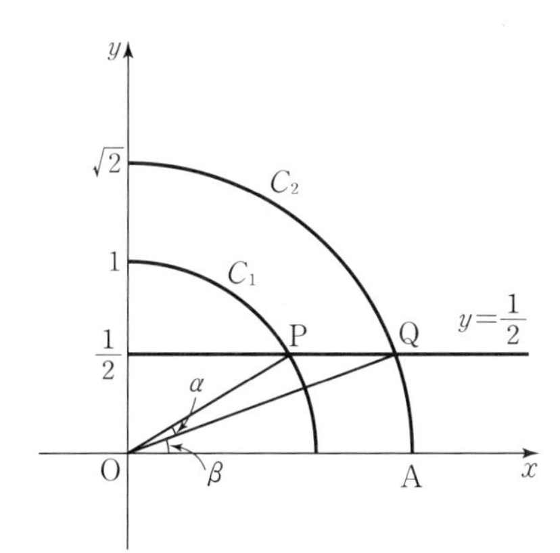

① $\frac{\sqrt{7}-\sqrt{21}}{8}$ ② $\frac{3-\sqrt{21}}{8}$ ③ $\frac{\sqrt{6}-\sqrt{14}}{8}$
④ $\frac{\sqrt{7}-\sqrt{14}}{8}$ ⑤ $\frac{3-\sqrt{14}}{8}$

Tip

$\sin(\alpha+\beta)=\sin\alpha\cos\beta+$ ❶ $\sin\beta$

$\sin(\alpha-\beta)=\sin\alpha\cos\beta-\cos\alpha\sin\beta$

$\cos 2\beta=\cos^2\beta-\sin^2\beta$

$\sin 2\beta=$ ❷ $\sin\beta\cos\beta$

답 ❶ $\cos\alpha$ ❷ 2

8 함수 $f(x)=\begin{cases} 13e^x & (x\le 0) \\ \sin x+13\cos x & (x>0) \end{cases}$에 대하여 보기에서 옳은 것만을 있는 대로 고른 학생을 고르시오.

보기

ㄱ. $f'\left(\frac{\pi}{2}\right)=-13$

ㄴ. 함수 $f(x)$는 $x=0$에서 연속이다.

ㄷ. 함수 $f(x)$는 $x=0$에서 미분가능하다.

Tip

• $y=\sin x$이면 $y'=$ ❶

• $y=\cos x$이면 $y'=$ ❷

답 ❶ $\cos x$ ❷ $-\sin x$

전편 마무리 전략

핵심 한눈에 보기

등비수열 $\{r^n\}$의 수렴과 발산

(1) $r>1$일 때 $\lim_{n\to\infty} r^n=\infty$ (발산)

(2) $r=1$일 때 $\lim_{n\to\infty} r^n=1$ (수렴)

(3) $-1<r<1$일 때 $\lim_{n\to\infty} r^n=0$ (수렴)

(4) $r\le -1$일 때 수열 $\{r^n\}$은 진동한다. (발산)

급수와 수열의 극한값 사이의 관계

(1) 급수 $\sum_{n=1}^{\infty} a_n$이 수렴하면 $\lim_{n\to\infty} a_n=0$이다.

(2) $\lim_{n\to\infty} a_n\ne 0$이면 급수 $\sum_{n=1}^{\infty} a_n$은 발산한다.

등비급수의 수렴과 발산

등비급수 $\sum_{n=1}^{\infty} ar^{n-1}=a+ar+ar^2+\cdots+ar^{n-1}+\cdots\ (a\ne 0)$은

(1) $|r|<1$일 때 수렴하고, 그 합은 $\frac{a}{1-r}$이다.

(2) $|r|\ge 1$일 때 발산한다.

지수함수와 로그함수의 미분

지수함수의 도함수

(1) $y=e^x$이면 $y'=e^x$

(2) $y=a^x(a>0,\ a\neq 1)$이면 $y'=a^x\ln a$

로그함수의 도함수

(1) $y=\ln x$이면 $y'=\frac{1}{x}$

(2) $y=\log_a x(a>0,\ a\neq 1)$이면 $y'=\frac{1}{x\ln a}$

삼각함수의 덧셈정리

(1) $\sin(\alpha\pm\beta)=\sin\alpha\cos\beta\pm\cos\alpha\sin\beta$ (복호동순)

(2) $\cos(\alpha\pm\beta)=\cos\alpha\cos\beta\mp\sin\alpha\sin\beta$ (복호동순)

(3) $\tan(\alpha\pm\beta)=\frac{\tan\alpha\pm\tan\beta}{1\mp\tan\alpha\tan\beta}$ (복호동순)

부호에 주의하여 기억해 둬.

삼각함수의 미분

- 삼각함수의 극한

(1) $\lim_{x\to 0}\frac{\sin x}{x}=1$ (2) $\lim_{x\to 0}\frac{\tan x}{x}=1$

- 삼각함수의 도함수

(1) $y=\sin x$이면 $y'=\cos x$ (2) $y=\cos x$이면 $y'=-\sin x$

x의 단위는 라디안이야.

신유형·신경향 전략

01 두 학생이 실수 전체의 집합에서 연속인 함수 $f(x)$에 대한 조건을 이야기하고 있다.

자연수 m, n에 대하여 함수 $g(x)=\lim_{n\to\infty}\frac{\{f(x)\}^n}{\{f(x)\}^n+1}$일 때,

$\sum_{m=1}^{25} g(m)$의 값을 구하시오.

Tip

$g(x+6)=$ ❶ ☐ 이므로

$\sum_{m=1}^{25} g(m)$

$=g(1)+g(2)+\cdots+g(25)$

$=$ ❷ ☐ $\{g(1)+g(2)+\cdots+g(6)\}$

$+g(1)$

답 ❶ $g(x)$ ❷ 4

02 다음 그림과 같이 자연수 n에 대하여 점 A를 기준으로

$$\overline{\mathrm{AP_1}}=1,\ \overline{\mathrm{P}_n\mathrm{P}_{n+1}}=2^{n-1},\ \angle \mathrm{AP}_n\mathrm{P}_{n+1}=\frac{\pi}{2}$$

를 만족시키는 점 $\mathrm{P_1}$, $\mathrm{P_2}$, $\mathrm{P_3}$, $\cdots$이 시계 반대 방향으로 있다.

$\lim_{n\to\infty}\tan(\angle \mathrm{P}_n\mathrm{AP}_{n+1})$의 값을 구하시오.

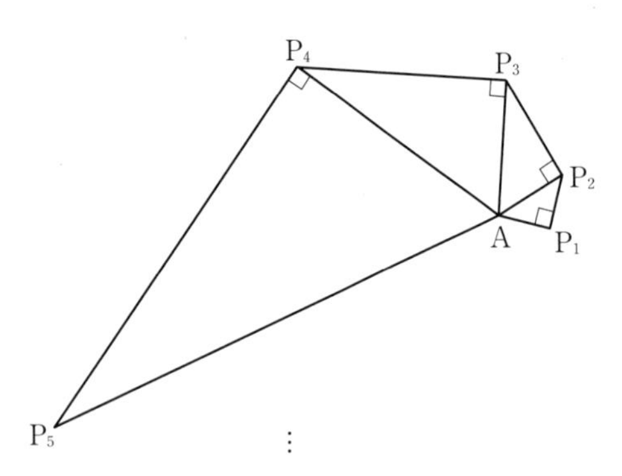

Tip

$\angle \mathrm{AP}_n\mathrm{P}_{n+1}=\frac{\pi}{2}$이므로

$\tan(\angle \mathrm{P}_n\mathrm{AP}_{n+1})=\frac{❶\ ☐}{\overline{\mathrm{AP}_n}}$

답 ❶ $\overline{\mathrm{P}_n\mathrm{P}_{n+1}}$

03 세 학생 A, B, C가 나눈 대화에서 항상 옳은 설명을 한 학생만을 있는 대로 고르시오.

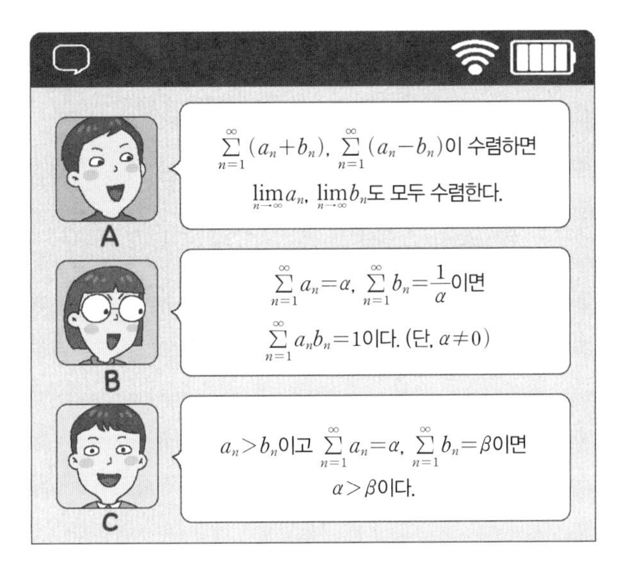

Tip

- 급수 $\sum_{n=1}^{\infty}a_n$이 수렴하면 $\lim_{n\to\infty}a_n=$ ❶
- $\lim_{n\to\infty}a_n=\alpha$, $\lim_{n\to\infty}b_n=\beta$일 때,
  $\lim_{n\to\infty}(a_n\pm b_n)=$ ❷ $\pm\lim_{n\to\infty}b_n$
  $=\alpha\pm\beta$ (복호동순)

답 ❶ 0 ❷ $\lim_{n\to\infty}a_n$

04 다음 그림과 같이 $\overline{AB}=2$, $\overline{AD}=4$인 직사각형 ABCD에서 선분 BC의 중점을 M, 선분 AD를 $3:1$로 내분하는 점을 E, 선분 CD를 $2:1$로 내분하는 점을 F라 하고, 세 점 M, E, F를 연결하여 생기는 삼각형 EMF의 넓이를 S_1이라 하자. 사각형 ABME의 내부에 내접하고 $\overline{AB_1}:\overline{AD_1}=1:2$인 직사각형 $AB_1C_1D_1$을 그린다. 선분 B_1C_1의 중점을 M_1, 선분 AD_1을 $3:1$로 내분하는 점을 E_1, 선분 C_1D_1을 $2:1$로 내분하는 점을 F_1이라 하고, 세 점 M_1, E_1, F_1을 연결하여 생기는 삼각형 $E_1M_1F_1$의 넓이를 S_2라 하자. 이와 같은 과정을 계속하여 n번째 얻은 그림에서 생기는 삼각형 $E_{n-1}M_{n-1}F_{n-1}$의 넓이를 $S_n(n\geq2)$이라 할 때, $\sum_{k=1}^{\infty}S_k=\frac{q}{p}$이다. 서로소인 두 자연수 p, q에 대하여 $p+q$의 값을 구하시오.

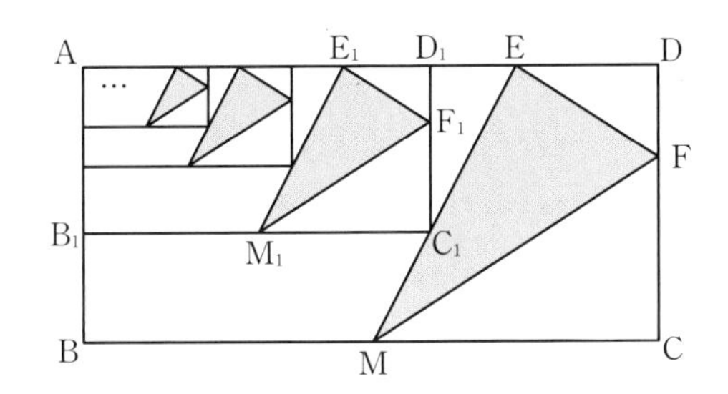

Tip

- 두 도형의 닮음비가 $a:b$이면 두 도형의 넓이의 비는 ❶ $:b^2$
- 등비급수 $\sum_{n=1}^{\infty}a_n$ $(a_1\neq0)$의 공비를 r $(-1<r<1)$라 하면
  $\sum_{n=1}^{\infty}a_n=\frac{a_1}{1-❷}$

답 ❶ a^2 ❷ r

05 다음 그림과 같이 칠판에 두 함수 $f(n)$, $g(n)$에 대하여 적혀 있다.

$\lim_{n\to\infty}\frac{g(n)}{f(n)}$의 값을 구하시오.

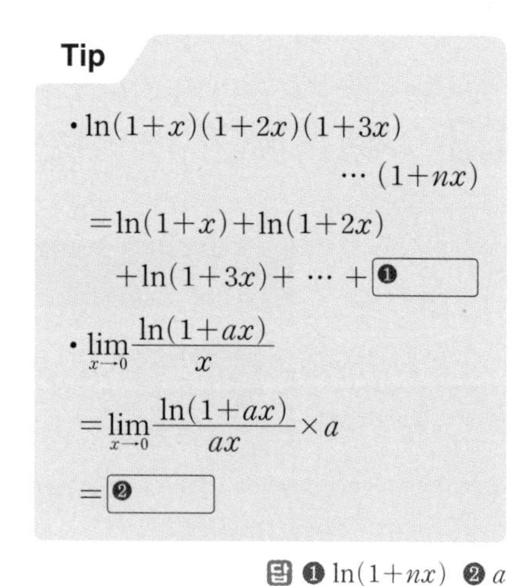
Tip

- $\ln(1+x)(1+2x)(1+3x)\cdots(1+nx)$
  $=\ln(1+x)+\ln(1+2x)+\ln(1+3x)+\cdots+$ ❶
- $\lim_{x\to 0}\frac{\ln(1+ax)}{x}$
  $=\lim_{x\to 0}\frac{\ln(1+ax)}{ax}\times a$
  $=$ ❷

답 ❶ $\ln(1+nx)$ ❷ a

06 다음 그림과 같이 곡선 $y=\log_3 x$ 위를 움직이는 점 P가 있다. 점 P의 좌표가 $(t, \log_3 t)$이고 점 P에서 x축에 내린 수선의 발을 Q라 하자. 점 $\mathrm{A}(0, 1)$에 대하여 삼각형 PAQ의 넓이를 $S(t)$라 할 때, $S'(81)$의 값을 구하시오. (단, $t>1$)

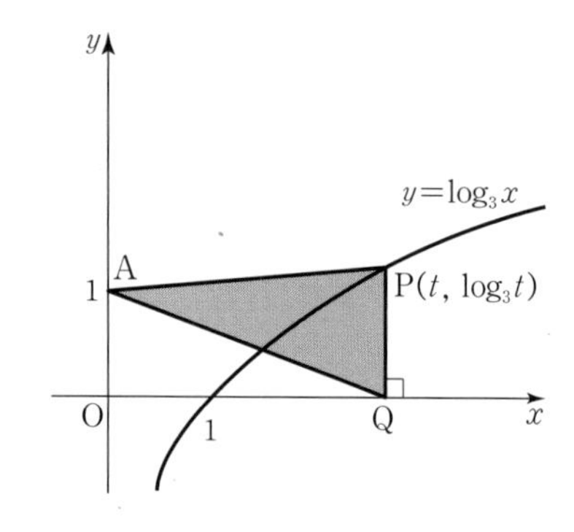

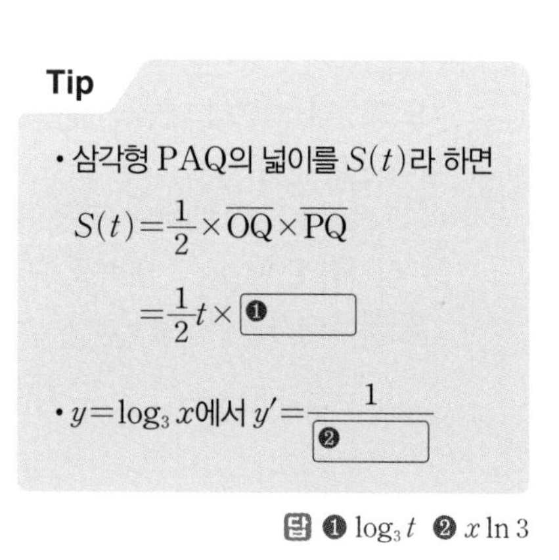
Tip

- 삼각형 PAQ의 넓이를 $S(t)$라 하면
  $S(t)=\frac{1}{2}\times\overline{\mathrm{OQ}}\times\overline{\mathrm{PQ}}$
  $=\frac{1}{2}t\times$ ❶
- $y=\log_3 x$에서 $y'=\frac{1}{❷}$

답 ❶ $\log_3 t$ ❷ $x\ln 3$

07

다음 그림과 같이 제1사분면에서 중심이 원점 O이고 반지름의 길이가 1인 원 위를 움직이는 점 P에 대하여 점 P에서 x축에 내린 수선의 발을 H, $\angle\text{POH}=\theta$ $\left(0<\theta<\dfrac{\pi}{2}\right)$라 할 때, $\angle\text{PQH}=\dfrac{\theta}{2}$를 만족시키는 x축 위의 점을 Q라 하자.

$\lim\limits_{\theta\to0+}\overline{\text{OQ}}$의 값을 구하시오. (단, 점 Q의 x좌표는 양수이다.)

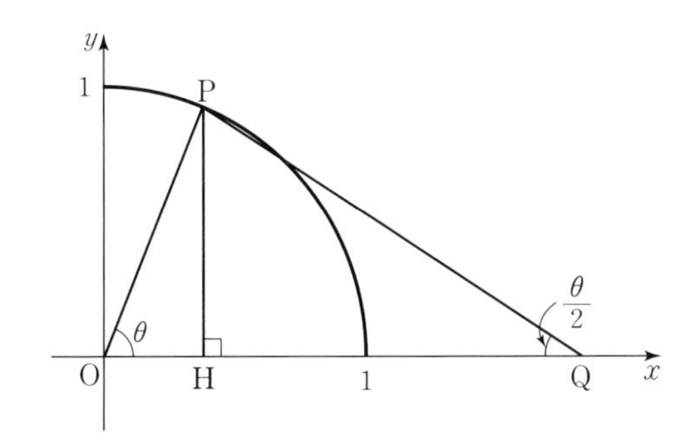

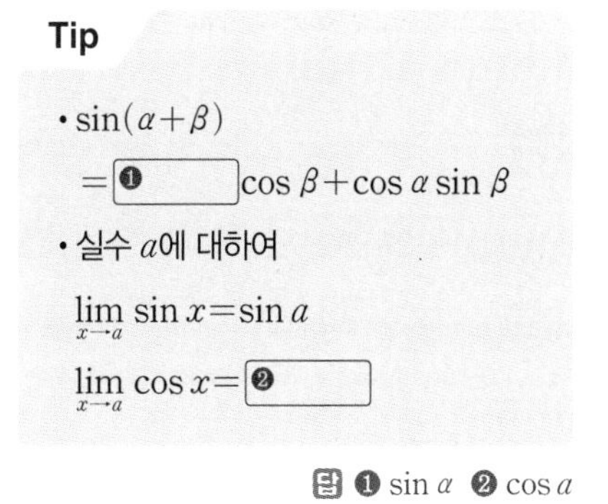

Tip

- $\sin(\alpha+\beta)$
  $=$ ❶ $\boxed{}$ $\cos\beta+\cos\alpha\sin\beta$
- 실수 a에 대하여
  $\lim\limits_{x\to a}\sin x=\sin a$
  $\lim\limits_{x\to a}\cos x=$ ❷ $\boxed{}$

답 ❶ $\sin\alpha$ ❷ $\cos a$

08

다음 그림과 같이 직선 $y=3x$ 위의 점 A, 직선 $x-3y+5=0$ 위의 점 B, 두 직선의 교점 P를 세 꼭짓점으로 하는 삼각형 APB가 있다. $\angle\text{A}=\dfrac{\pi}{2}$, $\overline{\text{PA}}=5$일 때, $\overline{\text{PB}}$의 값을 구하시오.

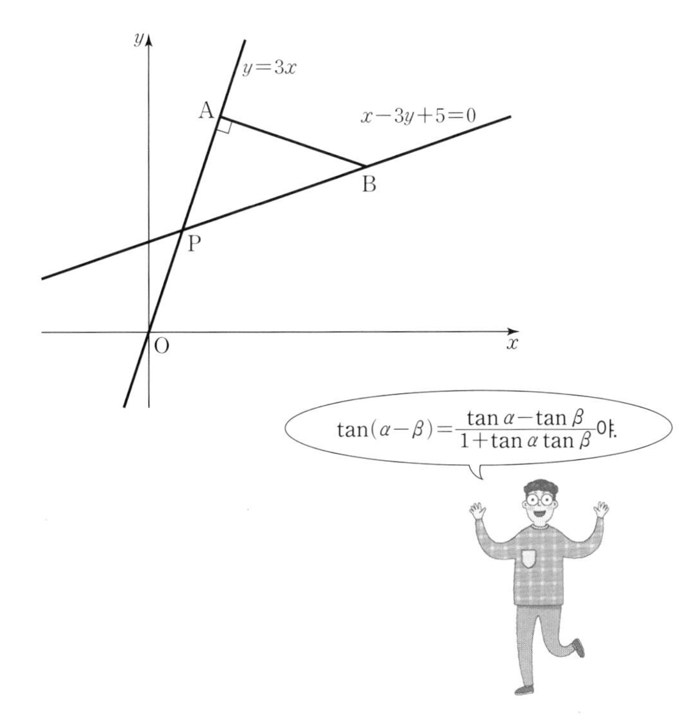

Tip

두 직선 $y=3x$, $x-3y+5=0$이 x축의 양의 방향과 이루는 각의 크기를 각각 α, β라 하면

$\tan\alpha=$ ❶ $\boxed{}$, $\tan\beta=$ ❷ $\boxed{}$

답 ❶ 3 ❷ $\dfrac{1}{3}$

1·2등급 확보 전략 1회

01

$\lim_{n \to \infty} \{\sqrt{1+2+3+\cdots+(n+1)}-\sqrt{1+2+3+\cdots+n}\}$의 값은?

① $\frac{1}{2}$　② $\frac{\sqrt{3}}{3}$　③ $\frac{\sqrt{2}}{2}$
④ 1　⑤ $\sqrt{2}$

02

자연수 n에 대하여 $\sqrt{4n^2+3}$의 소수 부분을 a_n이라 할 때, $\lim_{n \to \infty} 8na_n$의 값은?

① 4　② 5　③ 6
④ 7　⑤ 8

03

$\lim_{n \to \infty} \frac{an^3+bn^2+1}{n^2+2n}=3$일 때, 상수 a, b에 대하여 $a+b$의 값은?

① 3　② 5　③ 7
④ 9　⑤ 11

04

수열 $\{a_n\}$이 모든 자연수 n에 대하여

$$\frac{1}{n+2}<a_n<\frac{1}{\sqrt{n(n+4)}}$$

을 만족시킬 때, $\lim_{n \to \infty} \frac{a_n}{1-na_n}$의 값은?

① $\frac{1}{2}$　② 1　③ $\frac{3}{2}$
④ 2　⑤ $\frac{5}{2}$

05

$\lim_{n\to\infty}\frac{\left(\frac{1}{2}\right)^{2n+1}+\left(\frac{1}{3}\right)^{n-2}}{\left(\frac{1}{2}\right)^{2n}+\left(\frac{1}{3}\right)^{n-1}}$의 값은?

① 1　② 3　③ 5
④ 7　⑤ 9

06

수열 $\left\{\frac{(5x-1)^n}{2^{3n}+3^{2n}}\right\}$이 수렴하도록 하는 정수 x의 개수는?

① 2　② 4　③ 6
④ 8　⑤ 10

07

자연수 k에 대하여

$$a_k=\lim_{n\to\infty}\frac{\left(\frac{k^2-10k+18}{9}\right)^n-1}{\left(\frac{k^2-10k+18}{9}\right)^n+1}$$

일 때, $\sum_{k=1}^{20}a_k$의 값은?

① 1　② 2　③ 3
④ 4　⑤ 5

08

두 함수 $f(x)=\lim_{n\to\infty}\frac{x^{2n+1}}{4^n+x^{2n}}$, $g(x)=-x(x^2-a^2)$에 대하여 방정식 $f(x)-g(x)=0$이 오직 하나의 실근을 갖도록 하는 상수 a의 최댓값은?

① 1　② $\sqrt{2}$　③ $\sqrt{3}$
④ 2　⑤ $\sqrt{5}$

09

다음 그림과 같이 자연수 n에 대하여 곡선 $y=(x-2)^2$ 위의 점 $\mathrm{A}_n(n,\ (n-2)^2)$을 지나고 기울기가 $-\sqrt{3}$인 직선이 x축과 만나는 점을 B_n이라 할 때, $\lim_{n\to\infty}\frac{\overline{\mathrm{OB}_n}}{\overline{\mathrm{OA}_n}}$의 값은?

(단, O는 원점이다.)

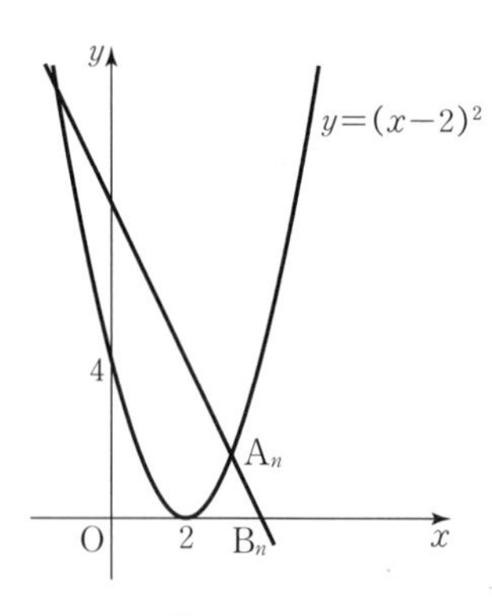

① $\frac{\sqrt{3}}{3}$　② $\frac{\sqrt{3}}{2}$　③ $\sqrt{3}$
④ $\sqrt{3}+1$　⑤ $2\sqrt{3}$

10

$\sum_{n=1}^{\infty}\frac{1}{(n+2)\sqrt{n}+n\sqrt{n+2}}=a+b\sqrt{2}$일 때, 유리수 a, b에 대하여 $\frac{a}{b}$의 값은?

① 1　② 2　③ 4
④ 6　⑤ 8

11

수열 $\{a_n\}$에 대하여 $\sum_{n=1}^{\infty}\frac{a_n}{n}=3$일 때, $\lim_{n\to\infty}\frac{3a_n-8n+1}{a_n-2n+5}$의 값은?

① 1　② 2　③ 3
④ 4　⑤ 5

12

수열 $\{a_n\}$에 대하여

$$\sum_{n=1}^{\infty}\left(3na_n+2a_n-\frac{3n^2+1}{2n+1}\right)=5$$

일 때, $\lim_{n\to\infty}(4a_n^{\ 2}+4a_n+3)$의 값은?

① 2　② 3　③ 4
④ 5　⑤ 6

급수와 수열의 극한값
사이의 관계를 이용해 봐!

13

두 수열 $\{a_n\}$, $\{b_n\}$에 대하여 보기에서 옳은 것만을 있는 대로 고른 것은?

보기

ㄱ. $\sum_{n=1}^{\infty} a_n$이 수렴하면 $\sum_{n=1}^{\infty} (a_n - a_{n+1}) = 0$이다.

ㄴ. $\sum_{n=1}^{\infty} a_n$, $\sum_{n=1}^{\infty} b_n$이 수렴하면 $\sum_{n=1}^{\infty} \frac{a_n + b_n}{2}$도 수렴한다.

ㄷ. $\sum_{n=1}^{\infty} a_n b_n$이 수렴하고 $\lim_{n\to\infty} b_n \neq 0$이면 $\lim_{n\to\infty} a_n = 0$이다.

① ㄱ　② ㄴ　③ ㄱ, ㄴ
④ ㄴ, ㄷ　⑤ ㄱ, ㄴ, ㄷ

14

급수 $\sum_{n=1}^{\infty} \left\{ \left(\frac{1}{2}\right)^n + \left(\frac{2}{3}\right)^n \right\}$의 합은?

① -5　② -3　③ -1
④ 1　⑤ 3

15

두 수열 $\{a^{n-1}\}$, $\{b^{n-1}\}$에 대하여

$$\sum_{n=1}^{\infty} (a^{n-1} + b^{n-1}) = \frac{8}{3},\ \sum_{n=1}^{\infty} (ab)^{n-1} = \frac{4}{5}$$

일 때, $\sum_{n=1}^{\infty} (a^{2n-1} + b^{2n-1})$의 값은? (단, $-1 < a < 0 < b < 1$)

① 0　② 1　③ 2
④ 3　⑤ 4

16

다음 그림과 같이 한 변의 길이가 2인 정사각형 ABCD에서 두 점 A, D를 각각 중심으로 하고 반지름의 길이가 $\overline{AD}$인 부채꼴 ABD와 부채꼴 DAC를 그리고 부채꼴 ABD의 외부이면서 부채꼴 DAC의 내부에 색칠하여 얻은 그림을 R_1이라 하자. 그림 R_1에서 선분 AD, 호 AC, 호 BD로 이루어진 도형에 내접하는 정사각형 $A_1B_1C_1D_1$을 그리고 정사각형 $A_1B_1C_1D_1$에서 두 점 A_1, D_1을 각각 중심으로 하고 반지름의 길이가 $\overline{A_1D_1}$인 부채꼴 $A_1B_1D_1$과 부채꼴 $D_1A_1C_1$을 그린다. 부채꼴 $A_1B_1D_1$의 외부면서 부채꼴 $D_1A_1C_1$의 내부에 색칠하여 얻은 그림을 R_2라 하자. 이와 같은 과정을 계속하여 n번째 얻은 그림 R_n에 색칠되어 있는 부분의 넓이를 S_n이라 할 때, $\sum_{n=1}^{\infty} S_n$의 값은?

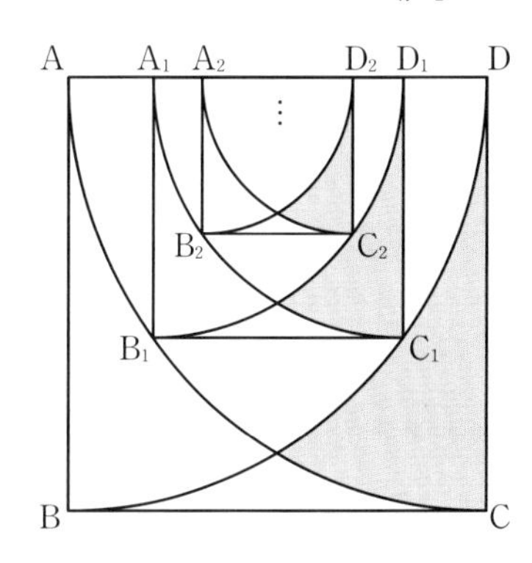

① $\frac{25\sqrt{3}}{16} - \frac{25}{48}\pi$　② $\frac{23\sqrt{3}}{18} - \frac{29}{48}\pi$
③ $\frac{25\sqrt{3}}{16} - \frac{29}{48}\pi$　④ $\frac{23\sqrt{3}}{16} - \frac{29}{48}\pi$
⑤ $\frac{29\sqrt{3}}{16} - \frac{25}{48}\pi$

1·2등급 확보 전략 2회

01

$\lim_{x\to\infty}(1+2^x)\ln\left(1+\frac{1}{2^x}+\frac{1}{3^x}\right)$의 값은?

① 0 ② $\frac{1}{3}$ ③ $\frac{1}{2}$
④ 1 ⑤ e

02

모든 실수 x에 대하여 함수 $f(x)$가

$f(x)>0$, $\lim_{x\to\infty}f(x)=0$

을 만족시킬 때, $\lim_{x\to\infty}\{1+f(x)\}^{\frac{2}{f(x)}}$의 값은?

① e^{-2} ② e^{-1} ③ 1
④ e ⑤ e^2

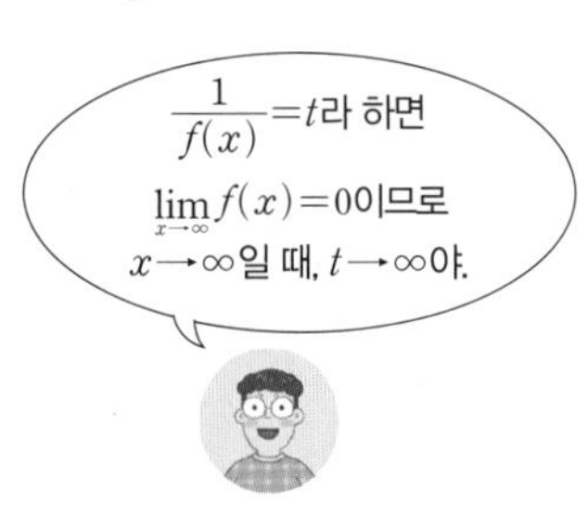

03

함수 $f(x)=\begin{cases}\frac{e^{2x}+a}{x} & (x\neq0)\\ b & (x=0)\end{cases}$가 $x=0$에서 연속일 때, 상수 a, b에 대하여 $a-b$의 값은?

① -3 ② -2 ③ -1
④ 0 ⑤ 1

04

$x>-1$인 모든 실수 x에 대하여 함수 $f(x)$가

$\ln(1+x)\le f(x)\le e^x-1$

을 만족시킬 때, $\lim_{x\to0}\frac{f(2x)}{x}$의 값은?

① -2 ② $-\frac{1}{2}$ ③ 0
④ $\frac{1}{2}$ ⑤ 2

05

$x>0$에서 정의된 함수 $f(x)=\lim_{n\to\infty}\frac{1}{n}\ln(x^n+x^{2n})$에 대하여 $f\left(\frac{1}{4}\right)+f(1)+f(2)$의 값은?

① -1 ② $-\ln 2$ ③ 0
④ $\ln 2$ ⑤ 1

06

수열 $\{a_n\}$의 일반항이

$$a_n=\lim_{x\to 0}\frac{\ln(1+nx)}{x}$$

일 때, $\sum_{n=1}^{10}a_n$의 값은?

① 40 ② 45 ③ 50
④ 55 ⑤ 60

07

함수 $f(x)=100x^3e^x$에 대하여 $f'(1)$의 값은?

① e ② $100e$ ③ $200e$
④ $300e$ ⑤ $400e$

08

모든 실수 x에 대하여 함수 $f(x)$가

$$f(x)=e^x(x^2+4x+a),\ f'(x)\geq 0$$

을 만족시킬 때, 상수 a의 최솟값은?

① -5 ② -1 ③ 0
④ 5 ⑤ 9

09

$\sin\alpha+\cos\beta=\frac{\sqrt{3}}{2}$, $\cos\alpha+\sin\beta=\frac{\sqrt{2}}{2}$일 때, $\sin(\alpha+\beta)$의 값은?

① $-\frac{3}{4}$　② $-\frac{3}{8}$　③ $-\frac{1}{4}$
④ $\frac{1}{4}$　⑤ $\frac{3}{8}$

10

이차방정식 $x^2-x+a=0$의 두 근이 $\tan\alpha$, $\tan\beta$일 때, $\tan(\alpha+\beta)=\frac{1}{3}$이다. 상수 a의 값은?

① -2　② -1　③ 0
④ 1　⑤ 2

11

$\lim_{x\to 0}\frac{\sin(\tan 2x)}{3x}$의 값은?

① $\frac{2}{9}$　② $\frac{2}{3}$　③ $\frac{8}{9}$
④ $\frac{3}{2}$　⑤ 6

12

$\lim_{x\to 0}\frac{a-\cos x}{bx\sin 2x}=4$가 성립하도록 하는 상수 a, b에 대하여 $\frac{a}{b}$의 값은?

① 12　② 14　③ 16
④ 18　⑤ 20

13

다음 그림과 같이 원 $x^2+y^2=1$ 위의 점 $\mathrm{A}(-1, 0)$을 지나는 직선이 제1사분면에서 원과 만나는 점을 P, 점 P에서의 접선이 x축과 만나는 점을 Q라 하고, $\angle\mathrm{PAO}=\theta\left(0<\theta<\frac{\pi}{2}\right)$라 하자. 삼각형 POQ의 넓이가 $\frac{2}{3}$일 때, $\cos^2\theta$의 값은?

(단, O는 원점이다.)

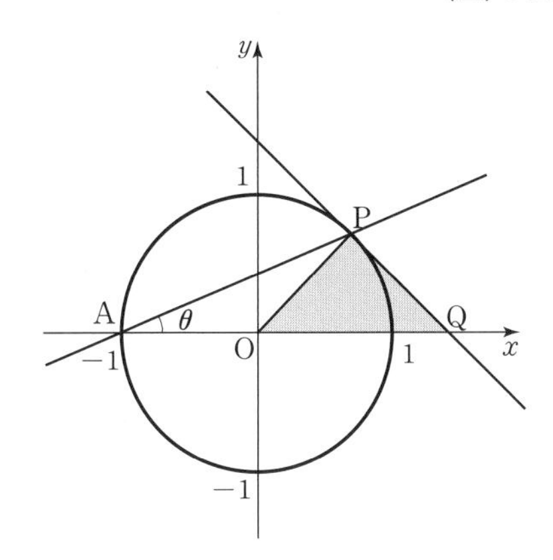

① $\frac{1}{5}$　② $\frac{2}{5}$　③ $\frac{3}{5}$
④ $\frac{4}{5}$　⑤ 1

14

함수 $f(x)=\begin{cases} \dfrac{e^{2x}+\sin x+a}{x} & (x\neq0) \\ b & (x=0) \end{cases}$가 $x=0$에서 연속일 때, 상수 a, b에 대하여 $a+b$의 값은?

① -2　② -1　③ 0
④ 1　⑤ 2

15

함수 $f(x)=e^x\sin x$에 대하여 $\lim\limits_{h\to0}\dfrac{f(2h)-f(-h)}{2h}$의 값은?

① $-\frac{3}{2}$　② -1　③ 0
④ 1　⑤ $\frac{3}{2}$

16

미분가능한 함수 $f(x)$가 $\lim\limits_{x\to\pi}\dfrac{3f(x)-1}{x-\pi}=5$를 만족시키고 함수 $g(x)=-3f(x)\cos x$일 때, $g'(\pi)$의 값은?

① 2　② $\frac{7}{2}$　③ 5
④ $\frac{13}{2}$　⑤ 8

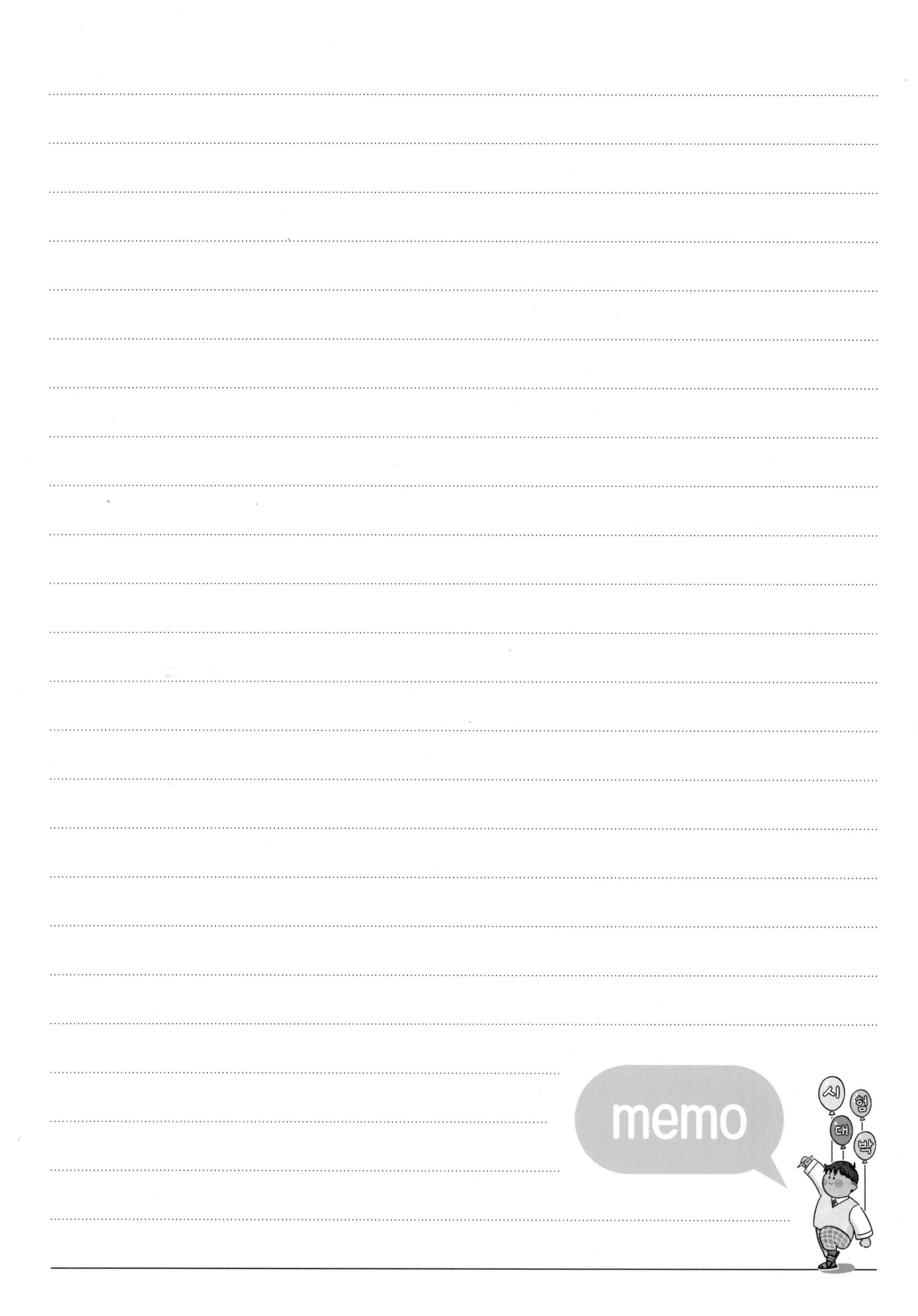
memo
시험대박

book.chunjae.co.kr

교재 내용 문의 ··························· 교재 홈페이지 ▸ 고등 ▸ 교재상담
교재 내용 외 문의 ····················· 교재 홈페이지 ▸ 고객센터 ▸ 1:1문의
발간 후 발견되는 오류 ·············· 교재 홈페이지 ▸ 고등 ▸ 학습지원 ▸ 학습자료실

수능공략 필승학습!
단기간에 끝장내자!

실전에 강한
수능전략

BOOK 2

천재교육

실 전 에 강 한

수능전략

수능전략

수·학·영·역

미적분

BOOK 2

이 책의 구성과 활용

본책인 BOOK 1과 BOOK2의 구성은 아래와 같습니다.

BOOK 1
1주, 2주

BOOK 2
1주, 2주

BOOK 3
정답과 해설

주 도입

본격적인 학습에 앞서, 재미있는 만화를 살펴보며 이번 주에 학습할 내용을 확인해 봅니다.

1일

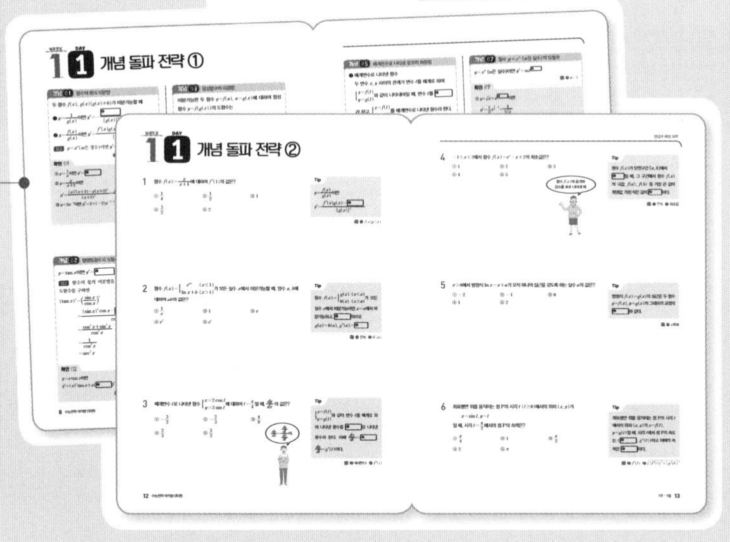

개념 돌파 전략

수능을 대비하기 위해 꼭 알아야 할 핵심 개념을 익힌 뒤, 간단한 문제를 풀며 개념을 잘 이해했는지 확인해 봅니다.

2일, 3일

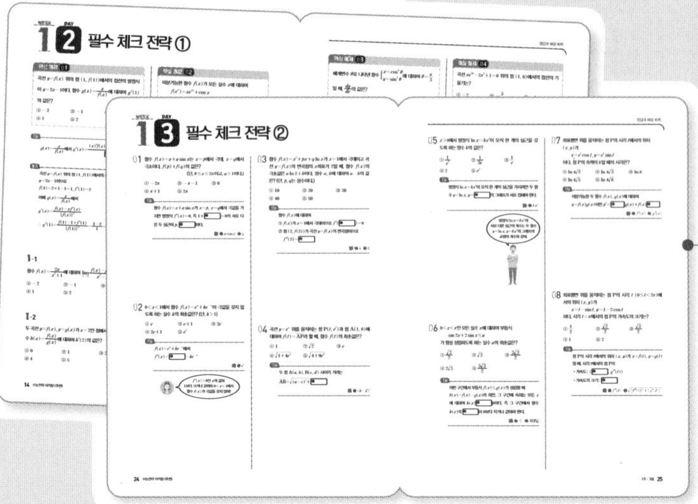

필수 체크 전략

기출문제에서 선별한 대표 유형 문제와 쌍둥이 문제를 함께 풀며 문제에 접근하는 과정과 해결 전략을 체계적으로 익혀 봅니다.

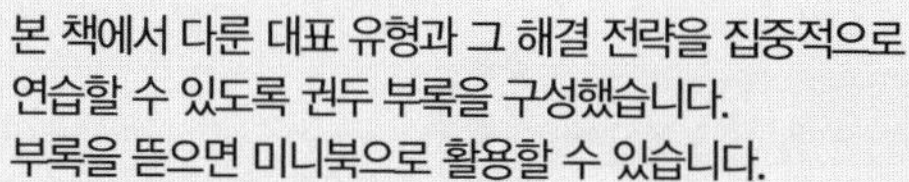

본 책에서 다룬 대표 유형과 그 해결 전략을 집중적으로
연습할 수 있도록 권두 부록을 구성했습니다.
부록을 뜯으면 미니북으로 활용할 수 있습니다.

주 마무리 코너

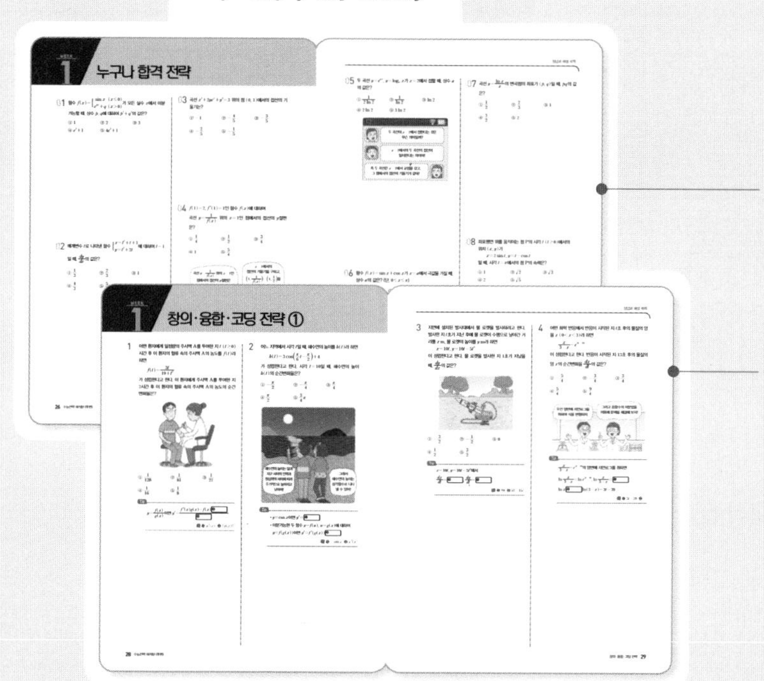

누구나 합격 전략
수능 유형에 맞춘 기초 연습 문제를 풀며
학습 자신감을 높일 수 있습니다.

창의 · 융합 · 코딩 전략
수능에서 요구하는 융복합적 사고력과
문제 해결력을 기를 수 있습니다.

권 마무리 코너

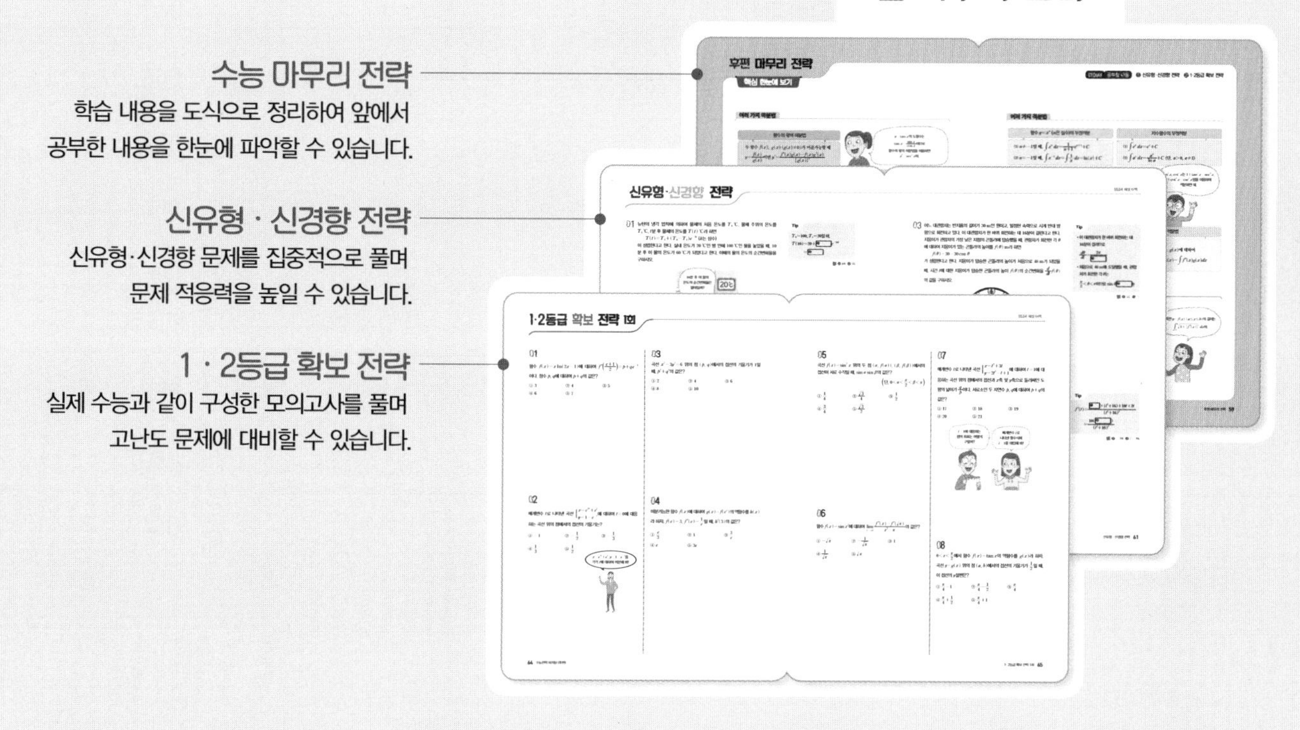

수능 마무리 전략
학습 내용을 도식으로 정리하여 앞에서
공부한 내용을 한눈에 파악할 수 있습니다.

신유형 · 신경향 전략
신유형·신경향 문제를 집중적으로 풀며
문제 적응력을 높일 수 있습니다.

1 · 2등급 확보 전략
실제 수능과 같이 구성한 모의고사를 풀며
고난도 문제에 대비할 수 있습니다.

이 책의 차례

BOOK 2

WEEK 1

WEEK 2

BOOK 1

WEEK 1

수열의 극한

WEEK 2

여러 가지 함수의 미분

WEEK

1 여러 가지 미분법

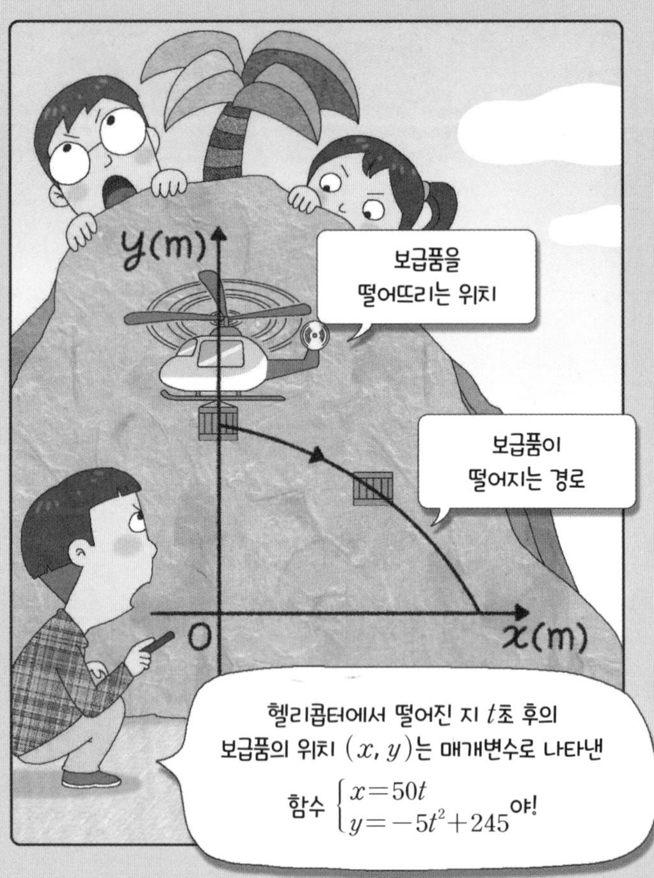

공부할 내용

1. 함수의 몫의 미분법
2. 합성함수의 미분법
3. 매개변수로 나타낸 함수의 미분법
4. 음함수와 역함수의 미분법
5. 이계도함수
6. 도함수의 활용

WEEK 1 DAY 1

개념 돌파 전략 ①

개념 01 함수의 몫의 미분법

두 함수 $f(x)$, $g(x)(g(x)\neq 0)$가 미분가능할 때

❶ $y=\dfrac{1}{g(x)}$이면 $y'=-\dfrac{\boxed{❶\quad}}{\{g(x)\}^2}$

❷ $y=\dfrac{f(x)}{g(x)}$이면 $y'=\dfrac{f'(x)g(x)-\boxed{❷\quad}}{\{g(x)\}^2}$

참고 $y=x^n$(n은 정수)이면 $y'=nx^{n-1}$

답 ❶ $g'(x)$ ❷ $f(x)g'(x)$

확인 01

① $y=\dfrac{1}{x}$이면 $y'=\boxed{❶\quad}$

② $y=\dfrac{x}{x+2}$이면

$y'=\dfrac{(x)'(x+2)-x(x+2)'}{(x+2)^2}=\dfrac{x+2-x}{(x+2)^2}=\boxed{❷\quad}$

③ $y=3x^{-2}$이면 $y'=3\times(-2)x^{-2-1}=-6x^{-3}$

답 ❶ $-\dfrac{1}{x^2}$ ❷ $\dfrac{2}{(x+2)^2}$

개념 02 탄젠트함수의 도함수

$y=\tan x$이면 $y'=\boxed{❶\quad}$

참고 함수의 몫의 미분법을 이용하여 탄젠트함수의 도함수를 구하면

$$(\tan x)'=\left(\frac{\sin x}{\cos x}\right)'=\frac{(\sin x)'\cos x-\boxed{❷\quad}(\cos x)'}{\cos^2 x}=\frac{\cos^2 x+\sin^2 x}{\cos^2 x}=\frac{1}{\cos^2 x}=\sec^2 x$$

답 ❶ $\sec^2 x$ ❷ $\sin x$

확인 02

$y=x\tan x$이면

$y'=(x)'\tan x+x(\boxed{❶\quad})'=\boxed{❷\quad}$

답 ❶ $\tan x$ ❷ $\tan x+x\sec^2 x$

개념 03 합성함수의 미분법

미분가능한 두 함수 $y=f(u)$, $u=g(x)$에 대하여 합성함수 $y=f(g(x))$의 도함수는

$\dfrac{dy}{dx}=\dfrac{dy}{du}\times\boxed{❶\quad}$ 또는

$\{f(g(x))\}'=f'(g(x))\boxed{❷\quad}$

답 ❶ $\dfrac{du}{dx}$ ❷ $g'(x)$

확인 03

$y=(2x^2-3)^4$이면

$y'=4(2x^2-3)^3(\boxed{❶\quad})'=\boxed{❷\quad}(2x^2-3)^3$

답 ❶ $2x^2-3$ ❷ $16x$

개념 04 지수함수와 로그함수의 도함수

❶ 지수함수의 도함수

① $y=e^{f(x)}$이면 $y'=e^{f(x)}\boxed{❶\quad}$

② $y=a^{f(x)}$이면 $y'=a^{f(x)}\ln a\times f'(x)$

(단, $a>0$, $a\neq 1$)

❷ 로그함수의 도함수

함수 $f(x)$가 미분가능하고 $f(x)\neq 0$일 때

① $y=\ln|f(x)|$이면 $y'=\dfrac{f'(x)}{f(x)}$

② $y=\log_a|f(x)|$이면 $y'=\dfrac{f'(x)}{f(x)\boxed{❷\quad}}$

(단, $a>0$, $a\neq 1$)

답 ❶ $f'(x)$ ❷ $\ln a$

확인 04

① $y=e^{2x^2}$이면 $y'=e^{2x^2}\times(2x^2)'=\boxed{❶\quad}$

② $y=2^{3x}$이면 $y'=2^{3x}\ln 2\times(3x)'=3\ln 2\times 2^{3x}$

③ $y=\ln(x^2+1)$이면 $y'=\dfrac{(x^2+1)'}{x^2+1}=\dfrac{2x}{x^2+1}$

④ $y=\log_2|5x|$이면

$y'=\left(\dfrac{\ln|5x|}{\ln 2}\right)'=\dfrac{1}{\ln 2}\times\dfrac{(5x)'}{5x}=\boxed{❷\quad}$

답 ❶ $4xe^{2x^2}$ ❷ $\dfrac{1}{x\ln 2}$

개념 05 매개변수로 나타낸 함수의 미분법

❶ 매개변수로 나타낸 함수

두 변수 x, y 사이의 관계가 변수 t를 매개로 하여

$\begin{cases} x=f(t) \\ y=g(t) \end{cases}$와 같이 나타내어질 때, 변수 t를 ❶ ☐

라 하고, $\begin{cases} x=f(t) \\ y=g(t) \end{cases}$를 매개변수로 나타낸 함수라 한다.

❷ 매개변수로 나타낸 함수의 미분법

두 함수 $x=f(t)$, $y=g(t)$가 t에 대하여 미분가능하고 $f'(t)\neq 0$이면

$$\frac{dy}{dx}=\frac{\frac{dy}{dt}}{\frac{dx}{dt}}=\frac{g'(t)}{❷ \square}$$

답 ❶ 매개변수 ❷ $f'(t)$

확인 05

매개변수로 나타낸 함수 $\begin{cases} x=2t+1 \\ y=t^2-3 \end{cases}$에 대하여

$\frac{dx}{dt}=2$, $\frac{dy}{dt}=$ ❶ ☐이므로

$$\frac{dy}{dx}=\frac{\frac{dy}{dt}}{\frac{dx}{dt}}=\frac{2t}{2}=❷ \square$$

답 ❶ $2t$ ❷ t

개념 06 음함수의 미분법

❶ 음함수

방정식 $f(x, y)=0$에서 y를 x의 함수로 생각할 때, 함수 y는 x의 ❶ ☐의 꼴로 표현되었다고 한다.

❷ 음함수의 미분법

방정식 $f(x, y)=0$에서 y를 ❷ ☐의 함수로 보고, 각 항을 x에 대하여 미분하여 $\frac{dy}{dx}$를 구한다.

답 ❶ 음함수 ❷ x

확인 06

$2x^2+y^2-4x=0$의 양변을 x에 대하여 미분하면

$4x+$❶ ☐$\frac{dy}{dx}-4=0$이므로 $\frac{dy}{dx}=\frac{❷ \square}{y}$

답 ❶ $2y$ ❷ $-2x+2$

개념 07 함수 $y=x^n$ (n은 실수)의 도함수

$y=x^n$ (n은 실수)이면 $y'=nx^{❶ \square}$

답 ❶ $n-1$

확인 07

① $y=\sqrt{x}=x^{❶ \square}$이면

$$y'=\frac{1}{2}x^{\frac{1}{2}-1}=\frac{1}{2\sqrt{x}}$$

② $y=\frac{1}{x\sqrt{x}}=x^{-\frac{3}{2}}$이면

$$y'=-\frac{3}{2}x^{-\frac{3}{2}-1}=-\frac{3}{2❷ \square}$$

답 ❶ $\frac{1}{2}$ ❷ $x^2\sqrt{x}$

개념 08 역함수의 미분법

미분가능한 함수 $f(x)$의 역함수 $f^{-1}(x)$가 존재하고 미분가능할 때, $y=f^{-1}(x)$의 도함수는

$$\frac{dy}{dx}=\frac{1}{\frac{dx}{dy}} \text{ 또는 } (f^{-1})'(x)=\frac{1}{f'(❶ \square)}$$

답 ❶ $f^{-1}(x)$

확인 08

함수 $f(x)=x^3+x$의 역함수 $f^{-1}(x)$에 대하여 $(f^{-1})'(2)$의 값을 구하여 보자.

$f^{-1}(2)=k$라 하면 $f(k)=$❶ ☐

$k^3+k=2$, $k^3+k-2=0$

$(k-1)(k^2+k+2)=0$ $\quad\therefore k=1$

이때 $f'(x)=3x^2+1$이므로

$$(f^{-1})'(2)=\frac{1}{f'(f^{-1}(2))}=\frac{1}{f'(1)}=❷ \square$$

답 ❶ 2 ❷ $\frac{1}{4}$

개념 돌파 전략 ①

개념 09 이계도함수

함수 $y=f(x)$의 도함수 $f'(x)$가 미분가능할 때,

함수 $f'(x)$의 도함수 $\lim_{h\to 0}\frac{f'(x+h)-f'(x)}{h}$를

함수 $y=f(x)$의 [❶] 라 하고, 기호로

[❷], y'', $\frac{d^2y}{dx^2}$, $\frac{d^2}{dx^2}f(x)$와 같이 나타낸다.

답 ❶ 이계도함수 ❷ $f''(x)$

확인 09

$y=x\ln x$이면 $y'=\ln x+x\times$[❶]$=\ln x+1$

$\therefore y''=(\ln x+1)'=$[❷]

답 ❶ $\frac{1}{x}$ ❷ $\frac{1}{x}$

개념 10 접선의 방정식

함수 $f(x)$가 $x=a$에서 미분가능할 때, 곡선 $y=f(x)$ 위의 점 $(a,$ [❶]$)$에서의 접선의 방정식은

$y-f(a)=$[❷]$(x-a)$

참고 곡선 $y=f(x)$ 위의 점 $(a, f(a))$를 지나고 이 점에서의 접선과 수직인 직선의 방정식은

$$y-f(a)=-\frac{1}{f'(a)}(x-a) \text{ (단, } f'(a)\neq 0)$$

답 ❶ $f(a)$ ❷ $f'(a)$

확인 10

함수 $f(x)$에 대하여 $f'(1)=-2$일 때, 곡선 $y=f(x)$ 위의 점 $(1, 3)$에서의 접선의 방정식은

$y-3=$[❶]$(x-1)$ $\therefore y=$[❷]

답 ❶ -2 ❷ $-2x+5$

개념 11 곡선의 오목과 볼록

함수 $f(x)$가 어떤 구간에서

❶ $f''(x)>$[❶]이면 곡선 $y=f(x)$는 이 구간에서 아래로 볼록하다.

❷ $f''(x)<0$이면 곡선 $y=f(x)$는 이 구간에서 [❷]로 볼록하다.

답 ❶ 0 ❷ 위

확인 11

곡선 $y=x^3-2x+3$에 대하여 $y'=3x^2-2$, $y''=6x$이므로

$x<0$일 때 $y''<0$, $x>0$일 때 $y''>0$

따라서 열린구간 $(-\infty, 0)$에서 [❶]로 볼록하고, 열린구간 $(0, \infty)$에서 [❷]로 볼록하다.

답 ❶ 위 ❷ 아래

개념 12 변곡점

❶ 변곡점

곡선의 모양이 곡선 $y=f(x)$ 위의 점 $P(a, f(a))$를 경계로 하여 위로 볼록에서 아래로 볼록으로 바뀌거나 아래로 볼록에서 위로 볼록으로 바뀔 때, 점 P를 곡선 $y=f(x)$의 [❶]이라 한다.

❷ 변곡점의 판정

함수 $f(x)$에서 $f''(a)=$[❷]이고 $x=a$의 좌우에서 $f''(x)$의 부호가 바뀌면 점 $(a, f(a))$는 곡선 $y=f(x)$의 변곡점이다.

답 ❶ 변곡점 ❷ 0

확인 12

함수 $f(x)$에서 $f''(1)=$[❶]이고

$x<1$일 때 $f''(x)>0$, $x>1$일 때 $f''(x)<0$이면

점 $(1, f(1))$은 곡선 $y=f(x)$의 [❷]이다.

답 ❶ 0 ❷ 변곡점

개념 13 함수의 최댓값과 최솟값

함수 $f(x)$가 닫힌구간 $[a, b]$에서 ❶ ☐일 때

❶ 닫힌구간 $[a, b]$에서 $f(x)$의 극값을 구한다.

❷ $f(a)$, $f(b)$의 값을 구한다.

❸ ❶, ❷에서 구한 극값, ❷ ☐, $f(b)$ 중 가장 큰 값이 최댓값, 가장 작은 값이 최솟값이다.

답 ❶ 연속 ❷ $f(a)$

확인 13

닫힌구간 $[-2, 0]$에서 함수 $f(x)=xe^x$에 대하여

$f'(x)=e^x+xe^x=(x+1)e^x$

$f'(x)=0$에서 $x=$ ❶ ☐

함수 $f(x)$의 증가와 감소를 표로 나타내면 다음과 같다.

x	-2	$\cdots$	-1	$\cdots$	0
$f'(x)$		$-$	0	$+$	
$f(x)$	$-2e^{-2}$	↘	$-e^{-1}$	↗	0

따라서 닫힌구간 $[-2, 0]$에서 함수 $f(x)$는 $x=-1$일 때 최솟값 $-e^{-1}$, $x=0$일 때 최댓값 ❷ ☐을 갖는다.

답 ❶ -1 ❷ 0

개념 14 방정식의 실근의 개수

❶ 방정식 $f(x)=0$의 서로 다른 실근의 개수는 함수 $y=f(x)$의 그래프와 ❶ ☐의 교점의 개수와 같다.

❷ 방정식 $f(x)=g(x)$의 서로 다른 실근의 개수는 두 함수 $y=f(x)$, $y=g(x)$의 그래프의 ❷ ☐의 개수와 같다.

답 ❶ x축 ❷ 교점

확인 14

방정식 $\ln x=e^{-x}$의 서로 다른 실근의 개수를 구하여 보자.

두 함수 $y=\ln x$, $y=e^{-x}$의 그래프가 오른쪽 그림과 같으므로 주어진 방정식의 서로 다른 실근의 개수는 ❶ ☐이다.

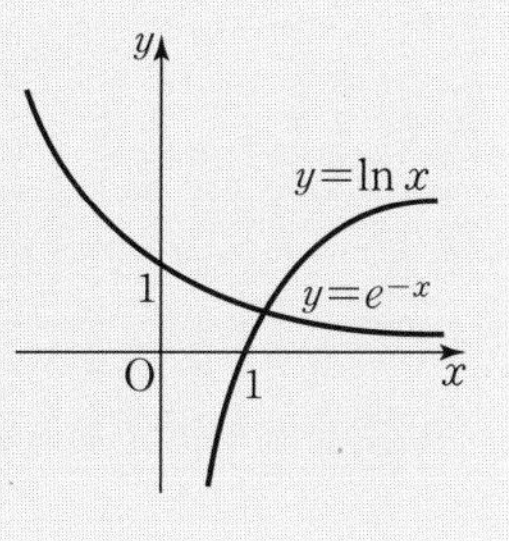

답 ❶ 1

개념 15 부등식의 증명

어떤 구간에서 부등식 $f(x)\geq g(x)$가 성립함을 보일 때는

$h(x)=$ ❶ ☐ $-g(x)$

라 하고, 그 구간에 속하는 모든 x에 대하여

$h(x)\geq$ ❷ ☐임을 보이면 된다.

답 ❶ $f(x)$ ❷ 0

확인 15

$x\geq1$에서 부등식 $x^3\geq x^2$이 성립함을 보이자.

$h(x)=x^3-$ ❶ ☐이라 하면

$h(x)=x^2(x-1)\geq$ ❷ ☐이므로

$x\geq1$에서 $x^3\geq x^2$이 성립한다.

답 ❶ x^2 ❷ 0

개념 16 속도와 가속도

좌표평면 위를 움직이는 점 P의 시각 t에서의 위치 (x, y)가 $x=f(t)$, $y=g(t)$일 때, 시각 t에서의 점 P의 속도와 가속도는 다음과 같다.

❶ 속도: $\left(\dfrac{dx}{dt}, \dfrac{dy}{dt}\right)$, 즉 (❶ ☐, $g'(t)$)

❷ ❷ ☐: $\left(\dfrac{d^2x}{dt^2}, \dfrac{d^2y}{dt^2}\right)$, 즉 $(f''(t), g''(t))$

참고 ① 속도의 크기(속력): $\sqrt{\{f'(t)\}^2+\{g'(t)\}^2}$

② 가속도의 크기: $\sqrt{\{f''(t)\}^2+\{g''(t)\}^2}$

답 ❶ $f'(t)$ ❷ 가속도

확인 16

좌표평면 위를 움직이는 점 P의 시각 t에서의 위치 (x, y)가 $x=\cos t$, $y=\sin t$일 때, $\dfrac{dx}{dt}=-\sin t$, $\dfrac{dy}{dt}=\cos t$이므로

시각 t에서의 점 P의 속도는 $(-\sin t,$ ❶ ☐$)$

$\dfrac{d^2x}{dt^2}=-\cos t$, $\dfrac{d^2y}{dt^2}=-\sin t$이므로

시각 t에서의 점 P의 가속도는 (❷ ☐, $-\sin t$)

답 ❶ $\cos t$ ❷ $-\cos t$

WEEK 1 DAY 1

개념 돌파 전략 ②

1 함수 $f(x)=\frac{x}{x+1}$에 대하여 $f'(1)$의 값은?

① $\frac{1}{4}$ ② $\frac{1}{2}$ ③ 1
④ $\frac{3}{2}$ ⑤ 2

Tip

$y=\frac{f(x)}{g(x)}$이면

$y'=\frac{f'(x)g(x)-\boxed{❶}}{\{g(x)\}^2}$

답 ❶ $f(x)g'(x)$

2 함수 $f(x)=\begin{cases} e^{ax} & (x\le 1) \\ \ln x+b & (x>1) \end{cases}$가 모든 실수 x에서 미분가능할 때, 양수 a, b에 대하여 ab의 값은?

① $\frac{1}{e}$ ② 1 ③ e
④ e^2 ⑤ e^e

Tip

함수 $f(x)=\begin{cases} g(x) & (x<a) \\ h(x) & (x\ge a) \end{cases}$가 모든 실수 x에서 미분가능하면 $x=a$에서 미분가능하고, ❶ ☐ 이므로

$g(a)=h(a)$, $g'(a)=\boxed{❷}$

답 ❶ 연속 ❷ $h'(a)$

3 매개변수 t로 나타낸 함수 $\begin{cases} x=2\cos t \\ y=3\sin t \end{cases}$에 대하여 $t=\frac{\pi}{4}$일 때, $\frac{dy}{dx}$의 값은?

① $-\frac{3}{2}$ ② $-\frac{2}{3}$ ③ $\frac{4}{9}$
④ $\frac{2}{3}$ ⑤ $\frac{3}{2}$

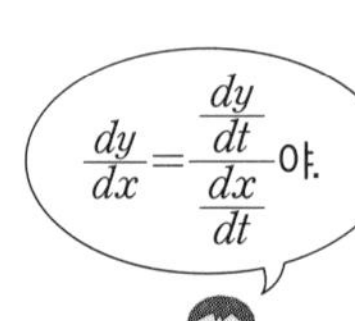

Tip

$\begin{cases} x=f(t) \\ y=g(t) \end{cases}$와 같이 변수 t를 매개로 하여 나타낸 함수를 ❶ ☐ 로 나타낸 함수라 한다. 이때 $\frac{dx}{dt}=\boxed{❷}$, $\frac{dy}{dt}=g'(t)$이다.

답 ❶ 매개변수 ❷ $f'(t)$

4 $-1\le x\le 2$에서 함수 $f(x)=e^x-x+2$의 최솟값은?

① 1 ② 2 ③ 3
④ 4 ⑤ 5

Tip

함수 $f(x)$가 닫힌구간 $[a, b]$에서 ❶ ☐ 일 때, 그 구간에서 함수 $f(x)$의 극값, $f(a)$, $f(b)$ 중 가장 큰 값이 최댓값, 가장 작은 값이 ❷ ☐ 이다.

답 ❶ 연속 ❷ 최솟값

5 $x>0$에서 방정식 $\ln x=x+a$가 오직 하나의 실근을 갖도록 하는 실수 a의 값은?

① -2 ② -1 ③ 0
④ 1 ⑤ 2

Tip

방정식 $f(x)=g(x)$의 실근은 두 함수 $y=f(x)$, $y=g(x)$의 그래프의 교점의 ❶ ☐ 와 같다.

답 ❶ x좌표

6 좌표평면 위를 움직이는 점 P의 시각 t $(t\ge 0)$에서의 위치 (x, y)가

$$x=\sin t,\ y=t$$

일 때, 시각 $t=\frac{\pi}{2}$에서의 점 P의 속력은?

① $\frac{\pi}{4}$ ② 1 ③ $\frac{\pi}{2}$
④ 2 ⑤ π

Tip

좌표평면 위를 움직이는 점 P의 시각 t에서의 위치 (x, y)가 $x=f(t)$, $y=g(t)$일 때, 시각 t에서 점 P의 속도는 (❶ ☐, $g'(t)$)이고 이때의 속력은 ❷ ☐ 이다.

답 ❶ $f'(t)$ ❷ $\sqrt{\{f'(t)\}^2+\{g'(t)\}^2}$

WEEK 1 DAY 2 필수 체크 전략 ①

핵심 예제 01

곡선 $y=f(x)$ 위의 점 $(1, f(1))$에서의 접선의 방정식이 $y=2x-1$이다. 함수 $g(x)=\dfrac{x}{f(x)}$에 대하여 $g'(1)$의 값은?

① -2 ② -1 ③ 0
④ 1 ⑤ 2

Tip

$g(x)=\dfrac{x}{f(x)}$에서 $g'(x)=\dfrac{(x)'f(x)-\boxed{❷}f'(x)}{\boxed{❶}}$

답 ❶ $\{f(x)\}^2$ ❷ x

풀이

곡선 $y=f(x)$ 위의 점 $(1, f(1))$에서의 접선의 방정식이 $y=2x-1$이므로

$f(1)=2\times1-1=1$, $f'(1)=2$

이때 $g(x)=\dfrac{x}{f(x)}$에서

$g'(x)=\dfrac{f(x)-xf'(x)}{\{f(x)\}^2}$

$\therefore g'(1)=\dfrac{f(1)-1\times f'(1)}{\{f(1)\}^2}=\dfrac{1-2}{1}=-1$

답 ②

1-1

함수 $f(x)=\dfrac{2x}{x^2+1}$에 대하여 $\lim\limits_{x\to1}\dfrac{f(x)-f(1)}{x^2-1}$의 값은?

① -2 ② -1 ③ 0
④ 1 ⑤ 2

1-2

두 곡선 $y=f(x)$, $y=g(x)$가 $x=2$인 점에서 서로 접할 때, 함수 $h(x)=\dfrac{f(x)}{g(x)}$에 대하여 $h'(2)$의 값은?

① 0 ② 1 ③ 2
④ 4 ⑤ 5

핵심 예제 02

미분가능한 함수 $f(x)$가 모든 실수 x에 대하여

$f(e^x)=xe^{2x}+\cos x$

일 때, $f'(1)$의 값은?

① 1 ② 2 ③ 3
④ 4 ⑤ 5

Tip

- $\{f(e^x)\}'=f'(e^x)\boxed{❶}$
- $(e^{2x})'=\boxed{❷}$

답 ❶ e^x ❷ $2e^{2x}$

풀이

$f(e^x)=xe^{2x}+\cos x$의 양변을 x에 대하여 미분하면

$f'(e^x)\times e^x=e^{2x}+2xe^{2x}-\sin x$

위의 식에 $x=0$을 대입하면

$f'(e^0)\times e^0=1$

$\therefore f'(1)=1$

답 ①

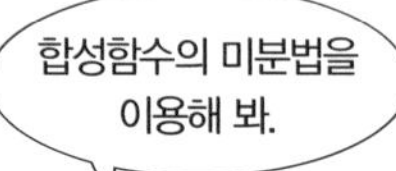

2-1

미분가능한 함수 $f(x)$가 모든 실수 x에 대하여

$f(2x+1)=e^{x+1}$

일 때, $f'(3)$의 값은?

① $\dfrac{e^2}{3}$ ② $\dfrac{e^2}{2}$ ③ e^2
④ $2e^2$ ⑤ $3e^2$

핵심 예제 03

매개변수 θ로 나타낸 함수 $\begin{cases} x=\cos^3\theta \\ y=\sin^3\theta \end{cases}$에 대하여 $\theta=\frac{\pi}{3}$일 때, $\frac{dy}{dx}$의 값은?

① $-3\sqrt{3}$ ② $-\sqrt{3}$ ③ $-\frac{\sqrt{3}}{3}$
④ $\frac{\sqrt{3}}{3}$ ⑤ 3

Tip

$\frac{dx}{d\theta}=$ ❶ $\boxed{}$ $\sin\theta$, $\frac{dy}{d\theta}=3\sin^2\theta$ ❷ $\boxed{}$

답 ❶ $-3\cos^2\theta$ ❷ $\cos\theta$

풀이

$x=\cos^3\theta$, $y=\sin^3\theta$에서

$\frac{dx}{d\theta}=-3\cos^2\theta\sin\theta$, $\frac{dy}{d\theta}=3\sin^2\theta\cos\theta$이므로

$$\frac{dy}{dx}=\frac{\frac{dy}{d\theta}}{\frac{dx}{d\theta}}=\frac{3\sin^2\theta\cos\theta}{-3\cos^2\theta\sin\theta}=\frac{\sin\theta}{-\cos\theta}=-\tan\theta$$

따라서 $\theta=\frac{\pi}{3}$일 때, $\frac{dy}{dx}$의 값은

$-\tan\frac{\pi}{3}=-\sqrt{3}$

답 ②

핵심 예제 04

곡선 $xe^{2y}-2x^2+1=0$ 위의 점 $(1, 0)$에서의 접선의 기울기는?

① -2 ② $-\frac{3}{2}$ ③ -1
④ 1 ⑤ $\frac{3}{2}$

Tip

- $\frac{d}{dx}(e^{2y})=2e^{2y}$ ❶ $\boxed{}$
- $\{f(x)g(x)\}'=f'(x)g(x)+f(x)$ ❷ $\boxed{}$

답 ❶ $\frac{dy}{dx}$ ❷ $g'(x)$

풀이

$xe^{2y}-2x^2+1=0$의 양변을 x에 대하여 미분하면

$e^{2y}+x\times 2e^{2y}\frac{dy}{dx}-4x=0$이므로

$$\frac{dy}{dx}=\frac{4x-e^{2y}}{2xe^{2y}}=2e^{-2y}-\frac{1}{2x}$$

따라서 점 $(1, 0)$에서의 접선의 기울기는 $\frac{3}{2}$

답 ⑤

3-1

매개변수 t로 나타낸 곡선 $\begin{cases} x=t-\sin t \\ y=1-\cos t \end{cases}$ $(0<t<\pi)$에 대하여 $t=a$에 대응하는 곡선 위의 점에서의 접선의 기울기가 $\sqrt{3}$일 때, a의 값은?

① $\frac{\pi}{12}$ ② $\frac{\pi}{6}$ ③ $\frac{\pi}{4}$
④ $\frac{\pi}{3}$ ⑤ $\frac{\pi}{2}$

4-1

곡선 $ax(e^{-y}+1)+by(e^x+1)=0$ 위의 점 $(1, -1)$에서의 $\frac{dy}{dx}$의 값은? (단, a, b는 0이 아닌 상수이다.)

① -2 ② -1 ③ 0
④ 1 ⑤ 2

필수 체크 전략 ①

핵심 예제 05

함수 $f(x)=\ln(1+x^3)$ $(x>-1)$의 역함수를 $g(x)$라 할 때, $g'(\ln 2)=\frac{q}{p}$이다. 서로소인 두 자연수 p, q에 대하여 $p+q$의 값을 구하시오.

Tip

- $f'(x)=\frac{\text{❶}\boxed{\quad}}{1+x^3}$
- 함수 $y=f(x)$의 역함수가 $y=g(x)$이므로 $g(a)=b$이면 $f(b)=$ ❷ $\boxed{\quad}$

답 ❶ $3x^2$ ❷ a

풀이

$g(\ln 2)=k$라 하면 $f(k)=\ln(1+k^3)=\ln 2$

$1+k^3=2$, $k^3=1$ $\quad\therefore k=1$

이때 $f(x)=\ln(1+x^3)$에서 $f'(x)=\frac{3x^2}{1+x^3}$이므로

$g'(\ln 2)=\frac{1}{f'(1)}=\frac{1}{\frac{3}{2}}=\frac{2}{3}$

따라서 $p=3$, $q=2$이므로

$p+q=3+2=5$

답 5

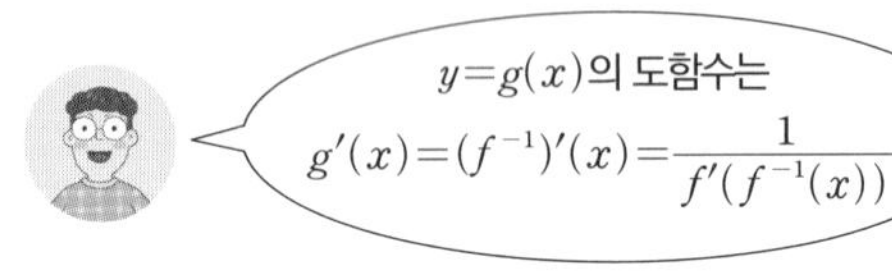

핵심 예제 06

모든 실수 x에서 이계도함수를 갖는 함수 $f(x)$가 다음 조건을 만족시킨다.

> (가) $f(1)=2$, $f'(1)=3$
> (나) $\lim_{x\to1}\frac{f'(f(x))-4}{x-1}=15$

$f''(2)$의 값을 구하시오.

Tip

- $\lim_{x\to1}\frac{f'(f(x))-f'(f(1))}{f(x)-f(1)}=$ ❶ $\boxed{\quad}$
- $\lim_{x\to1}\frac{f(x)-f(1)}{x-1}=$ ❷ $\boxed{\quad}$

답 ❶ $f''(f(1))$ ❷ $f'(1)$

풀이

조건 (나)의 $\lim_{x\to1}\frac{f'(f(x))-4}{x-1}=15$에서 $x\to1$일 때,

(분모)$\to0$이므로 (분자)$\to0$이다.

즉 $\lim_{x\to1}\{f'(f(x))-4\}=0$이므로 $f'(f(1))=4$

이때

$\lim_{x\to1}\frac{f'(f(x))-4}{x-1}$

$=\lim_{x\to1}\frac{f'(f(x))-f'(f(1))}{x-1}$

$=\lim_{x\to1}\frac{f'(f(x))-f'(f(1))}{f(x)-f(1)}\times\frac{f(x)-f(1)}{x-1}$

$=f''(f(1))\times f'(1)$

$=f''(2)\times3=15$

이므로 $f''(2)=5$

답 5

5-1

$f(2)=2$, $f'(2)=\frac{1}{2}$인 함수 $f(x)$의 역함수를 $g(x)$라 할 때, $\lim_{x\to2}\frac{f(x)g(x)-4}{x-2}$의 값은?

① 1 ② 2 ③ 3 ④ 4 ⑤ 5

6-1

함수 $f(x)=xe^{-x}$에 대하여 $\lim_{h\to0}\frac{f'(-1+2h)-f'(-1-h)}{h}$의 값은?

① $-9e$ ② $-3e$ ③ e ④ $3e$ ⑤ $9e$

핵심 예제 07

곡선 $y=\ln(x-2)+3$ 위의 점 $(3, 3)$에서의 접선의 방정식이 $y=px+q$일 때, 상수 p, q에 대하여 $p+q$의 값은?

① -2　② -1　③ 0
④ 1　⑤ 2

Tip

곡선 $y=f(x)$ 위의 점 $(a, f(a))$에서의 접선의 방정식은

$y-$ ❶ $=$ ❷ $(x-a)$

답 ❶ $f(a)$ ❷ $f'(a)$

풀이

$f(x)=\ln(x-2)+3$이라 하면 $f'(x)=\frac{1}{x-2}$

곡선 $y=f(x)$ 위의 점 $(3, 3)$에서의 접선의 기울기는

$f'(3)=\frac{1}{3-2}=1$

즉 점 $(3, 3)$에서의 접선의 방정식은

$y-3=x-3$　$\therefore y=x$

따라서 $p=1$, $q=0$이므로

$p+q=1+0=1$

답 ④

7-1

곡선 $y=x\ln x-x$에 접하고 직선 $y=-\frac{1}{2}x+3$에 수직인 직선의 방정식이 $y=px+q$일 때, 상수 p, q에 대하여 pq의 값은?

① $-2e^2$　② $-2e$　③ -1
④ $2e$　⑤ $2e^2$

7-2

점 $(0, -1)$에서 곡선 $y=(\ln x)^2$에 그은 접선의 접점의 좌표가 (a, b)일 때, $a+b$의 값은?

① 1　② 2　③ $e+1$
④ $e+2$　⑤ $2e$

핵심 예제 08

두 곡선 $y=\frac{5}{2}-2\sin^2 x$, $y=2\cos x$가 $x=t$에서 접할 때, t의 값은? $\left(\text{단, } 0<x<\frac{\pi}{2}\right)$

① $\frac{\pi}{12}$　② $\frac{\pi}{8}$　③ $\frac{\pi}{6}$
④ $\frac{\pi}{4}$　⑤ $\frac{\pi}{3}$

Tip

두 곡선 $y=f(x)$, $y=g(x)$가 $x=a$에서 접하면

$f(a)=$ ❶ , $f'(a)=$ ❷

답 ❶ $g(a)$ ❷ $g'(a)$

풀이

$f(x)=\frac{5}{2}-2\sin^2 x$, $g(x)=2\cos x$라 하면

$f'(x)=-4\sin x\cos x$, $g'(x)=-2\sin x$

두 곡선 $y=f(x)$, $y=g(x)$가 $x=t$에서 접하므로

$f'(t)=g'(t)$에서 $-4\sin t\cos t=-2\sin t$

$2\sin t(2\cos t-1)=0$

$0<t<\frac{\pi}{2}$에서 $\sin t>0$이므로 $\cos t=\frac{1}{2}$　……㉠

또 $f(t)=g(t)$에서 $\frac{5}{2}-2\sin^2 t=2\cos t$

$\frac{5}{2}-2(1-\cos^2 t)=2\cos t$, $4\cos^2 t-4\cos t+1=0$

$(2\cos t-1)^2=0$　$\therefore \cos t=\frac{1}{2}$　……㉡

㉠, ㉡에서 $t=\frac{\pi}{3}$ $\left(\because 0<t<\frac{\pi}{2}\right)$

답 ⑤

8-1

두 곡선 $y=\ln(2x+3)$, $y=a-\ln x$의 교점에서의 두 접선이 서로 수직일 때, 상수 a의 값은? (단, $x>0$)

① $\ln 2$　② 1　③ $\ln 3$
④ $2\ln 2$　⑤ 2

WEEK 1 DAY 2 필수 체크 전략 ②

01 함수 $f(x)=\dfrac{3-2x}{\sqrt{x^2+1}}$에 대하여 $f'(-1)$의 값은?

① $-\dfrac{\sqrt{2}}{2}$　　② $-\dfrac{1}{2}$　　③ $\dfrac{\sqrt{2}}{4}$

④ $\dfrac{1}{2}$　　⑤ $\dfrac{\sqrt{2}}{2}$

Tip

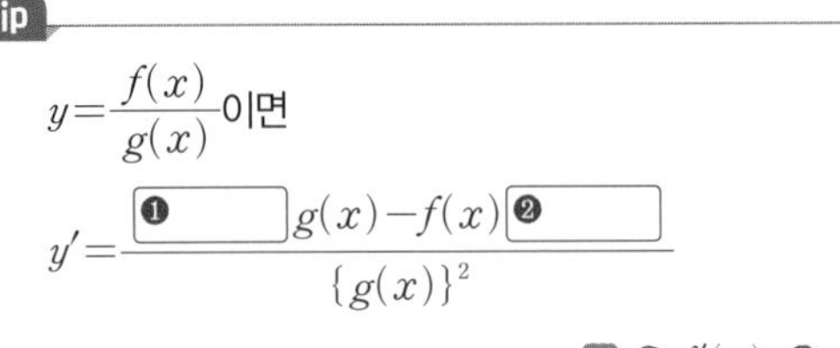

답 ❶ $f'(x)$ ❷ $g'(x)$

02 함수 $f(x)=\tan x$에 대하여

$\lim_{n\to\infty} n\left\{f\left(\dfrac{\pi}{3}+\dfrac{2}{n}\right)-\sqrt{3}\right\}$의 값은?

① $\dfrac{2\sqrt{3}}{3}$　　② $\sqrt{3}$　　③ 2

④ $4\sqrt{3}$　　⑤ 8

Tip

• $\dfrac{2}{n}=h$라 하면 $n\to\infty$일 때, $h\to$ ❶ $\square$ 이므로

$\lim_{n\to\infty} n\left\{f\left(\dfrac{\pi}{3}+\dfrac{2}{n}\right)-\sqrt{3}\right\}$

$=\lim_{h\to 0}\dfrac{2\left\{f\left(\dfrac{\pi}{3}+h\right)-\sqrt{3}\right\}}{h}$

• $y=\tan x$이면 $y'=$ ❷ $\square$

답 ❶ 0 ❷ $\sec^2 x$

03 함수 $f(x)=\sin 2x$에 대하여

$f_1(x)=f(x)$,

$f_{n+1}(x)=f(f_n(x))$ $(n=1, 2, 3, \cdots)$

라 할 때, $f_3'(0)$의 값은?

① $\dfrac{1}{2}$　　② 1　　③ 2

④ 8　　⑤ 32

Tip

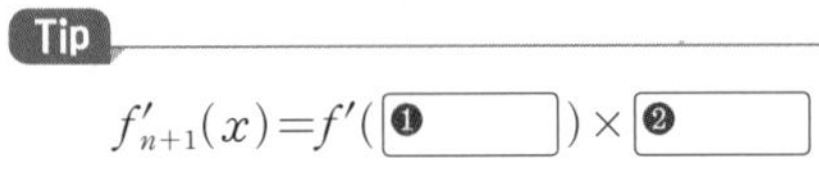

답 ❶ $f_n(x)$ ❷ $f'_n(x)$

04 함수 $f(x)=\ln\sqrt{x^2+1}$에 대하여 $f'(1)$의 값은?

① $-\sqrt{3}$　　② $-\dfrac{\sqrt{3}}{2}$　　③ $-\dfrac{1}{2}$

④ $\dfrac{1}{2}$　　⑤ $\sqrt{3}$

Tip

• $y=\sqrt{x}$이면 $y'=$ ❶ $\square$

• $y=\ln|f(x)|$이면 $y'=\dfrac{❷\square}{f(x)}$

답 ❶ $\dfrac{1}{2\sqrt{x}}$ ❷ $f'(x)$

합성함수의 미분법을 이용해서 구할 수 있어.

05 $f(1)=2$, $f'(1)=3$인 함수 $f(x)$의 역함수를 $g(x)$라 하자. 함수 $h(x)=e^{g(x)}$에 대하여 $h'(2)$의 값은?

① $\frac{2}{3}$ ② $\frac{e}{3}$ ③ $\frac{3}{2}$
④ $\frac{2}{3}e$ ⑤ $\frac{3}{2}e$

• $h(x)=e^{g(x)}$이면 $h'(x)=$ ❶ $\square$ $\times g'(x)$
• 함수 $y=f(x)$의 역함수가 $y=g(x)$이므로
$f(1)=2$이면 $g(2)=$ ❷ $\square$

답 ❶ $e^{g(x)}$ ❷ 1

06 함수 $f(x)=\frac{\ln x}{x}$가 $x>0$인 모든 실수 x에 대하여

$$ax^2f''(x)+bxf'(x)+f(x)=0$$

을 만족시킬 때, 상수 a, b에 대하여 $a+b$의 값을 구하시오.

Tip

$f(x)=\frac{\ln x}{x}$이면

$f'(x)=\frac{❶\ \square\ \times x-\ln x}{x^2}=$ ❷ $\square$

답 ❶ $\frac{1}{x}$ ❷ $\frac{1-\ln x}{x^2}$

07 곡선 $x^2+3y^2=xy+3$ 위의 점 $(1,\ 1)$에서의 접선과 x축 및 y축으로 둘러싸인 도형의 넓이는?

① $\frac{6}{5}$ ② $\frac{12}{5}$ ③ $\frac{18}{5}$
④ $\frac{24}{5}$ ⑤ 6

Tip

$x^2+3y^2=xy+3$의 양변을 x에 대하여 미분하면

$2x+$ ❶ $\square$ $\frac{dy}{dx}=$ ❷ $\square$ $+x\frac{dy}{dx}$

답 ❶ $6y$ ❷ y

08 두 곡선 $y=e^{x^2-x}$, $y=x^2+ax+b$가 y축 위의 점에서 서로 접하도록 하는 상수 a, b에 대하여 $a+b$의 값은?

① 0 ② 1 ③ 2
④ 3 ⑤ 4

Tip

두 곡선 $y=e^{x^2-x}$, $y=x^2+ax+b$가 y축 위의 점에서 서로 접하므로 두 곡선의 y축 위의 점에서의 ❶ $\square$이 서로 같다.

답 ❶ 접선

WEEK 1 DAY 3

필수 체크 전략 ①

핵심 예제 01

함수 $f(x)=\frac{4x^2+ax+b}{x^2+1}$가 $x=-1$에서 극솟값 3을 가질 때, 상수 a, b에 대하여 $a+b$의 값을 구하시오.

Tip

함수 $f(x)$가 $x=-1$에서 극솟값 3을 가지므로

$f(-1)=$ ❶ ______, $f'(-1)=$ ❷ ______

답 ❶ 3 ❷ 0

풀이

$f(x)=\frac{4x^2+ax+b}{x^2+1}$에서

$$f'(x)=\frac{(8x+a)(x^2+1)-(4x^2+ax+b)\times 2x}{(x^2+1)^2}$$

$$=\frac{-ax^2-2(b-4)x+a}{(x^2+1)^2}$$

이때 함수 $f(x)$가 $x=-1$에서 극솟값 3을 가지므로

$f(-1)=3$에서 $\frac{4-a+b}{2}=3$ $\quad\therefore -a+b=2$ ⋯⋯㉠

$f'(-1)=0$에서 $\frac{-a+2(b-4)+a}{4}=0$ $\quad\therefore b=4$

㉠에 $b=4$를 대입하면 $a=2$

$\therefore a+b=2+4=6$

답 6

핵심 예제 02

함수 $f(x)=a\cos x-3x+2$가 극값을 갖지 않도록 하는 실수 a의 값의 범위가 $p\le a\le q$일 때, 상수 p, q에 대하여 $p+q$의 값은?

① -3 ② -1 ③ 0 ④ 1 ⑤ 3

Tip

함수 $f(x)$가 극값을 갖지 않으려면 모든 실수 x에 대하여

$f'(x)\ge$ ❶ ______ 또는 $f'(x)\le$ ❷ ______

답 ❶ 0 ❷ 0

풀이

$f(x)=a\cos x-3x+2$에서 $f'(x)=-a\sin x-3$

함수 $f(x)$가 극값을 갖지 않으려면 모든 실수 x에서

$f'(x)\ge 0$ 또는 $f'(x)\le 0$이어야 한다.

이때 $-1\le \sin x\le 1$이므로

(i) $a>0$일 때 $-a-3\le f'(x)\le a-3$

즉 $a-3\le 0$이므로 $0<a\le 3$

(ii) $a\le 0$일 때 $a-3\le f'(x)\le -a-3$

즉 $-a-3\le 0$이므로 $-3\le a\le 0$

(i), (ii)에서 $-3\le a\le 3$

따라서 $p=-3$, $q=3$이므로

$p+q=-3+3=0$

답 ③

1-1

함수 $f(x)=(-2x+1)e^x$이 $x=\alpha$에서 극값 β를 가질 때, $\alpha\beta$의 값은?

① $-3e$ ② $-2e$ ③ $-e$ ④ $-e^{-\frac{1}{2}}$ ⑤ $e^{\frac{1}{2}}$

2-1

함수 $f(x)=\ln(x^2+a)-x$가 극값을 갖도록 하는 정수 a의 최댓값은?

① -1 ② 0 ③ 1 ④ 2 ⑤ 3

핵심 예제 03

곡선 $y=x^2-4x\ln x$의 변곡점의 좌표가 (a, b)일 때, $4a\ln 2+b$의 값은?

① -4 ② -2 ③ 0
④ 2 ⑤ 4

Tip

함수 $f(x)$에서 $f''(a)=$ ❶ [ ] 이고 $x=a$의 좌우에서 $f''(x)$의 부호가 바뀌면 점 ❷ [ ] 는 곡선 $y=f(x)$의 변곡점이다.

답 ❶ 0 ❷ $(a, f(a))$

풀이

$f(x)=x^2-4x\ln x$라 하면

$f'(x)=2x-4\ln x-4$, $f''(x)=2-\frac{4}{x}$

이때 변곡점의 좌표가 (a, b)이므로

$f''(a)=2-\frac{4}{a}=0$에서 $a=2$

또 $b=f(a)$에서 $b=4-8\ln 2$

$\therefore 4a\ln 2+b=8\ln 2+4-8\ln 2=4$

답 ⑤

이계도함수를 먼저 구해 봐.

핵심 예제 04

$x>0$에서 함수 $f(x)=ax^2e^{-x}$의 최댓값이 4일 때, 양수 a의 값은?

① 1 ② $\sqrt{e}$ ③ e
④ $e^{\frac{3}{2}}$ ⑤ e^2

Tip

미정계수를 포함한 함수 $f(x)$의 ❶ [ ] 또는 최솟값이 주어지면 증감표에서 미정계수를 이용하여 나타낸 최댓값 또는 ❷ [ ] 을 찾은 후 주어진 값과 비교한다.

답 ❶ 최댓값 ❷ 최솟값

풀이

$f(x)=ax^2e^{-x}$에서

$f'(x)=2axe^{-x}-ax^2e^{-x}=axe^{-x}(2-x)$

$f'(x)=0$에서 $e^{-x}>0$이므로 $x(2-x)=0$

$\therefore x=2\ (\because x>0)$

함수 $f(x)$의 증가와 감소를 표로 나타내면 다음과 같다.

x	0	$\cdots$	2	$\cdots$
$f'(x)$		$+$	0	$-$
$f(x)$		↗	$4ae^{-2}$	↘

즉 $x>0$에서 함수 $f(x)$는 $x=2$일 때 극대이면서 최대이므로 최댓값 $4ae^{-2}$을 갖는다.

따라서 $4ae^{-2}=4$이므로

$a=e^2$

답 ⑤

3-1

곡선 $y=xe^x$의 변곡점에서의 접선의 방정식이 $y=ax+b$일 때, 상수 a, b에 대하여 $\frac{b}{a}$의 값은?

① -4 ② -1 ③ 0
④ 1 ⑤ 4

4-1

함수 $f(x)=e^{2\sin x}-e^{\sin x}+1$의 최솟값은?

① $-\frac{1}{2}$ ② $-\frac{1}{4}$ ③ $\frac{1}{4}$
④ $\frac{3}{4}$ ⑤ $\frac{5}{4}$

핵심 예제 05

길이가 2인 철사를 이용하여 만든 이등변삼각형의 넓이의 최댓값을 구하시오.

Tip

길이가 같은 두 변의 길이를 x라 하면 이등변삼각형의 둘레의 길이가 ❶ ☐ 이므로 밑변의 길이는 ❷ ☐ 이다.

답 ❶ 2 ❷ $2-2x$

풀이

오른쪽 그림과 같이 길이가 같은 두 변의 길이를 x $\left(\frac{1}{2}<x<1\right)$라 하면 이등변삼각형의 둘레의 길이가 2이므로 밑변의 길이는 $2-2x$

이때 삼각형의 높이는

$\sqrt{x^2-(1-x)^2}=\sqrt{2x-1}$

삼각형의 넓이를 $S(x)$라 하면

$S(x)=\frac{1}{2}\times(2-2x)\times\sqrt{2x-1}=(1-x)\sqrt{2x-1}$

$S'(x)=-\sqrt{2x-1}+(1-x)\times\frac{2}{2\sqrt{2x-1}}=\frac{-3x+2}{\sqrt{2x-1}}$

$S'(x)=0$에서 $\frac{-3x+2}{\sqrt{2x-1}}=0$ $\quad\therefore x=\frac{2}{3}$

함수 $S(x)$의 증가와 감소를 표로 나타내면 다음과 같다.

x	$\frac{1}{2}$	$\cdots$	$\frac{2}{3}$	$\cdots$	1
$S'(x)$		+	0	−	
$S(x)$		↗	$\frac{\sqrt{3}}{9}$	↘	

즉 함수 $S(x)$는 $x=\frac{2}{3}$일 때 극대이면서 최대이므로 최댓값 $\frac{\sqrt{3}}{9}$을 갖는다. 따라서 구하는 삼각형의 넓이의 최댓값은 $\frac{\sqrt{3}}{9}$이다.

답 $\frac{\sqrt{3}}{9}$

핵심 예제 06

방정식 $e^x=x+k$가 서로 다른 두 실근을 갖도록 하는 실수 k의 값의 범위는?

① $0<k<1$ ② $0<k\le1$ ③ $k>1$
④ $1<k<e$ ⑤ $1<k<3$

Tip

방정식 $f(x)=g(x)$의 서로 다른 실근의 개수는 두 함수 $y=f(x)$, $y=g(x)$의 그래프의 ❶ ☐ 의 개수와 같다.

답 ❶ 교점

풀이

$e^x=x+k$에서 $e^x-x=k$

$f(x)=e^x-x$라 하면 $f'(x)=e^x-1$

$f'(x)=0$에서 $e^x-1=0$ $\quad\therefore x=0$

함수 $f(x)$의 증가와 감소를 표로 나타내면 다음과 같다.

x	$\cdots$	0	$\cdots$
$f'(x)$	−	0	+
$f(x)$	↘	1	↗

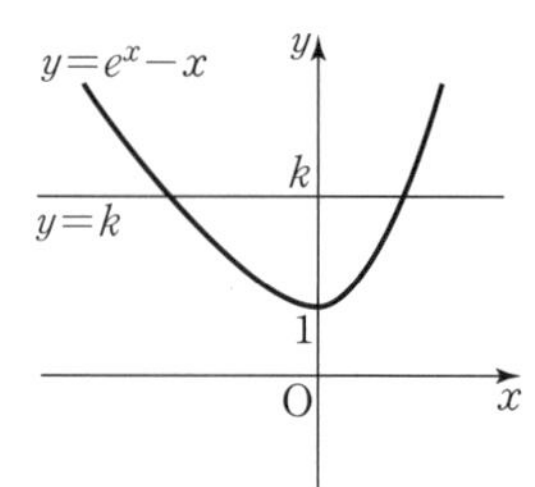

즉 오른쪽 그림과 같이 방정식 $e^x=x+k$가 서로 다른 두 실근을 가지려면 함수 $y=f(x)$의 그래프와 직선 $y=k$가 서로 다른 두 점에서 만나야 하므로 $k>1$

답 ③

5-1

오른쪽 그림과 같이 곡선 $y=e^x$ 위를 움직이는 점 P와 두 점 A$(0, -2)$, B$(2, 0)$에 대하여 삼각형 PAB의 넓이가 최소일 때, 점 P의 x좌표는?

① -2 ② -1 ③ 0
④ 1 ⑤ 2

6-1

방정식 $x^2-ke^x=0$이 서로 다른 두 실근을 갖도록 하는 실수 k의 값은?

① $\frac{3}{e^2}$ ② $\frac{4}{e^2}$ ③ $\frac{2}{e}$
④ $\frac{3}{e}$ ⑤ $\frac{4}{e}$

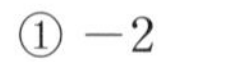

핵심 예제 07

$x>0$인 모든 실수 x에 대하여 부등식 $e^x+a\ge e\ln x$가 성립할 때, 실수 a의 최솟값은?

① $-e$　② -1　③ $-\frac{1}{e}$
④ $\frac{1}{e}$　⑤ 1

Tip

어떤 구간에서 부등식 $f(x)\ge g(x)$가 성립할 때 $h(x)=f(x)-g(x)$라 하면, 그 구간에 속하는 모든 x에 대하여 $h(x)\ge$ ❶ [　　] 이다.

답 ❶ 0

풀이

$f(x)=e^x+a-e\ln x$라 하면 $f'(x)=e^x-\frac{e}{x}=\frac{xe^x-e}{x}$

$f'(x)=0$에서 $x>0$이므로 $xe^x-e=0$

$\therefore x=1$

함수 $f(x)$의 증가와 감소를 표로 나타내면 다음과 같다.

x	0	$\cdots$	1	$\cdots$
$f'(x)$		$-$	0	$+$
$f(x)$		↘	$e+a$	↗

즉 $x>0$에서 함수 $f(x)$는 $x=1$일 때 극소이면서 최소이므로 최솟값 $e+a$를 갖는다.

이때 $x>0$에서 $e^x+a\ge e\ln x$가 항상 성립하려면 $f(x)\ge 0$이어야 하므로 $f(1)=e+a\ge 0$　$\therefore a\ge -e$

따라서 실수 a의 최솟값은 $-e$이다.

답 ①

핵심 예제 08

좌표평면 위를 움직이는 점 P의 시각 t $(0\le t<2\pi)$에서의 위치 (x, y)가

$x=t-\sin t,\ y=1-\cos t$

이다. 점 P의 위치가 $\left(\frac{\pi}{3}-\frac{\sqrt{3}}{2}, \frac{1}{2}\right)$일 때, 점 P의 속력은 a, 가속도의 크기는 b이다. $a+b$의 값은?

① 2　② $1+\sqrt{3}$　③ $1+\sqrt{5}$
④ $\pi+\sqrt{3}$　⑤ 2π

Tip

점 P의 시각 t에서의 위치 (x, y)가 $x=f(t)$, $y=g(t)$일 때, 시각 t에서의 점 P의

- 속도의 크기 (속력): ❶ [　　]
- 가속도의 크기: ❷ [　　]

답 ❶ $\sqrt{\{f'(t)\}^2+\{g'(t)\}^2}$ ❷ $\sqrt{\{f''(t)\}^2+\{g''(t)\}^2}$

풀이

$x=t-\sin t$, $y=1-\cos t$에서

$\frac{dx}{dt}=1-\cos t$, $\frac{dy}{dt}=\sin t$

$\frac{d^2x}{dt^2}=\sin t$, $\frac{d^2y}{dt^2}=\cos t$

점 P의 위치가 $\left(\frac{\pi}{3}-\frac{\sqrt{3}}{2}, \frac{1}{2}\right)$이므로

$t-\sin t=\frac{\pi}{3}-\frac{\sqrt{3}}{2}$, $1-\cos t=\frac{1}{2}$에서 $t=\frac{\pi}{3}$

즉 시각 $t=\frac{\pi}{3}$에서의 점 P의 속력은 $\sqrt{\left(\frac{1}{2}\right)^2+\left(\frac{\sqrt{3}}{2}\right)^2}=1$

점 P의 가속도의 크기는 $\sqrt{\left(\frac{\sqrt{3}}{2}\right)^2+\left(\frac{1}{2}\right)^2}=1$

따라서 $a=1$, $b=1$이므로

$a+b=1+1=2$

답 ①

7-1

$x>0$인 모든 실수 x에 대하여 부등식 $x^2\ge a\ln x$가 성립할 때, 양수 a의 최댓값은?

① e　② $e+\ln 2$　③ $2e$
④ e^2　⑤ $2e^2$

8-1

좌표평면 위를 움직이는 점 P의 시각 t $(t\ge 0)$에서의 위치 (x, y)가

$x=2t^2-t,\ y=2e^{2t-2}$

일 때, 시각 $t=1$에서의 점 P의 속력을 구하시오.

WEEK 1 DAY 3

필수 체크 전략 ②

01 함수 $f(x)=x+a\sin x$는 $x=p$에서 극대, $x=q$에서 극소이다. $f(p)+f(q)$의 값은?

(단, $0\le x\le 2\pi$이고, $a>1$이다.)

① -2π ② $-\pi-1$ ③ 0
④ $\pi+1$ ⑤ 2π

Tip

함수 $f(x)=x+a\sin x$가 $x=p$, $x=q$에서 극값을 가지면 방정식 $f'(x)=0$, 즉 $1+$ ❶ $=0$의 서로 다른 두 실근이 p, ❷ 이다.

답 ❶ $a\cos x$ ❷ q

02 $0<x<1$에서 함수 $f(x)=e^x+ke^{-x}$이 극값을 갖지 않도록 하는 실수 k의 최솟값은? (단, $k>1$)

① e ② $e+1$ ③ $2e$
④ $2e+1$ ⑤ e^2

Tip

$f(x)=e^x+ke^{-x}$에서

$f'(x)=$ ❶ $-ke^{-x}$

답 ❶ e^x

$f'(x)=0$인 x의 값이 1보다 크거나 같아야 $0<x<1$에서 함수 $f(x)$가 극값을 갖지 않아!

03 함수 $f(x)=x^2+px+q\ln x$가 $x=1$에서 극대이고 곡선 $y=f(x)$의 변곡점의 x좌표가 2일 때, 함수 $f(x)$의 극솟값은 $a\ln 2+b$이다. 정수 a, b에 대하여 $a-b$의 값은? (단, p, q는 상수이다.)

① 10 ② 20 ③ 30
④ 40 ⑤ 50

Tip

함수 $f(x)$에 대하여

① $f(x)$가 $x=1$에서 극대이므로 $f'($❶$)=0$

② 점 $(2, f(2))$가 곡선 $y=f(x)$의 변곡점이므로 $f''(2)=$ ❷

답 ❶ 1 ❷ 0

04 곡선 $y=e^x$ 위를 움직이는 점 $\mathrm{P}(t, e^t)$과 점 $\mathrm{A}(1, 0)$에 대하여 $f(t)=\overline{\mathrm{AP}}$라 할 때, 함수 $f(t)$의 최솟값은?

① 1 ② $\sqrt{2}$ ③ e
④ $\sqrt{1+4e^2}$ ⑤ $\sqrt{4+9e^3}$

Tip

두 점 $\mathrm{A}(a, b)$, $\mathrm{B}(c, d)$ 사이의 거리는

$\overline{\mathrm{AB}}=\sqrt{(a-c)^2+❶}$

답 ❶ $(b-d)^2$

05 $x>0$에서 방정식 $\ln x=kx^2$이 오직 한 개의 실근을 갖도록 하는 양수 k의 값은?

① $\frac{1}{e^2}$ ② $\frac{1}{2e}$ ③ $\frac{1}{e}$
④ 2 ⑤ e^2

Tip

방정식 $\ln x=kx^2$이 오직 한 개의 실근을 가지려면 두 함수 $y=\ln x$, $y=$ ❶ ☐ 의 그래프가 서로 접해야 한다.

답 ❶ kx^2

06 $0<x<\pi$인 모든 실수 x에 대하여 부등식

$$\sin 2x+2\sin x\le a$$

가 항상 성립하도록 하는 실수 a의 최솟값은?

① $\frac{\sqrt{3}}{2}$ ② $\sqrt{3}$ ③ $\frac{3\sqrt{3}}{2}$
④ $2\sqrt{3}$ ⑤ $\frac{5\sqrt{3}}{2}$

Tip

어떤 구간에서 부등식 $f(x)\le g(x)$가 성립할 때 $h(x)=f(x)-g(x)$라 하면, 그 구간에 속하는 모든 x에 대하여 $h(x)$ ❶ ☐ 0이다. 즉 그 구간에서 함수 $h(x)$의 ❷ ☐ 이 0보다 작거나 같아야 한다.

답 ❶ $\le$ ❷ 최댓값

07 좌표평면 위를 움직이는 점 P의 시각 t에서의 위치 (x, y)가

$$x=e^t\cos t,\ y=e^t\sin t$$

이다. 점 P의 속력이 8일 때의 시각은?

① $\ln 4\sqrt{2}$ ② $\ln 4\sqrt{3}$ ③ $\ln 8$
④ $\ln 4\sqrt{5}$ ⑤ $\ln 4\sqrt{6}$

Tip

미분가능한 두 함수 $f(x)$, $g(x)$에 대하여 $y=f(x)g(x)$이면 $y'=$ ❶ ☐ $g(x)+f(x)$ ❷ ☐

답 ❶ $f'(x)$ ❷ $g'(x)$

08 좌표평면 위를 움직이는 점 P의 시각 t $(0\le t<2\pi)$에서의 위치 (x, y)가

$$x=t-\sin t,\ y=1-2\cos t$$

이다. 시각 $t=\pi$에서의 점 P의 가속도의 크기는?

① $\frac{1}{2}$ ② $\frac{\sqrt{2}}{2}$ ③ $\frac{\sqrt{3}}{2}$
④ 1 ⑤ 2

Tip

점 P의 시각 t에서의 위치 (x, y)가 $x=f(t)$, $y=g(t)$일 때, 시각 t에서의 점 P의

- 가속도: (❶ ☐ , $g''(t)$)
- 가속도의 크기: ❷ ☐

답 ❶ $f''(t)$ ❷ $\sqrt{\{f''(t)\}^2+\{g''(t)\}^2}$

01 함수 $f(x)=\begin{cases} \sin x & (x\le 0) \\ e^{px}+q & (x>0) \end{cases}$가 모든 실수 x에서 미분가능할 때, 상수 p, q에 대하여 p^2+q^2의 값은?

① 1 ② 2 ③ 3
④ e^2+1 ⑤ $4e^2+1$

02 매개변수 t로 나타낸 함수 $\begin{cases} x=t^2+t+1 \\ y=t^2+2t \end{cases}$에 대하여 $t=1$일 때, $\dfrac{dy}{dx}$의 값은?

① $\dfrac{1}{3}$ ② $\dfrac{2}{3}$ ③ 1
④ $\dfrac{4}{3}$ ⑤ $\dfrac{5}{3}$

03 곡선 $x^3+2ye^x+y^3=3$ 위의 점 $(0, 1)$에서의 접선의 기울기는?

① -1 ② $-\dfrac{4}{5}$ ③ $-\dfrac{3}{5}$
④ $-\dfrac{2}{5}$ ⑤ $-\dfrac{1}{5}$

04 $f(1)=2$, $f'(1)=1$인 함수 $f(x)$에 대하여 곡선 $y=\dfrac{1}{f(x)}$ 위의 $x=1$인 점에서의 접선의 y절편은?

① $\dfrac{1}{4}$ ② $\dfrac{1}{2}$ ③ $\dfrac{3}{4}$
④ 1 ⑤ $\dfrac{5}{4}$

05 두 곡선 $y=e^{ax}$, $y=\log_a x$가 $x=2$에서 접할 때, 상수 a의 값은?

① $\frac{1}{2\ln 2}$ ② $\frac{1}{\ln 2}$ ③ $\ln 2$
④ $2\ln 2$ ⑤ $3\ln 2$

06 함수 $f(x)=\sin x+\cos x$가 $x=a$에서 극값을 가질 때, 상수 a의 값은? (단, $0\le x\le\pi$)

① $\frac{\pi}{6}$ ② $\frac{\pi}{4}$ ③ $\frac{\pi}{3}$
④ $\frac{\pi}{2}$ ⑤ $\frac{3}{4}\pi$

07 곡선 $y=\frac{\ln x}{x}$의 변곡점의 좌표가 (p, q)일 때, pq의 값은?

① $\frac{1}{2}$ ② $\frac{2}{3}$ ③ 1
④ $\frac{3}{2}$ ⑤ 2

08 좌표평면 위를 움직이는 점 P의 시각 t $(t\ge 0)$에서의 위치 (x, y)가

$$x=2\sin t,\ y=t-\cos t$$

일 때, 시각 $t=\pi$에서의 점 P의 속력은?

① 1 ② $\sqrt{2}$ ③ $\sqrt{3}$
④ 2 ⑤ $\sqrt{5}$

창의·융합·코딩 전략 ①

1 어떤 환자에게 일정량의 주사액 A를 투여한 지 t $(t\geq0)$ 시간 후 이 환자의 혈류 속의 주사액 A의 농도를 $f(t)$라 하면

$$f(t)=\frac{3t}{19+t^3}$$

가 성립한다고 한다. 이 환자에게 주사액 A를 투여한 지 2시간 후 이 환자의 혈류 속의 주사액 A의 농도의 순간변화율은?

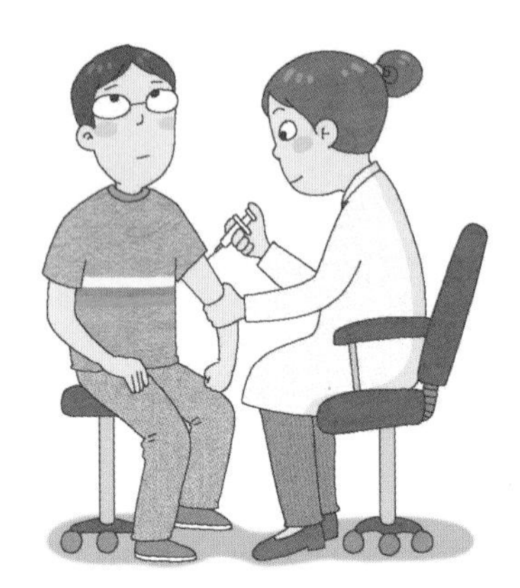

① $\frac{1}{128}$　② $\frac{1}{81}$　③ $\frac{1}{27}$　④ $\frac{1}{16}$　⑤ $\frac{1}{8}$

Tip

$y=\frac{f(x)}{g(x)}$이면 $y'=\frac{f'(x)g(x)-f(x)\boxed{❶}}{\boxed{❷}}$

답 ❶ $g'(x)$ ❷ $\{g(x)\}^2$

2 어느 지역에서 시각 t일 때, 해수면의 높이를 $h(t)$라 하면

$$h(t)=3\cos\left(\frac{\pi}{6}t-\frac{\pi}{2}\right)+4$$

가 성립한다고 한다. 시각 $t=10$일 때, 해수면의 높이 $h(t)$의 순간변화율은?

① $-\frac{\pi}{2}$　② $-\frac{\pi}{4}$　③ $\frac{\pi}{4}$　④ $\frac{\pi}{2}$　⑤ $\frac{3}{4}\pi$

Tip

- $y=\cos x$이면 $y'=\boxed{❶}$
- 미분가능한 두 함수 $y=f(u)$, $u=g(x)$에 대하여 $y=f(g(x))$이면 $y'=f'(g(x))\boxed{❷}$

답 ❶ $-\sin x$ ❷ $g'(x)$

3 지면에 설치된 발사대에서 물 로켓을 발사하려고 한다. 발사한 지 t초가 지난 후에 물 로켓이 수평으로 날아간 거리를 x m, 물 로켓의 높이를 y m라 하면

$x=10t$, $y=10t-5t^3$

이 성립한다고 한다. 물 로켓을 발사한 지 1초가 지났을 때, $\frac{dy}{dx}$의 값은?

① $-\frac{3}{2}$ ② $-\frac{1}{2}$ ③ 0

④ $\frac{1}{2}$ ⑤ $\frac{3}{2}$

Tip

$x=10t$, $y=10t-5t^3$에서

$\frac{dx}{dt}=$ ❶ ☐, $\frac{dy}{dt}=$ ❷ ☐

답 ❶ 10 ❷ $10-15t^2$

4 어떤 화학 반응에서 반응이 시작된 지 t초 후의 물질의 양을 x $(0<x<3)$라 하면

$$\frac{x}{3-x}=e^{3t-39}$$

이 성립한다고 한다. 반응이 시작된 지 13초 후의 물질의 양 x의 순간변화율 $\frac{dx}{dt}$의 값은?

① $-\frac{5}{4}$ ② $-\frac{3}{4}$ ③ $\frac{3}{4}$

④ $\frac{5}{4}$ ⑤ $\frac{9}{4}$

Tip

$\frac{x}{3-x}=e^{3t-39}$의 양변에 자연로그를 취하면

$\ln\frac{x}{3-x}=\ln e^{3t-39}$, $\ln\frac{x}{3-x}=$ ❶ ☐

$\ln x$ ❷ ☐ $\ln(3-x)=3t-39$

답 ❶ $3t-39$ ❷ $-$

창의·융합·코딩 전략 ②

5 다음 그림과 같이 눈높이가 $1.7\,\text{m}$인 사람이 일정한 속력으로 높이가 $7.7\,\text{m}$인 나무에 다가가고 있다. 이 사람과 나무 사이의 거리가 $x\,\text{m}$일 때, 나무의 끝을 올려다본 각의 크기를 θ라 하자. 이 사람이 나무로부터 $2\,\text{m}$ 떨어져 있을 때, $\frac{d\theta}{dx}$의 값은?

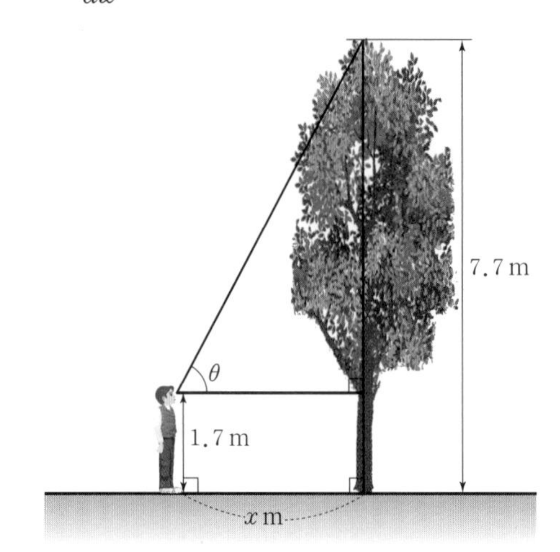

① $-\frac{3}{10}$　② $-\frac{3}{20}$　③ $-\frac{1}{10}$

④ $\frac{1}{10}$　⑤ $\frac{3}{20}$

Tip

• 나무의 끝을 올려다본 각의 크기를 θ라 하면

$\tan\theta=\frac{6}{❶\boxed{}}$

• $1+\tan^2\theta=❷\boxed{}$

답 ❶ x ❷ $\sec^2\theta$

6 다음 그림과 같이 점 $\text{A}\left(0,\ -\frac{1}{2}\right)$에서 곡선 $y=x\ln 2x$에 그은 접선의 접점을 B, 점 B를 지나고 접선에 수직인 직선이 y축과 만나는 점을 C라 할 때, 삼각형 ABC의 넓이는?

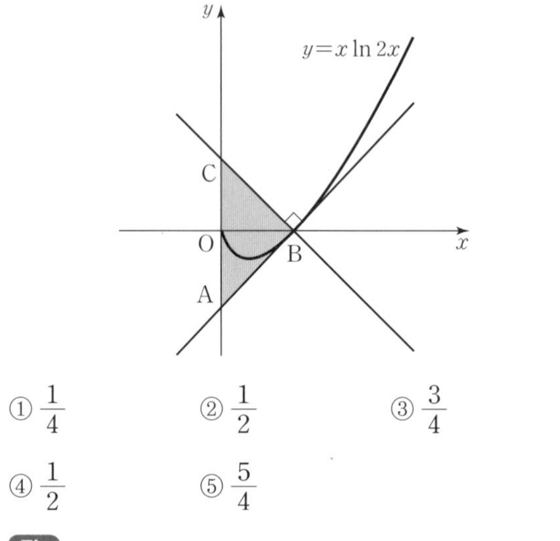

① $\frac{1}{4}$　② $\frac{1}{2}$　③ $\frac{3}{4}$

④ $\frac{1}{2}$　⑤ $\frac{5}{4}$

Tip

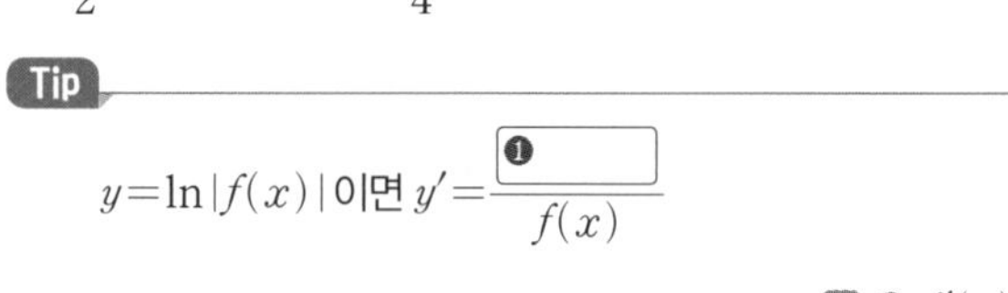

$y=\ln|f(x)|$이면 $y'=\frac{❶\boxed{}}{f(x)}$

답 ❶ $f'(x)$

7 다음 그림과 같이 길이가 2인 선분 AB를 지름으로 하는 반원에 내접하는 등변사다리꼴 ABCD가 있다.
$\angle AOD=\theta$라 할 때, 등변사다리꼴 ABCD의 넓이는 $\theta=a$에서 최댓값 b를 갖는다. $\frac{ab}{\pi}$의 값은?

(단, $0<\theta<\frac{\pi}{2}$)

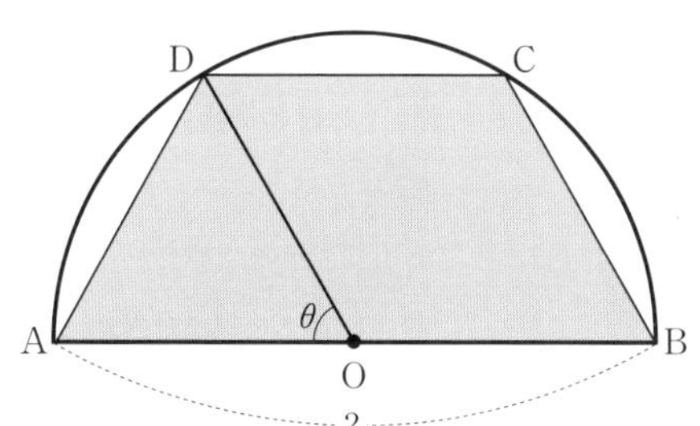

① $\frac{1}{4}$　② $\frac{\sqrt{2}}{4}$　③ $\frac{\sqrt{3}}{4}$

④ $\frac{1}{2}$　⑤ $\frac{\sqrt{5}}{4}$

Tip

점 O에서 $\overline{CD}$에 내린 수선의 발을 H라 하면

$\overline{DH}=\frac{1}{2}\times$ ❶ $\square$ $=\overline{OD}\times\cos\theta$

$\overline{OH}=\overline{OD}\times$ ❷ $\square$

답 ❶ $\overline{CD}$ ❷ $\sin\theta$

8 다음 그림과 같이 섬 A로부터 섬 P까지의 거리는 4 km, 섬 P와 마을 사이의 거리는 7 km이다. 섬 P와 마을을 잇는 다리 위의 한 지점 Q에서부터 마을까지 다리를 다시 건설하고, 섬 A와 Q 지점을 잇는 다리를 새로 건설하려고 한다. Q 지점과 마을을 잇는 다리의 건설 비용은 1 km당 3억 원, 섬 A와 Q 지점을 잇는 다리의 건설 비용은 1 km당 5억 원일 때, 2개의 다리를 건설하는 데 드는 최소 비용은 몇억 원인지 구하시오.

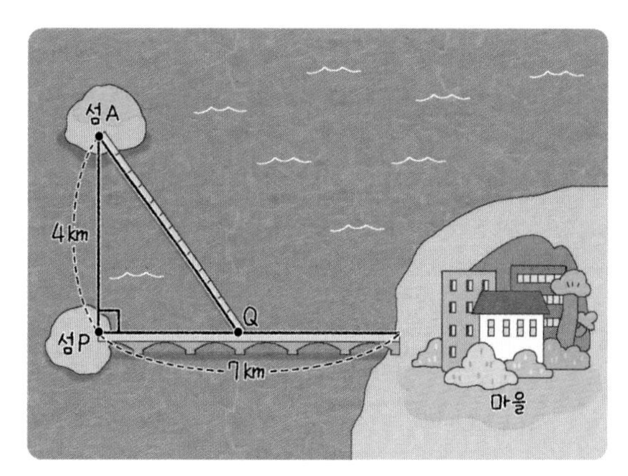

Tip

섬 P에서 Q 지점까지의 거리를 x km $(0<x<7)$라 하면

Q 지점과 섬 A 사이의 거리는 ❶ $\square$ km

Q 지점과 마을 사이의 거리는 (❷ $\square$) km

답 ❶ $\sqrt{x^2+16}$ ❷ $7-x$

WEEK

2 여러 가지 적분법

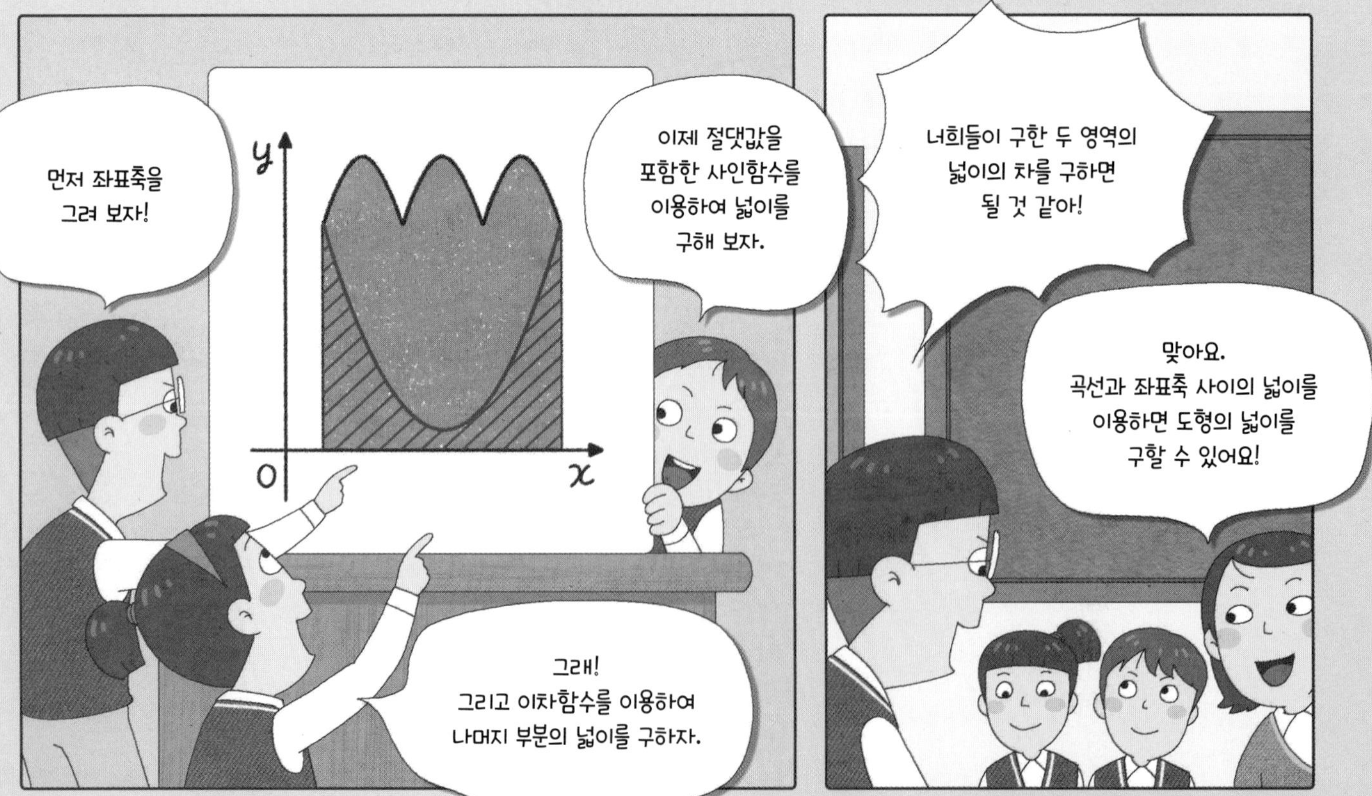

공부할 내용

1. 여러 가지 함수의 적분
2. 치환적분법과 부분적분법
3. 정적분과 급수의 합 사이의 관계
4. 도형의 넓이
5. 입체도형의 부피
6. 속도와 거리

WEEK 2 DAY 1

개념 돌파 전략 ①

개념 01 함수 $y=x^n$ (n은 실수)의 부정적분

❶ $n\neq-1$일 때

$$\int x^n\,dx=\frac{1}{\boxed{❶}}x^{n+1}+C$$

❷ $n=-1$일 때

$$\int x^{-1}\,dx=\int\frac{1}{x}\,dx=\boxed{❷}+C$$

답 ❶ $n+1$ ❷ $\ln|x|$

확인 01

$$\int\frac{x-1}{x^2}\,dx=\int\left(\frac{1}{x}-\frac{1}{x^2}\right)dx$$
$$=\int x^{-1}\,dx-\int\boxed{❶}\,dx$$
$$=\boxed{❷}+\frac{1}{x}+C$$

답 ❶ x^{-2} ❷ $\ln|x|$

개념 02 지수함수의 부정적분

❶ $\int e^x\,dx=\boxed{❶}+C$

❷ $\int\boxed{❷}\,dx=\frac{a^x}{\ln a}+C$ (단, $a>0$, $a\neq1$)

답 ❶ e^x ❷ a^x

확인 02

① $\int e^{x+2}\,dx=\int e^x\times e^2\,dx=e^2\int e^x\,dx$
$=e^2\times\boxed{❶}+C=e^{x+2}+C$

② $\int 2^{3x}\,dx=\int 8^x\,dx=\frac{\boxed{❷}}{\ln 8}+C=\frac{2^{3x}}{3\ln 2}+C$

답 ❶ e^x ❷ 8^x

개념 03 삼각함수의 부정적분

❶ $\int\sin x\,dx=-\cos x+C$

❷ $\int\cos x\,dx=\boxed{❶}+C$

❸ $\int\sec^2 x\,dx=\tan x+C$

❹ $\int\csc^2 x\,dx=-\cot x+C$

❺ $\int\sec x\tan x\,dx=\boxed{❷}+C$

❻ $\int\csc x\cot x\,dx=-\csc x+C$

답 ❶ $\sin x$ ❷ $\sec x$

확인 03

① $\int(2\sin x+\cos x)dx=2\int\sin x\,dx+\int\cos x\,dx$
$=\boxed{❶}+\sin x+C$

② $\int\tan^2 x\,dx=\int(\sec^2 x-1)dx=\int\sec^2 x\,dx-\int 1\,dx$
$=\boxed{❷}-x+C$

답 ❶ $-2\cos x$ ❷ $\tan x$

개념 04 치환적분법

미분가능한 함수의 식의 일부를 다른 변수로 바꾸어 적분하는 방법을 치환적분법이라 한다. 미분가능한 함수 $g(x)$에 대하여 $g(x)=t$라 하면

$$\int f(g(x))g'(x)\,dx=\int\boxed{❶}\,dt$$

참고 $\int\frac{\boxed{❷}}{f(x)}\,dx=\ln|f(x)|+C$

답 ❶ $f(t)$ ❷ $f'(x)$

확인 04

부정적분 $\int 4x(2x^2+1)dx$를 구하여 보자.

$2x^2+1=t$라 하면 $\boxed{❶}=\frac{dt}{dx}$이므로

$$\int 4x(2x^2+1)dx=\int\boxed{❷}\,dt=\frac{1}{2}t^2+C$$
$$=\frac{1}{2}(2x^2+1)^2+C$$

답 ❶ $4x$ ❷ t

개념 05 부분적분법

미분가능한 두 함수 $f(x)$, $g(x)$에 대하여

$$\int f(x)g'(x)dx = \boxed{❶\quad} - \int f'(x)g(x)dx$$

참고 두 함수의 곱의 미분법에서

$\{f(x)g(x)\}' = f'(x)g(x) + \boxed{❷\quad}$

이므로 이 식의 양변을 x에 대하여 적분하면

$f(x)g(x) = \int f'(x)g(x)dx + \int f(x)g'(x)dx$

$\therefore \int f(x)g'(x)dx$

$= f(x)g(x) - \int f'(x)g(x)dx$

답 ❶ $f(x)g(x)$ ❷ $f(x)g'(x)$

확인 05

부정적분 $\int xe^x\,dx$를 구하여 보자.

$f(x)=x$, $g'(x)=e^x$이라 하면

$f'(x)=\boxed{❶\quad}$, $g(x)=e^x$이므로

$\int xe^x\,dx = \boxed{❷\quad} - \int e^x\,dx$

$= xe^x - e^x + C$

$= (x-1)e^x + C$

답 ❶ 1 ❷ xe^x

개념 06 정적분

닫힌구간 $[a, b]$에서 연속인 함수 $f(x)$의 한 부정적분을 $F(x)$라 할 때, 함수 $f(x)$의 a에서 b까지의 정적분은

$$\int_a^b f(x)dx = F(b) - \boxed{❶\quad}$$

참고 ① $a=b$일 때, $\int_a^a f(x)dx=0$

② $a>b$일 때,

$\int_a^b f(x)dx = \boxed{❷\quad}\int_b^a f(x)dx$

답 ❶ $F(a)$ ❷ $-$

확인 06

① $\int_1^4 \frac{1}{\sqrt{x}}dx = \Big[\boxed{❶\quad}\Big]_1^4 = 2$

② $\int_\pi^\pi \sec^2 x\,dx = \boxed{❷\quad}$

답 ❶ $2\sqrt{x}$ ❷ 0

개념 07 치환적분법을 이용한 정적분

미분가능한 함수 $t=g(x)$의 도함수 $g'(x)$가 닫힌구간 $[a, b]$에서 연속이고, $g(a)=\alpha$, $g(b)=\beta$에 대하여 함수 $f(t)$가 α와 β를 양 끝으로 하는 닫힌구간에서 연속일 때

$$\int_a^b f(\boxed{❶\quad})g'(x)dx = \int_\alpha^\beta f(t)dt$$

답 ❶ $g(x)$

확인 07

$\int_1^3 x(x^2+1)dx$의 값을 구하여 보자.

$x^2+1=t$라 하면 $\boxed{❶\quad} = \frac{dt}{dx}$이고

$x=1$일 때 $t=2$, $x=3$일 때 $t=10$이므로

$\int_1^3 x(x^2+1)dx = \int_2^{10}\frac{1}{2}t\,dt = \Big[\frac{1}{4}t^2\Big]_2^{10} = \boxed{❷\quad}$

답 ❶ $2x$ ❷ 24

개념 08 부분적분법을 이용한 정적분

미분가능한 두 함수 $f(x)$, $g(x)$에 대하여 $f'(x)$, $g'(x)$가 닫힌구간 $[a, b]$에서 연속일 때

$$\int_a^b f(x)g'(x)dx = \Big[f(x)g(x)\Big]_a^b - \int_a^b \boxed{❶\quad}dx$$

참고 미분한 결과가 간단한 함수를 $f(x)$, 적분하기 쉬운 함수를 $g'(x)$로 놓는다.

답 ❶ $f'(x)g(x)$

확인 08

$\int_1^e \ln x\,dx$의 값을 구하여 보자.

$f(x)=\ln x$, $g'(x)=1$이라 하면

$f'(x)=\boxed{❶\quad}$, $g(x)=x$이므로

$\int_1^e \ln x\,dx = \Big[x\ln x\Big]_1^e - \int_1^e 1\,dx$

$= \boxed{❷\quad} - \Big[x\Big]_1^e$

$= e-(e-1) = 1$

답 ❶ $\frac{1}{x}$ ❷ e

개념 09 정적분으로 정의된 함수의 미분

실수 a에 대하여

❶ $\frac{d}{dx}\int_a^x f(t)dt=$ ❶

❷ $\frac{d}{dx}\int_x^{x+a} f(t)dt=f(x+a)-$ ❷

참고 정적분의 위끝 또는 아래끝에 변수가 있으면 정적분의 결과는 그 변수에 대한 함수이다.

답 ❶ $f(x)$ ❷ $f(x)$

확인 09

$\frac{d}{dx}\int_1^x (t^2+2t-1)dt=x^2+2x+$ ❶

답 ❶ -1

개념 10 정적분으로 정의된 함수의 극한

❶ $\lim_{x\to0}\frac{1}{x}\int_a^{x+a} f(t)dt=$ ❶

❷ $\lim_{x\to a}\frac{1}{x-a}\int_a^x f(t)dt=$ ❷

답 ❶ $f(a)$ ❷ $f(a)$

확인 10

① $\lim_{x\to0}\frac{1}{x}\int_2^{x+2}\cos\pi t\,dt=\cos$ ❶ $=1$

② $\lim_{x\to2}\frac{1}{x-2}\int_2^x (e^{t-2}+3)dt=e^0+3=$ ❷

답 ❶ 2π ❷ 4

개념 11 정적분과 급수의 합 사이의 관계

함수 $f(x)$가 닫힌구간 $[a, b]$에서 연속일 때

$\lim_{n\to\infty}\sum_{k=1}^{n} f(x_k)$ ❶ $=\int_a^b f(x)dx$

$\left(단,\ \Delta x=\frac{b-a}{n},\ x_k=a+k\Delta x\right)$

참고 ① $\lim_{n\to\infty}\sum_{k=1}^{n} f\left(\frac{k}{n}\right)\frac{1}{n}=\int_0^1 f(x)dx$

② $\lim_{n\to\infty}\sum_{k=1}^{n} f\left(\frac{pk}{n}\right)\frac{p}{n}=\int_0^{❷} f(x)dx$

답 ❶ Δx ❷ p

확인 11

$\lim_{n\to\infty}\sum_{k=1}^{n}\left(\frac{k}{n}\right)^2$ ❶ $=\int_0^1 x^2\,dx=\left[\ ❷\ \right]_0^1=\frac{1}{3}$

답 ❶ $\frac{1}{n}$ ❷ $\frac{1}{3}x^3$

개념 12 곡선과 좌표축 사이의 넓이

❶ 함수 $f(x)$가 닫힌구간 $[a, b]$에서 연속일 때, 곡선 $y=f(x)$와 x축 및 두 직선 $x=a$, $x=b$로 둘러싸인 도형의 넓이 S는

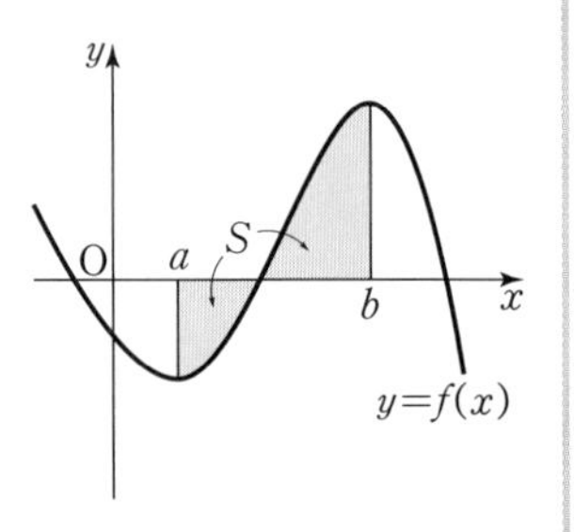

$S=\int_a^b |\ ❶\ |dx$

❷ 함수 $g(y)$가 닫힌구간 $[c, d]$에서 연속일 때, 곡선 $x=g(y)$와 y축 및 두 직선 $y=c$, $y=d$로 둘러싸인 도형의 넓이 S는

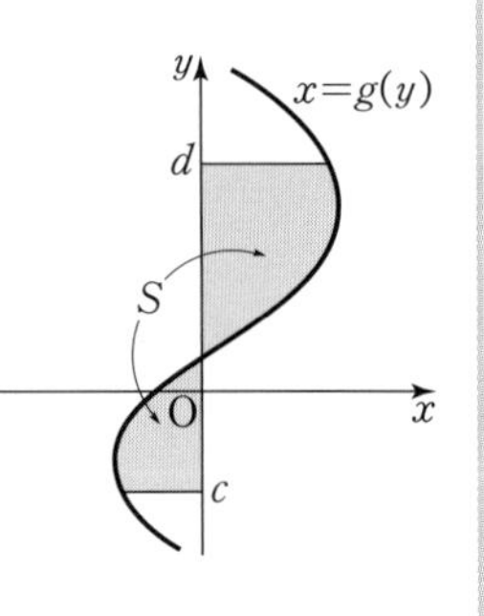

$S=\int_c^d |\ ❷\ |dy$

답 ❶ $f(x)$ ❷ $g(y)$

확인 12

곡선 $y=e^x$과 x축 및 두 직선 $x=-1$, $x=3$으로 둘러싸인 도형의 넓이는

$\int_{-1}^3 e^x\,dx=\left[\ ❶\ \right]_{-1}^3=$ ❷ $-e^{-1}$

답 ❶ e^x ❷ e^3

개념 13 두 곡선 사이의 넓이

두 함수 $f(x)$, $g(x)$가 닫힌구간 $[a, b]$에서 연속일 때, 두 곡선 $y=f(x)$, $y=$ ❶ ☐ 및 두 직선 $x=a$, $x=b$로 둘러싸인 도형의 넓이 S는

$$S=\int_a^b |f(x) \text{ ❷ } \square \ g(x)|dx$$

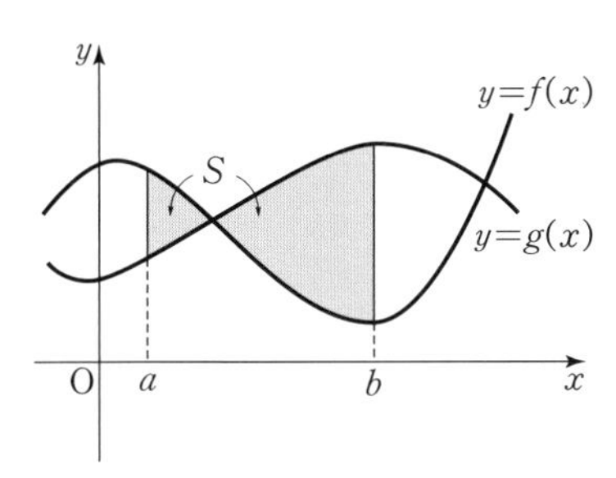

답 ❶ $g(x)$ ❷ $-$

확인 13

두 곡선 $y=e^x$, $y=x^2$ 및 두 직선 $x=0$, $x=2$로 둘러싸인 도형의 넓이는

$$\int_0^2 (e^x-x^2)dx=\left[\text{❶ } \square - \frac{1}{3}x^3\right]_0^2$$

$$=\left(e^2-\frac{8}{3}\right)-\text{❷ } \square =e^2-\frac{11}{3}$$

답 ❶ e^x ❷ 1

개념 14 입체도형의 부피

닫힌구간 $[a, b]$에서 x좌표가 x인 점을 지나고 x축에 수직인 평면으로 잘랐을 때의 단면의 ❶ ☐가 $S(x)$인 입체도형의 부피 V는

$$V=\int_a^b \text{❷ } \square \ dx$$

답 ❶ 넓이 ❷ $S(x)$

확인 14

닫힌구간 $[0, 2]$에서 x좌표가 x인 점을 지나고 x축에 수직인 평면으로 자른 단면의 넓이가 x인 입체도형의 부피는

$$\int_0^2 \text{❶ } \square \ dx=\left[\text{❷ } \square\right]_0^2=2$$

답 ❶ x ❷ $\frac{1}{2}x^2$

개념 15 속도와 거리

좌표평면 위를 움직이는 점 P의 시각 t에서의 위치 (x, y)가 $x=f(t)$, $y=g(t)$일 때, 시각 $t=a$에서 $t=b$까지 점 P가 움직인 거리 s는

$$s=\int_a^b \sqrt{\left(\frac{dx}{dt}\right)^2+\left(\frac{dy}{dt}\right)^2}dt$$

$$=\int_a^b \sqrt{\{\text{❶ } \square\}^2+\{g'(t)\}^2}dt$$

답 ❶ $f'(t)$

확인 15

좌표평면 위를 움직이는 점 P의 시각 t에서의 위치 (x, y)가 $x=\sin t$, $y=\cos t$일 때, 시각 $t=0$에서 $t=\pi$까지 점 P가 움직인 거리 s를 구하여 보자.

$\frac{dx}{dt}=\cos t$, $\frac{dy}{dt}=$ ❶ ☐이므로

$$s=\int_0^\pi \sqrt{\cos^2 t+(-\sin t)^2}dt=\int_0^\pi 1\,dt=\left[t\right]_0^\pi=\text{❷ } \square$$

답 ❶ $-\sin t$ ❷ π

개념 16 곡선의 길이

❶ 매개변수로 나타낸 곡선 $x=f(t)$, $y=g(t)$ $(a\le t\le b)$의 겹치는 부분이 없을 때, 곡선의 길이 l은

$$l=\int_a^b \sqrt{\left(\frac{dx}{dt}\right)^2+\left(\frac{dy}{dt}\right)^2}dt$$

$$=\int_a^b \sqrt{\{f'(t)\}^2+\{\text{❶ } \square\}^2}dt$$

❷ 곡선 $y=f(x)$ $(a\le x\le b)$의 길이 l은

$$l=\int_a^b \sqrt{\text{❷ } \square+\{f'(x)\}^2}dx$$

답 ❶ $g'(t)$ ❷ 1

확인 16

$0\le x\le 2$에서 곡선 $y=2x+1$의 길이 l을 구하여 보자.

$\frac{dy}{dx}=$ ❶ ☐이므로

$$l=\int_0^2 \sqrt{1+2^2}\,dx=\int_0^2 \sqrt{5}\,dx=\left[\sqrt{5}x\right]_0^2=\text{❷ } \square$$

답 ❶ 2 ❷ $2\sqrt{5}$

WEEK 2 DAY 1

개념 돌파 전략 ②

1 함수 $f(x)=\int \frac{x}{\sqrt{x}+1}dx-\int \frac{1}{\sqrt{x}+1}dx$에 대하여 $f(1)=\frac{5}{3}$일 때, $f(9)$의 값은?

① 3 ② 5 ③ 7
④ 9 ⑤ 11

Tip

- $\int \frac{x}{\sqrt{x}+1}dx-\int \frac{1}{\sqrt{x}+1}dx$
  $=\int \frac{❶\boxed{\quad}}{\sqrt{x}+1}dx$
- $\int \sqrt{x}\,dx=\int x^{\frac{1}{2}}dx$
  $=\frac{2}{3}❷\boxed{\quad}+C$
  $=\frac{2}{3}x\sqrt{x}+C$

답 ❶ $x-1$ ❷ $x^{\frac{3}{2}}$

2 함수 $f(x)$가 다음 조건을 만족시킬 때, $f\left(\frac{\pi}{4}\right)$의 값은?

(가) $f'(x)=\sin x-\cos x$	(나) $f(0)=2$

① $-\sqrt{2}$ ② $\sqrt{2}$ ③ $3-\sqrt{2}$
④ $2\sqrt{2}$ ⑤ $3+\sqrt{2}$

Tip

- $❶\boxed{\quad}=\int f'(x)dx$
- $\int (\sin x-\cos x)dx$
  $=\int \sin x\,dx-❷\boxed{\quad}$

답 ❶ $f(x)$ ❷ $\int \cos x\,dx$

3 $\int_0^1 (2x+1)e^{x^2+x}dx$의 값은?

① e ② e^2-1 ③ e^2
④ e^2+1 ⑤ e^2+e

Tip

$x^2+x=t$라 하면
(1) $❶\boxed{\quad}=\frac{dt}{dx}$
(2) $x=0$일 때 $t=0$, $x=1$일 때
$t=❷\boxed{\quad}$

답 ❶ $2x+1$ ❷ 2

4 함수 $f(x)$가 $f(x)=\int_{0}^{x}(t+1)e^{t}\,dt$를 만족시킬 때, $f(1)$의 값은?

① 1　② $\frac{e}{2}$　③ $\frac{3}{2}$　④ 2　⑤ e

Tip

$u(t)=t+1$, $v'(t)=$ ❶ ☐ 이라 하면
$u'(t)=$ ❷ ☐ , $v(t)=e^{t}$

답 ❶ e^{t} ❷ 1

5 곡선 $y=\frac{1}{x+1}$과 x축, y축 및 직선 $x=2$로 둘러싸인 도형의 넓이는?

① $\ln 2$　② $\ln 3$　③ $2\ln 2$　④ $\ln 5$　⑤ $\ln 6$

Tip

닫힌구간 $[a, b]$에서 $f(x)\geq$ ❶ ☐ 이면 이 구간에서 곡선 $y=f(x)$와 x축 및 두 직선 $x=a$, $x=b$로 둘러싸인 도형의 넓이는

$\int_{a}^{b}$ ❷ ☐ dx

답 ❶ 0 ❷ $f(x)$

6 원점을 출발하여 수직선 위를 움직이는 점 P의 시각 t $(t\geq 0)$에서의 속도 $v(t)$가 $v(t)=3\sqrt{t}$일 때, 시각 $t=1$에서 점 P의 위치는?

① 1　② $\frac{4}{3}$　③ $\frac{5}{3}$　④ 2　⑤ 3

Tip

출발점이 원점일 때, 시각 $t=a$에서 점 P의 위치 x는

$x=$ ❶ ☐ $+\int_{0}^{a}v(t)\,dt$

$=\int_{0}^{a}$ ❷ ☐ dt

답 ❶ 0 ❷ $3\sqrt{t}$

WEEK 2 DAY 2 필수 체크 전략 ①

핵심 예제 01

곡선 $y=f(x)$ 위의 점 $(x, f(x))$에서의 접선의 기울기가 $e^{2x}-1$이고 $f(0)=0$일 때, $f(1)$의 값은?

① $\frac{1}{2}e^2-\frac{3}{2}$ ② $\frac{1}{2}e^2-\frac{1}{2}$ ③ $\frac{1}{2}e^2+1$
④ $\frac{1}{2}e^2+\frac{3}{2}$ ⑤ e^2

Tip

곡선 $y=f(x)$ 위의 점 $(x, f(x))$에서의 접선의 기울기는

[❶] $=e^{2x}-1$

답 ❶ $f'(x)$

풀이

$f'(x)=e^{2x}-1$이므로

$f(x)=\int f'(x)dx=\int(e^{2x}-1)dx=\frac{1}{2}e^{2x}-x+C$

이때 $f(0)=0$에서 $\frac{1}{2}+C=0$ $\quad\therefore C=-\frac{1}{2}$

따라서 $f(x)=\frac{1}{2}e^{2x}-x-\frac{1}{2}$이므로

$f(1)=\frac{1}{2}e^2-\frac{3}{2}$

답 ①

핵심 예제 02

실수 전체의 집합에서 도함수가 연속인 함수 $f(x)$가 모든 실수 x에 대하여

$f(x)>0$, $f'(x)=2xf(x)$

를 만족시킨다. $f(1)=1$일 때, $\ln|f(2)|$의 값은?

① -1 ② 0 ③ 1
④ 2 ⑤ 3

Tip

$\int\frac{f'(x)}{f(x)}dx=\ln|$ [❶] $|+C$

답 ❶ $f(x)$

풀이

모든 실수 x에 대하여 $f(x)>0$이므로

$f'(x)=2xf(x)$에서 $\frac{f'(x)}{f(x)}=2x$

양변을 x에 대하여 적분하면

$\int\frac{f'(x)}{f(x)}dx=\int 2x\,dx$

$\ln|f(x)|=x^2+C$

이때 $f(1)=1$이므로 $0=1+C$ $\quad\therefore C=-1$

따라서 $\ln|f(x)|=x^2-1$이므로

$\ln|f(2)|=3$

답 ⑤

1-1

함수 $f(x)$에 대하여 $f'(x)=\sin 2x$이고 $f(0)=0$일 때, $f\left(\frac{\pi}{4}\right)$의 값은?

① $-\frac{1}{2}$ ② $-\frac{1}{4}$ ③ 0
④ $\frac{1}{4}$ ⑤ $\frac{1}{2}$

2-1

실수 전체의 집합에서 도함수가 연속인 함수 $f(x)$가 모든 실수 x에 대하여

$xf'(x)+f(x)=(x+1)e^x$

을 만족시킨다. $f(0)=1$일 때, $f(1)$의 값은?

① $-e$ ② -1 ③ 0
④ 1 ⑤ e

핵심 예제 03

$\int_2^5 \frac{x}{x^2-1}dx - \int_2^5 \frac{1}{x^2-1}dx$의 값은?

① ln 2 ② ln 3 ③ 2 ln 2
④ ln 5 ⑤ ln 6

Tip

두 함수 $f(x)$, $g(x)$가 임의의 두 실수 a, b를 포함하는 닫힌구간에서 연속일 때

$\int_a^b f(x)dx - \int_a^b g(x)dx = \int_a^b \{$❶ ☐$\}\,dx$

답 ❶ $f(x)-g(x)$

풀이

$\int_2^5 \frac{x}{x^2-1}dx - \int_2^5 \frac{1}{x^2-1}dx$

$=\int_2^5 \left(\frac{x}{x^2-1} - \frac{1}{x^2-1}\right)dx$

$=\int_2^5 \frac{x-1}{x^2-1}dx$

$=\int_2^5 \frac{x-1}{(x-1)(x+1)}dx$

$=\int_2^5 \frac{1}{x+1}dx$

$=\Big[\ln(x+1)\Big]_2^5$

$=\ln 6-\ln 3=\ln 2$

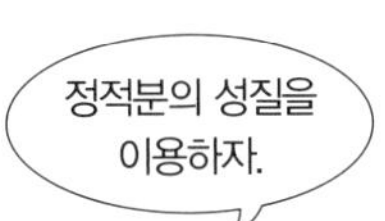

답 ①

핵심 예제 04

$\int_1^{e^3} \frac{\ln x}{x}dx$의 값은?

① $\frac{\ln 2}{2}$ ② $\ln(e-1)$ ③ $\frac{9}{2}$
④ 6 ⑤ 8

Tip

- $(\ln x)'=$ ❶ ☐
- ❷ ☐ $=t$라 하고 치환적분법을 이용한다.

답 ❶ $\frac{1}{x}$ ❷ $\ln x$

풀이

$\ln x=t$라 하면 $\frac{1}{x}=\frac{dt}{dx}$이고

$x=1$일 때 $t=0$, $x=e^3$일 때 $t=3$이므로

$\int_1^{e^3} \frac{\ln x}{x}dx = \int_0^3 t\,dt = \left[\frac{1}{2}t^2\right]_0^3 = \frac{9}{2}$

답 ③

3-1

$\int_0^3 \frac{1}{(x+1)(x+2)}dx = \ln\frac{q}{p}$일 때, 서로소인 두 자연수 p, q에 대하여 $p+q$의 값은?

① 11 ② 12 ③ 13
④ 14 ⑤ 15

4-1

$\int_e^{e^2} \frac{1}{x\ln x}dx = a$일 때, e^a의 값은?

① $\frac{1}{e}$ ② $\frac{1}{2}$ ③ 2
④ e ⑤ $2e$

필수 체크 전략 ①

핵심 예제 05

$\int_0^{\frac{\pi}{2}}(1-\cos^2 x)\sin x\,dx$의 값은?

① $\frac{1}{4}$　② $\frac{1}{3}$　③ $\frac{1}{2}$　④ $\frac{2}{3}$　⑤ $\frac{3}{4}$

Tip

- $(\cos x)'=$ ❶
- $\cos x=t$라 하고 ❷ 을 이용한다.

답 ❶ $-\sin x$ ❷ 치환적분법

풀이

$\cos x=t$라 하면 $-\sin x=\frac{dt}{dx}$이고

$x=0$일 때 $t=1$, $x=\frac{\pi}{2}$일 때 $t=0$이므로

$$\int_0^{\frac{\pi}{2}}(1-\cos^2 x)\sin x\,dx=\int_1^0(1-t^2)(-dt)$$
$$=\int_0^1(1-t^2)dt$$
$$=\left[t-\frac{1}{3}t^3\right]_0^1=\frac{2}{3}$$

답 ④

5-1

$\int_{\frac{\pi}{4}}^{\frac{\pi}{3}}\frac{1}{\sin x\cos x}dx-\int_{\frac{\pi}{4}}^{\frac{\pi}{3}}\frac{\cos x}{\sin x}dx=a\ln 2$일 때, a의 값은?

① $-\frac{1}{2}$　② 0　③ $\frac{1}{2}$　④ 1　⑤ $\frac{3}{2}$

핵심 예제 06

연속함수 $f(x)$가 모든 실수 x에 대하여 $f(1-x)=f(x)$를 만족시킬 때,

$\int_0^1 xf(x)dx=k\int_0^1 f(x)dx$가 성립하도록 하는 상수 k의 값을 구하시오.

Tip

$a-x=t$ (a는 상수)라 하면 $-1=\frac{dt}{dx}$이고

$x=0$일 때 $t=a$, $x=a$일 때 $t=$ ❶ 이므로

$\int_0^a f(x)dx=\int_0^a$ ❷ dt

답 ❶ 0 ❷ $f(a-t)$

풀이

$1-x=t$라 하면 $-1=\frac{dt}{dx}$이고

$x=0$일 때 $t=1$, $x=1$일 때 $t=0$이므로

$$\int_0^1 xf(x)dx=\int_1^0(1-t)f(1-t)(-dt)$$
$$=\int_0^1(1-t)f(1-t)dt$$
$$=\int_0^1(1-t)f(t)dt\ (\because f(1-x)=f(x))$$
$$=\int_0^1 f(t)dt-\int_0^1 tf(t)dt$$
$$=\int_0^1 f(x)dx-\int_0^1 xf(x)dx$$

$2\int_0^1 xf(x)dx=\int_0^1 f(x)dx$에서

$\int_0^1 xf(x)dx=\frac{1}{2}\int_0^1 f(x)dx$　$\therefore k=\frac{1}{2}$

답 $\frac{1}{2}$

6-1

연속함수 $f(x)$가 모든 실수 x에 대하여 $f(1-x)=\sin\pi x-f(x)$를 만족시킬 때, $\int_0^1 f(x)dx$의 값은?

① $\frac{1}{\pi}$　② $\frac{2}{\pi}$　③ 1　④ $\frac{\pi}{2}$　⑤ 2

핵심 예제 07

$\int_1^e x^n \ln x\,dx=\frac{3e^4+1}{16}$을 만족시키는 자연수 n의 값을 구하시오.

Tip

미분가능한 두 함수 $f(x)$, $g(x)$에 대하여 $f'(x)$, $g'(x)$가 닫힌구간 $[a, b]$에서 연속일 때

$\int_a^b f(x)g'(x)dx=\Big[$ ❶ $\Big]_a^b-\int_a^b f'(x)g(x)dx$

이때 $f(x)$는 미분하기 쉬운 함수, $g'(x)$는 ❷ 하기 쉬운 함수로 택한다.

답 ❶ $f(x)g(x)$ ❷ 적분

풀이

$f(x)=\ln x$, $g'(x)=x^n$이라 하면

$f'(x)=\frac{1}{x}$, $g(x)=\frac{1}{n+1}x^{n+1}$이므로

$$\begin{aligned}\int_1^e x^n \ln x\,dx&=\left[\frac{1}{n+1}x^{n+1}\ln x\right]_1^e-\int_1^e \frac{1}{n+1}x^n\,dx\\&=\frac{1}{n+1}e^{n+1}-\frac{1}{n+1}\int_1^e x^n\,dx\\&=\frac{1}{n+1}e^{n+1}-\frac{1}{n+1}\left[\frac{1}{n+1}x^{n+1}\right]_1^e\\&=\frac{\{(n+1)-1\}e^{n+1}+1}{(n+1)^2}\\&=\frac{ne^{n+1}+1}{(n+1)^2}=\frac{3e^4+1}{16}\end{aligned}$$

$\therefore n=3$

답 3

7-1

$\int_1^2 (2x-\ln x)dx$의 값은?

① $1-2\ln 2$ ② $2-2\ln 2$ ③ $3-2\ln 2$

④ $4-2\ln 2$ ⑤ $5-2\ln 2$

핵심 예제 08

$x>0$에서 미분가능한 함수 $f(x)$가

$$\int_1^x f(t)dt=(1-x)e^{2x}-\frac{1}{4}e^x+a$$

를 만족시킨다. 상수 a에 대하여 $f(1)+a$의 값은?

① $-e^2$ ② $-2e$ ③ $-e$

④ 0 ⑤ e

Tip

- $\int_a^a f(x)dx=$ ❶
- $\frac{d}{dx}\int_a^x f(t)dt=$ ❷ (단, a는 상수)

답 ❶ 0 ❷ $f(x)$

풀이

양변에 $x=1$을 대입하면 $\int_1^1 f(t)dt=-\frac{1}{4}e+a$

$0=-\frac{1}{4}e+a \quad \therefore a=\frac{1}{4}e$

$\int_1^x f(t)dt=(1-x)e^{2x}-\frac{1}{4}e^x+\frac{1}{4}e$의 양변을 x에 대하여 미분하면

$$\begin{aligned}f(x)&=-e^{2x}+(1-x)\times 2e^{2x}-\frac{1}{4}e^x\\&=e^{2x}(1-2x)-\frac{1}{4}e^x\end{aligned}$$

이므로 $f(1)=-e^2-\frac{1}{4}e$

$\therefore f(1)+a=-e^2-\frac{1}{4}e+\frac{1}{4}e=-e^2$

답 ①

8-1

도함수가 연속인 함수 $f(x)$가

$$xf(x)=e^x-a+\int_0^x tf'(t)dt$$

를 만족시킬 때, $f(a)$의 값은? (단, a는 상수이다.)

① 1 ② $e-1$ ③ e

④ e^2-1 ⑤ e^2

WEEK 2 DAY 2

필수 체크 전략 ②

01 함수 $f(x)=\int \tan x \sec^2 x\,dx$에 대하여 $f(0)=4$일 때, $f\left(\frac{\pi}{4}\right)$의 값은?

① 4 ② $\frac{33}{8}$ ③ $\frac{17}{4}$ ④ $\frac{35}{8}$ ⑤ $\frac{9}{2}$

Tip

$\tan x=t$라 하면 ❶ [ ] $=\frac{dt}{dx}$

답 ❶ $\sec^2 x$

02 함수 $f(x)=\int ax\ln x\,dx$에 대하여

$$f'(e^3)=3e^3,\ f\left(\frac{1}{e}\right)=-\frac{3}{4e^2}$$

일 때, $f(e)$의 값은? (단, a는 상수이다.)

① $\frac{1}{8}e^2$ ② $\frac{1}{4}e^2$ ③ $\frac{1}{2}e^2$ ④ e^2 ⑤ $2e^2$

Tip

• $f(x)=\int ax\ln x\,dx$의 양변을 x에 대하여 미분하면

$f'(x)=$ ❶ [ ]

• 함수 $f(x)=\int ax\ln x\,dx$에서

$u(x)=\ln x$, $v'(x)=ax$라 하면

$u'(x)=$ ❷ [ ], $v(x)=\frac{1}{2}ax^2$

답 ❶ $ax\ln x$ ❷ $\frac{1}{x}$

03 $\int_{\frac{\pi}{6}}^{\frac{\pi}{2}} \frac{2\cos\theta}{\sin^2\theta-2\sin\theta}\,d\theta=\ln\frac{q}{p}$일 때, 서로소인 두 자연수 p, q에 대하여 $p+q$의 값은?

① 4 ② 5 ③ 6 ④ 7 ⑤ 8

Tip

$\sin\theta=t$라 하면 ❶ [ ] $=\frac{dt}{d\theta}$이고

$\theta=\frac{\pi}{6}$일 때 $t=$ ❷ [ ], $\theta=\frac{\pi}{2}$일 때 $t=1$이므로

$\int_{\frac{\pi}{6}}^{\frac{\pi}{2}} \frac{2\cos\theta}{\sin^2\theta-2\sin\theta}\,d\theta=\int_{\frac{1}{2}}^{1}\frac{2}{t^2-2t}\,dt$

답 ❶ $\cos\theta$ ❷ $\frac{1}{2}$

04 연속함수 $f(x)$에 대하여 $\int_2^3 f(x)\,dx=1$일 때, $\int_4^9 \frac{f(\sqrt{x})}{\sqrt{x}}\,dx$의 값은?

① 1 ② 2 ③ 3 ④ 4 ⑤ 5

Tip

$\sqrt{x}=t$라 하면 ❶ [ ] $=\frac{dt}{dx}$

답 ❶ $\frac{1}{2\sqrt{x}}$

05 $\int_{\frac{\pi}{2}}^{\pi}\left(x-\frac{\pi}{2}\right)\cos x\,dx$의 값은?

① -2　② -1　③ 0
④ 1　⑤ 2

Tip

$f(x)=x-\frac{\pi}{2}$, $g'(x)=$ ❶ [　　] 라 하면

$f'(x)=$ ❷ [　　], $g(x)=\sin x$

답 ❶ $\cos x$ ❷ 1

06 $\int_0^1 (e^x+6ax)^2 dx$의 값이 최소가 되도록 하는 실수 a의 값은?

① -1　② $-\frac{1}{2}$　③ 0
④ $\frac{1}{2}$　⑤ 1

Tip

$\int_0^1 (e^x+6ax)^2\,dx$

$=\int_0^1 (e^{2x}+12axe^x+$ ❶ [　　]$)dx$

$=\int_0^1 (e^{2x}+36a^2x^2)dx+12a\int_0^1$ ❷ [　　] dx

답 ❶ $36a^2x^2$ ❷ xe^x

07 실수 전체의 집합에서 증가하고 도함수가 연속인 함수 $f(x)$가 다음 조건을 만족시킨다.

> (가) $f(0)=0$, $f(1)=3$　　(나) $\int_0^1 f(x)dx=1$

함수 $f(x)$의 역함수를 $g(x)$라 할 때, $\int_0^3 g(x)dx$의 값을 구하시오.

Tip

- $\int_0^3 g(x)dx=\int_0^3$ ❶ [　　] dy
- $g(0)=0$, $g($❷ [　　]$)=1$

답 ❶ $g(y)$ ❷ 3

08 실수 전체의 집합에서 도함수가 연속인 함수 $f(x)$가 모든 실수 x에 대하여

$f(x)+f(-x)=0$

을 만족시킨다. $f(3)=1$일 때,

$\int_{-3}^{3} f'(x)(2-\sin x)dx$의 값을 구하시오.

Tip

모든 실수 x에 대하여

(1) $f(x)=f(-x)$일 때

$\int_{-a}^{a} f(x)dx=$ ❶ [　　] $\int_0^a f(x)dx$

(2) $f(x)=-f(-x)$일 때

$\int_{-a}^{a} f(x)dx=$ ❷ [　　]

답 ❶ 2 ❷ 0

(우함수)×(기함수)=(기함수),
(기함수)×(기함수)=(우함수)야!

필수 체크 전략 ①

핵심 예제 01

함수 $f(x)$가 모든 실수 x에 대하여

$$f(x)=e^x+\int_0^2 f(t)dt$$

를 만족시킬 때, $f(2)$의 값은?

① 1 ② e ③ $2e$
④ e^2 ⑤ e^2+1

Tip

$\int_0^2 f(t)dt=k$라 하면 $f(x)=e^x+$ ❶ [ ]

답 ❶ k

풀이

$\int_0^2 f(t)dt=k$ ……㉠

라 하면 $f(x)=e^x+k$

이를 ㉠에 대입하면

$\int_0^2 (e^t+k)dt=\left[e^t+kt\right]_0^2=e^2+2k-1=k$

이므로 $k=1-e^2$

따라서 $f(x)=e^x+1-e^2$이므로

$f(2)=e^2+1-e^2=1$

답 ①

핵심 예제 02

$x\neq0$에서 미분가능한 함수 $f(x)$가

$$xf(x)=(x-1)e^x+\int_1^x f(t)dt$$

를 만족시킬 때, $f(-1)=pe^{-1}+qe$이다. 정수 p, q에 대하여 pq의 값을 구하시오.

Tip

- $\int_a^a f(t)dt=$ ❶ [ ]
- $\frac{d}{dx}\int_a^x f(t)dt=$ ❷ [ ] (단, a는 상수)

답 ❶ 0 ❷ $f(x)$

풀이

양변에 $x=1$을 대입하면

$f(1)=(1-1)e+\int_1^1 f(t)dt=0$이므로 $f(1)=0$

$xf(x)=(x-1)e^x+\int_1^x f(t)dt$의 양변을 x에 대하여 미분하면

$f(x)+xf'(x)=e^x+(x-1)e^x+f(x)$

$xf'(x)=xe^x$ $\therefore f'(x)=e^x$ ($\because x\neq0$)

이때 $f(x)=\int f'(x)dx=\int e^x dx=e^x+C$이고

$f(1)=0$이므로 $e+C=0$ $\therefore C=-e$

즉 $f(x)=e^x-e$이므로 $f(-1)=e^{-1}-e$

따라서 $p=1$, $q=-1$이므로 $pq=1\times(-1)=-1$

답 -1

1-1

함수 $f(x)$가 모든 실수 x에 대하여 $f(x)=\cos x+\int_0^\pi f(t)\,dt$를 만족시킬 때, $f(0)$의 값은?

① 0 ② $\frac{1}{2}$ ③ 1
④ $\frac{\pi}{2}$ ⑤ π

2-1

$x\neq0$에서 미분가능한 함수 $f(x)$가

$$f(0)=0,\ xf(x)=x^2\sin x+\int_0^x f(t)dt$$

를 만족시킬 때, $f\left(\frac{\pi}{2}\right)$의 값은?

① $\frac{\pi}{2}-1$ ② 1 ③ $\frac{\pi}{2}$
④ $\frac{\pi}{2}+1$ ⑤ $\pi+1$

핵심 예제 03

$\lim_{n\to\infty}\sum_{k=1}^{n}\frac{\sqrt{n}}{\sqrt{n^3+kn^2}}$의 값은?

① $\sqrt{2}-1$ ② $2\sqrt{2}-2$ ③ $2\sqrt{2}-1$
④ $2\sqrt{2}$ ⑤ $2\sqrt{2}+1$

Tip

함수 $f(x)$가 닫힌구간 $[a, b]$에서 연속일 때

$$\lim_{n\to\infty}\sum_{k=1}^{n}f(x_k)\frac{\boxed{❶\quad}}{n}=\int_a^b f(x)dx$$

답 ❶ $b-a$

풀이

$$\lim_{n\to\infty}\sum_{k=1}^{n}\frac{\sqrt{n}}{\sqrt{n^3+kn^2}}=\lim_{n\to\infty}\sum_{k=1}^{n}\frac{\sqrt{n}}{n\sqrt{n+k}}$$
$$=\lim_{n\to\infty}\sum_{k=1}^{n}\frac{1}{\sqrt{1+\frac{k}{n}}}\times\frac{1}{n}$$
$$=\int_1^2\frac{1}{\sqrt{x}}dx=\Big[2\sqrt{x}\Big]_1^2$$
$$=2\sqrt{2}-2$$

답 ②

핵심 예제 04

두 곡선 $y=x^2e^x$, $y=xe^x$으로 둘러싸인 도형의 넓이는?

① $3-e$ ② $\sqrt{e}-1$ ③ $e-2$
④ $\sqrt{e-1}$ ⑤ e

Tip

두 곡선 $y=f(x)$, $y=g(x)$의 교점의 x좌표가 a, b $(a<b)$일 때, 두 곡선으로 둘러싸인 도형의 넓이 S는

$$S=\int_a^b|f(x)\boxed{❶\quad}g(x)|dx$$

답 ❶ $-$

풀이

두 곡선 $y=x^2e^x$, $y=xe^x$의 교점의 x좌표는

$x^2e^x=xe^x$에서 $(x^2-x)e^x=0$

$x(x-1)e^x=0$ $\quad\therefore x=0$ 또는 $x=1$

따라서 구하는 넓이는

$$\int_0^1|x^2e^x-xe^x|dx=\int_0^1(x-x^2)e^x dx$$
$$=\Big[(x-x^2)e^x\Big]_0^1-\int_0^1(1-2x)e^x dx$$
$$=\int_0^1(2x-1)e^x dx$$
$$=\Big[(2x-1)e^x\Big]_0^1-\int_0^1 2e^x dx$$
$$=e+1-\Big[2e^x\Big]_0^1=3-e$$

답 ①

3-1

함수 $f(x)=\sin x$에 대하여 $\lim_{n\to\infty}\sum_{k=1}^{n}\frac{k\pi}{n^2}f\left(\frac{k\pi}{2n}\right)$의 값은?

① $\frac{2}{\pi}$ ② $\frac{4}{\pi}$ ③ $\frac{6}{\pi}$
④ π ⑤ 2π

$0\le x\le\frac{\pi}{2}$에서 $x\cos x\ge0$이므로 $|(x+x\cos x)-x|=x\cos x$야.

4-1

$0\le x\le\frac{\pi}{2}$에서 곡선 $y=x+x\cos x$와 직선 $y=x$로 둘러싸인 도형의 넓이가 $a\pi+b$일 때, 유리수 a, b에 대하여 $4a-b$의 값은?

① 1 ② 2 ③ 3
④ 4 ⑤ 5

WEEK 2 DAY 3 필수 체크 전략 ①

핵심 예제 05

$0 \le x \le \pi$에서 두 곡선 $y=\sin x$, $y=\sin 2x$로 둘러싸인 도형의 넓이는?

① $\frac{1}{2}$ ② 1 ③ $\frac{3}{2}$

④ 2 ⑤ $\frac{5}{2}$

Tip

- $\sin 2x = 2\sin x$ ❶
- 두 곡선 $y=\sin x$, $y=\sin 2x$의 교점의 x좌표는 방정식 $\sin x=\sin 2x$의 ❷ 와 같다.

답 ❶ $\cos x$ ❷ 해

풀이

두 곡선 $y=\sin x$, $y=\sin 2x$의 교점의 x좌표는

$\sin x = \sin 2x$에서 $\sin x = 2\sin x\cos x$

$\sin x(1-2\cos x)=0$ $\therefore x=0$ 또는 $x=\frac{\pi}{3}$ 또는 $x=\pi$

따라서 구하는 넓이는

$$\int_0^{\pi} |\sin x - \sin 2x|\,dx$$
$$=\int_0^{\frac{\pi}{3}} (\sin 2x - \sin x)dx - \int_{\frac{\pi}{3}}^{\pi} (\sin 2x - \sin x)dx$$
$$=\left[-\frac{1}{2}\cos 2x + \cos x\right]_0^{\frac{\pi}{3}} - \left[-\frac{1}{2}\cos 2x + \cos x\right]_{\frac{\pi}{3}}^{\pi} = \frac{5}{2}$$

답 ⑤

핵심 예제 06

오른쪽 그림과 같이 곡선 $\sqrt{x}+\sqrt{y}=1$과 x축 및 y축으로 둘러싸인 도형을 밑면으로 하고, x축에 수직인 평면으로 자른 단면이 모두 정사각형인 입체도형의 부피를 구하시오.

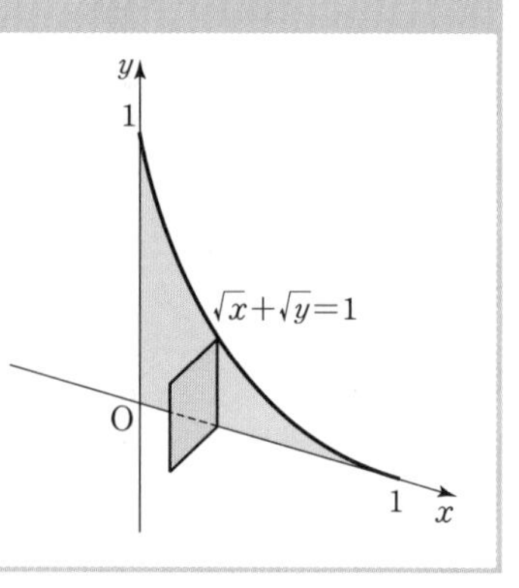

Tip

닫힌구간 $[a, b]$에서 x좌표가 x인 점을 지나고 x축에 수직인 평면으로 잘랐을 때의 단면의 ❶ 가 $S(x)$인 입체도형의 부피 V는

$$V=\int_a^{❷} S(x)dx$$

답 ❶ 넓이 ❷ b

풀이

점 $(x, 0)$ $(0 \le x \le 1)$을 지나고 x축에 수직인 평면으로 자른 단면의 넓이를 $S(x)$라 하면 구하는 입체도형의 부피 V는

$$V=\int_0^1 S(x)dx = \int_0^1 y^2\,dx = \int_0^1 (1-\sqrt{x})^4\,dx$$
$$=\int_0^1 (1-4\sqrt{x}+6x-4x\sqrt{x}+x^2)dx$$
$$=\left[x-\frac{8}{3}x\sqrt{x}+3x^2-\frac{8}{5}x^2\sqrt{x}+\frac{1}{3}x^3\right]_0^1=\frac{1}{15}$$

답 $\frac{1}{15}$

5-1

다음 그림과 같이 두 곡선 $y=\frac{1}{2e}x^2$, $y=\ln x$는 점 $\left(\sqrt{e}, \frac{1}{2}\right)$에서 서로 접한다. 두 곡선 $y=\frac{1}{2e}x^2$, $y=\ln x$와 x축으로 둘러싸인 도형의 넓이를 $p\sqrt{e}+q$라 할 때, 유리수 p, q에 대하여 $p-q$의 값을 구하시오.

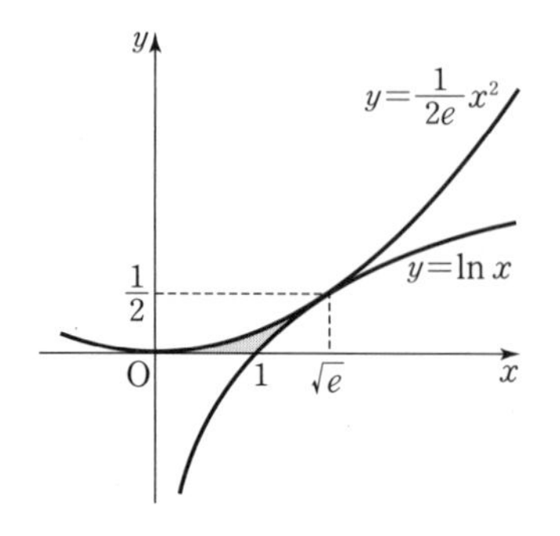

6-1

다음 그림과 같이 곡선 $y=2\sin x$ $(0 \le x \le \pi)$와 x축으로 둘러싸인 도형을 밑면으로 하고, x축에 수직인 평면으로 자른 단면이 모두 정삼각형인 입체도형의 부피를 V라 할 때, $\frac{4V^2}{\pi^2}$의 값을 구하시오.

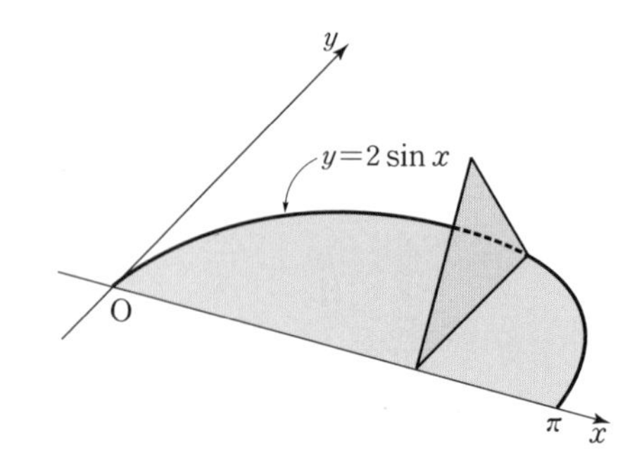

핵심 예제 07

좌표평면 위를 움직이는 점 P의 시각 t에서의 위치 (x, y)가 $x=e^{-t}\cos t$, $y=e^{-t}\sin t$일 때, 시각 $t=0$에서 $t=1$까지 점 P가 움직인 거리를 구하시오.

Tip

좌표평면 위를 움직이는 점 P의 시각 t에서의 위치 (x, y)가 $x=f(t)$, $y=g(t)$일 때, 시각 $t=a$에서 $t=b$까지 점 P가 움직인 거리는 다음과 같은 순서로 구한다.

① $\frac{dx}{dt}=f'(t)$, $\frac{dy}{dt}=$ ❶ ☐ 를 구한다.

② $\int_a^b \sqrt{\left(\frac{dx}{dt}\right)^2+(\text{❷ ☐})^2}\,dt$의 값을 구한다.

답 ❶ $g'(t)$ ❷ $\frac{dy}{dt}$

풀이

$$\frac{dx}{dt}=-e^{-t}\cos t+e^{-t}(-\sin t)=-e^{-t}(\cos t+\sin t)$$

$$\frac{dy}{dt}=-e^{-t}\sin t+e^{-t}\cos t=-e^{-t}(\sin t-\cos t)$$

이므로 시각 $t=0$에서 $t=1$까지 점 P가 움직인 거리는

$$\int_0^1 \sqrt{e^{-2t}(\cos t+\sin t)^2+e^{-2t}(\sin t-\cos t)^2}\,dt$$

$$=\int_0^1 \sqrt{2e^{-2t}(\sin^2 t+\cos^2 t)}\,dt=\sqrt{2}\int_0^1 e^{-t}\,dt$$

$$=\sqrt{2}\Big[-e^{-t}\Big]_0^1=\sqrt{2}(1-e^{-1})$$

답 $\sqrt{2}(1-e^{-1})$

7-1

좌표평면 위를 움직이는 점 P의 시각 t에서의 위치 (x, y)가 $x=\cos t+t\sin t$, $y=\sin t-t\cos t$일 때, 시각 $t=0$에서 $t=\pi$까지 점 P가 움직인 거리는?

① $\frac{\pi}{3}$　② $\frac{\pi}{2}$　③ π　④ $\frac{\pi^2}{2}$　⑤ 2π

핵심 예제 08

$0\le x\le \ln 2$에서 곡선 $y=\frac{e^x+e^{-x}}{2}-1$의 길이는?

① $\frac{1}{4}$　② $\frac{1}{2}$　③ $\frac{3}{4}$　④ 1　⑤ $\frac{5}{4}$

Tip

곡선 $y=f(x)$ $(a\le x\le b)$의 길이 l은

$l=\int_a^b \sqrt{\text{❶ ☐}+\{f'(x)\}^2}\,dx$

답 ❶ 1

풀이

$y'=\frac{e^x-e^{-x}}{2}$이므로 구하는 곡선의 길이는

$$\int_0^{\ln 2}\sqrt{1+\left(\frac{e^x-e^{-x}}{2}\right)^2}\,dx=\int_0^{\ln 2}\sqrt{\left(\frac{e^x+e^{-x}}{2}\right)^2}\,dx$$

$$=\int_0^{\ln 2}\frac{e^x+e^{-x}}{2}\,dx$$

$$=\left[\frac{e^x-e^{-x}}{2}\right]_0^{\ln 2}$$

$$=\frac{e^{\ln 2}-e^{-\ln 2}}{2}$$

$$=\frac{2-\frac{1}{2}}{2}=\frac{3}{4}$$

답 ③

$y=\ln|\sec x|$에 대하여 $y'=\frac{(\sec x)'}{\sec x}$이야.

8-1

$0\le x\le \frac{\pi}{3}$에서 곡선 $y=\ln \sec x$의 길이는 $\ln(a+\sqrt{b})$이다. 자연수 a, b에 대하여 $a+b$의 값은?

① 5　② 6　③ 7　④ 8　⑤ 9

WEEK 2 DAY 3

필수 체크 전략 ②

01 미분가능한 함수 $f(x)$가

$$f(x)=3x+2\int_0^x f(t)dt$$

를 만족시킨다. 함수 $g(x)=e^{-2x}f(x)$에 대하여 $g(-1)=pe^2+q$일 때, 유리수 p, q에 대하여 $p+q$의 값은?

① -2　② -1　③ 0
④ 1　⑤ 2

Tip

- $\int_a^a f(t)dt=$ ❶
- $\frac{d}{dx}\int_a^x f(t)dt=$ ❷

답 ❶ 0 ❷ $f(x)$

02 $f(1)=1$, $f'(1)=2$인 함수 $f(x)$에 대하여

$$\lim_{x\to 1}\frac{1}{x^3-1}\int_{f(1)}^{f(x)}\ln(e^x+1)dx$$

의 값은?

① $\frac{2}{3}\ln(e+1)$　② $\ln(e+1)$　③ $\ln(e+2)$
④ $\ln 5$　⑤ 2

Tip

$G'(x)=\ln(e^x+1)$이라 하면

$$\int_{f(1)}^{f(x)}\ln(e^x+1)dx=\Big[G(x)\Big]_{f(1)}^{f(x)}$$
$$=G(❶)-G(❷)$$

답 ❶ $f(x)$ ❷ $f(1)$

03 실수 전체의 집합에서 증가하고 도함수가 연속인 함수 $f(x)$가 다음 조건을 만족시킨다.

(가) $f(2)=4$　(나) $\int_0^2 f(x)dx=5$

$\lim_{n\to\infty}\sum_{k=1}^{n}f'\left(\frac{2k}{n}\right)\frac{4k}{n^2}$의 값을 구하시오.

Tip

- $\lim_{n\to\infty}\sum_{k=1}^{n}f'\left(\frac{pk}{n}\right)\frac{p}{n}=\int_0^{❶}f'(x)dx$
- $\lim_{n\to\infty}\sum_{k=1}^{n}f'\left(\frac{pk}{n}\right)\frac{p^2k}{n^2}=\int_0^p ❷ \,dx$

답 ❶ p ❷ $xf'(x)$

04 다음 그림과 같이 곡선 $y=\sin x\left(0\le x\le\frac{\pi}{2}\right)$와 x축 및 두 직선 $x=k\left(0<k<\frac{\pi}{2}\right)$, $y=1$로 둘러싸인 두 도형의 넓이가 서로 같을 때, 상수 k의 값을 구하시오.

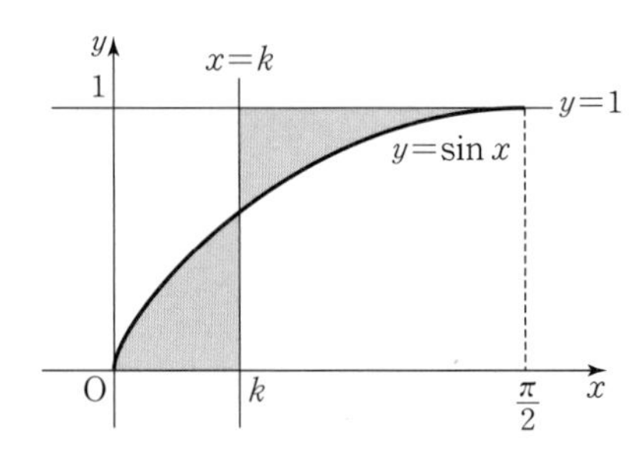

Tip

두 도형의 넓이는

$\int_0^k ❶ \,dx$, $\int_k^{\frac{\pi}{2}}(❷-\sin x)dx$

답 ❶ $\sin x$ ❷ 1

05 곡선 $y=\frac{4}{x}\ (x>0)$와 x축 및 두 직선 $x=1$, $x=4$로 둘러싸인 도형의 넓이가 직선 $x=k\ (1<k<4)$에 의하여 이등분될 때, 상수 k의 값은?

① $\frac{3}{2}$　② 2　③ $\frac{5}{2}$
④ 3　⑤ $\frac{7}{2}$

Tip

곡선 $y=\frac{4}{x}$와 x축 및 두 직선 $x=1$, $x=4$로 둘러싸인 도형의 넓이는

$\int_1^4$ ❶ $dx=4\int_1^4 \frac{1}{x}dx=4\Big[$ ❷ $\Big]_1^4$

답 ❶ $\frac{4}{x}$ ❷ $\ln|x|$

06 어떤 물병에 담긴 물의 깊이가 $x\ (0\le x\le \ln 8)$일 때의 수면은 반지름의 길이가 e^x인 원이 된다고 한다. 물의 깊이가 $\ln 2$일 때 물병에 담긴 물의 부피를 V라 하면 물의 깊이가 $\ln 8$일 때 물병에 담긴 물의 부피는?

① $18V$　② $19V$　③ $20V$
④ $21V$　⑤ $22V$

Tip

- 물의 깊이가 $x\ (0\le x\le \ln 8)$일 때의 수면의 넓이를 $S(x)$라 하면
  $S(x)=$ ❶
- 물의 깊이가 $\ln 2$일 때 물병에 담긴 물의 부피 V는
  $V=\int_0^{❷} S(x)dx$

답 ❶ πe^{2x} ❷ $\ln 2$

07 좌표평면 위를 움직이는 점 P의 시각 t에서의 위치 (x, y)가 $x=3\cos t-\cos 3t$, $y=3\sin t-\sin 3t$일 때, 시각 $t=0$에서 $t=\frac{\pi}{3}$까지 점 P가 움직인 거리는?

① 1　② 3　③ 5
④ 7　⑤ 9

Tip

- $x=3\cos t-\cos 3t$에서
  $\frac{dx}{dt}=-3\sin t+$ ❶ $\sin 3t$
- $y=3\sin t-\sin 3t$에서
  $\frac{dy}{dt}=$ ❷ $-3\cos 3t$

답 ❶ 3 ❷ $3\cos t$

08 실수 전체의 집합에서 도함수가 연속인 함수 $f(x)$에 대하여 $f(0)=0$, $f(1)=1$을 만족시킬 때,
$\int_0^1 \sqrt{1+\{f'(x)\}^2}\,dx$의 최솟값을 구하시오.

Tip

곡선 $y=f(x)\ (0\le x\le 1)$의 길이는

$\int_0^1 \sqrt{1+\{❶\}^2}\,dx$

답 ❶ $f'(x)$

01 함수 $f(x)=\int e^{x+1}\,dx$에 대하여 $f(-1)=2$일 때, $f(0)=ae+b$이다. 정수 a, b에 대하여 $a+b$의 값은?

① 0 ② 1 ③ 2
④ 3 ⑤ 4

02 $\int_{-\frac{\pi}{4}}^{\frac{\pi}{4}}(\sin x+\cos 2x)\,dx$의 값은?

① $\frac{1}{4}$ ② $\frac{1}{3}$ ③ $\frac{1}{2}$
④ 1 ⑤ $\frac{3}{2}$

03 $\int_{-1}^{1}(2x+1)(x^2+x+2)^2\,dx$의 값은?

① $\frac{56}{3}$ ② 19 ③ $\frac{58}{3}$
④ $\frac{59}{3}$ ⑤ 20

$x^2+x+2=t$라 하고
치환적분법을 이용해 봐.

04 연속함수 $f(x)$에 대하여

$$\int_{1}^{x} f(t)\,dt=xe^x+x^2-x-e$$

일 때, $f(1)$의 값은?

① 1 ② e ③ $e+1$
④ $2e$ ⑤ $2e+1$

05 $\lim_{n\to\infty}\sum_{k=1}^{n}\left(\frac{2k}{n}\right)^2\frac{1}{n}=\int_0^1 (ax)^2\,dx$일 때, 양수 a의 값은?

① 1 ② 2 ③ 3
④ 4 ⑤ 5

06 $0\le x\le\frac{\pi}{2}$에서 곡선 $y=\sin 2x$와 x축으로 둘러싸인 도형의 넓이는?

① $\frac{1}{4}$ ② $\frac{1}{3}$ ③ $\frac{1}{2}$
④ $\frac{2}{3}$ ⑤ 1

07 어떤 입체도형을 밑면으로부터의 높이가 x인 곳에서 밑면과 평행한 평면으로 자른 단면의 넓이는 e^x+2x이다. 이 입체도형의 높이가 2일 때, 부피는?

① e^2 ② e^2+1 ③ e^2+2
④ e^2+3 ⑤ e^2+4

08 원점을 출발하여 수직선 위를 움직이는 점 P의 시각 $t\ (t\ge0)$에서의 속도 $v(t)$가 $v(t)=\cos t$일 때, 시각 $t=\frac{\pi}{2}$에서 점 P의 위치는?

① $\frac{1}{5}$ ② $\frac{1}{4}$ ③ $\frac{1}{3}$
④ $\frac{1}{2}$ ⑤ 1

창의·융합·코딩 전략 ①

1 어느 빈 물통에 t $(t \geq 0)$분 동안 물을 넣었을 때 수면의 높이를 $h(t)$라 하면

$$h'(t)=\frac{5}{t+2}$$

가 성립한다고 한다. 이 물통에 6분 동안 물을 넣었을 때, 수면의 높이는?

① $5\ln 2$　② $8\ln 2$　③ $10\ln 2$　④ $11\ln 2$　⑤ $13\ln 2$

Tip

- $h(0)=$ ❶
- $\int \frac{5}{t+2}\,dt=5$ ❷ $+C$

답 ❶ 0 ❷ $\ln|t+2|$

2 반지름의 길이가 20인 원 모양의 자전거의 바퀴가 있다. 다음 그림과 같이 두 바퀴의 중심을 지나는 기준선 위에 있는 점 P가 기준선으로부터 x(라디안)만큼 회전하였을 때, 지면으로부터 점 P의 높이를 $h(x)$라 하면

$$h'(x)=20\cos x$$

가 성립한다고 한다. 점 P가 기준선으로부터 $\frac{11}{6}\pi$만큼 회전하였을 때, 지면으로부터 점 P의 높이는?

① $\frac{17}{2}$　② 9　③ $\frac{19}{2}$　④ 10　⑤ $\frac{21}{2}$

Tip

- $h(0)=$ ❶
- $\int 20\cos x\,dx=20$ ❷ $+C$

답 ❶ 20 ❷ $\sin x$

3 $0\le x\le 4$에서 함수

$$f(x)=\begin{cases}1 & (0\le x<1)\\ 2x-1 & (1\le x<2)\\ 3 & (2\le x\le 4)\end{cases}$$

의 그래프가 다음과 같다.

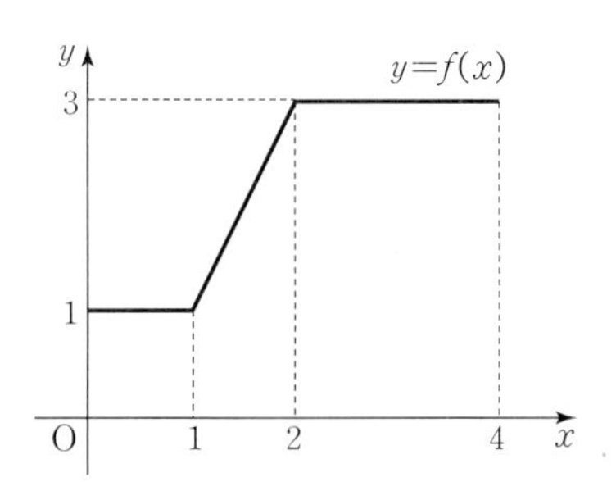

$\int_0^{\frac{1}{2}} 8\sqrt{x}f(4x+1)dx=p+q\sqrt{2}$일 때,
유리수 p, q에 대하여 $30(p+q)$의 값은?

① 96 ② 100 ③ 104
④ 108 ⑤ 112

Tip

$4x+1=t$라 하면 $4=\frac{dt}{dx}$이고

$x=0$일 때 $t=1$, $x=\frac{1}{2}$일 때 $t=3$이므로

$\int_0^{\frac{1}{2}} 8\sqrt{x}f(4x+1)dx$

$=\int_0^{\frac{1}{2}} 4\sqrt{4x}f(4x+1)dx$

$=\int_1^3 \sqrt{t-1}$ ❶ dt

$=\int_1^2 \sqrt{t-1}($❷$)dt+\int_2^3 3\sqrt{t-1}\,dt$

답 ❶ $f(t)$ ❷ $2t-1$

4 어느 장구를 치는 순간 장구 소리의 크기가 45 dB이었다. 이 장구를 치고 나서 x초 후 장구 소리의 크기를 $f(x)$ dB이라 하면

$$f(x)=100-\int_0^x 4e^{-\frac{t}{25}}dt$$

가 성립한다고 한다. 이 장구를 치고 나서 100초 후의 장구 소리의 순간변화율을 a, 장구 소리의 크기를 b라 할 때, $\frac{b}{a}$의 값은?

① -30 ② -25 ③ -20
④ -15 ⑤ -10

Tip

$f(x)=100-\int_0^x 4e^{-\frac{t}{25}}dt$에서 양변을 x에 대하여 미분하면

$f'(x)=$ ❶

답 ❶ $-4e^{-\frac{x}{25}}$

5 다음 그림과 같이 곡선 $y=\frac{\ln x}{2x}$와 x축 및 두 직선 $x=k\ (0<k<1)$, $x=e^2$으로 둘러싸인 두 도형의 넓이가 서로 같을 때, 상수 k의 값은?

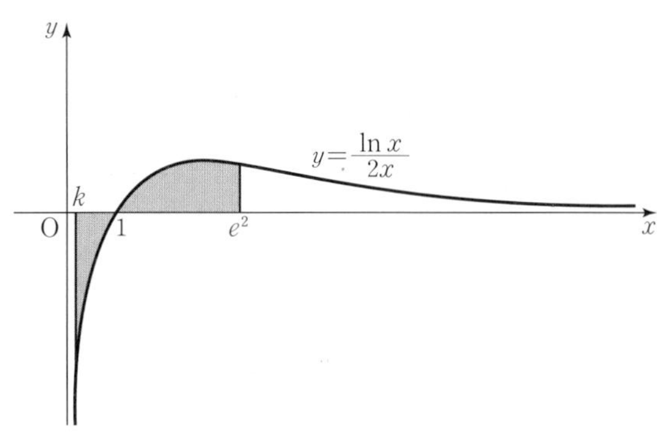

① e^{-3} ② e^{-2} ③ $2e^{-2}$
④ e^{-1} ⑤ $2e^{-1}$

Tip

곡선 $y=\frac{\ln x}{2x}$와 x축 및 두 직선 $x=k\ (0<k<1)$, $x=e^2$으로 둘러싸인 두 도형의 넓이가 서로 같으므로

$\int_k^{e^2} \frac{\ln x}{2x}\,dx=$ ❶ ____

답 ❶ 0

6 다음 그림과 같은 빈 그릇에 물을 채우려고 한다. 바닥으로부터 물의 높이가 x cm일 때, 수면의 넓이는 $4x\sqrt{x^2+9}$ cm^{2}이다. 이 그릇에 채운 물의 높이가 4 cm일 때, 물의 부피는 몇 cm^{3}인가?

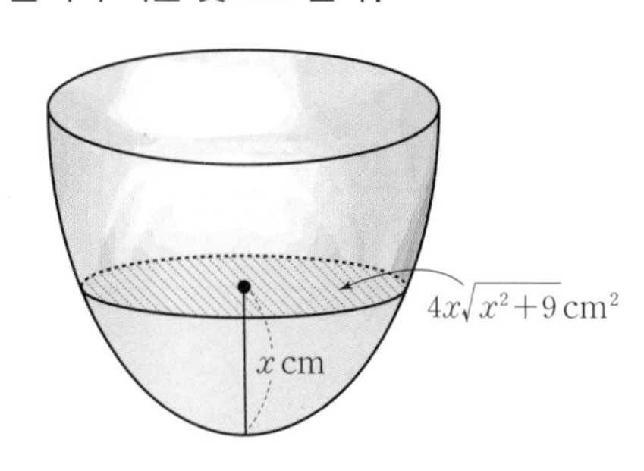

① 130 ② $\frac{391}{3}$ ③ $\frac{392}{3}$
④ 131 ⑤ $\frac{394}{3}$

Tip

바닥으로부터 물의 높이가 x cm일 때, 수면의 넓이가 $4x\sqrt{x^2+9}$ cm^{2}이므로 채운 물의 부피를 $V(x)$ cm^{3}라 하면

$V(x)=\int_0^{❶}4t\sqrt{❷}\,dt$

답 ❶ x ❷ t^2+9

7 어느 비행기가 이륙한 지 t $(t>0)$분 후 수평으로 날아간 거리를 x km, 지면으로부터의 높이를 y km라 하면

$$x=\frac{1}{2}t,\ y=\frac{e^{t}+e^{-t}-2}{4}$$

가 성립한다고 한다. 이 비행기가 이륙하여 1분 동안 비행한 거리는 몇 km인가?

① $\frac{e-e^{-1}}{4}$ ② $\frac{e}{4}$ ③ $\frac{e+e^{-1}}{4}$

④ $\frac{e}{2}$ ⑤ $\frac{e+e^{-1}}{2}$

Tip

$x=\frac{1}{2}t,\ y=\frac{e^{t}+e^{-t}-2}{4}$에서

$\frac{dx}{dt}=$ ❶ ☐, $\frac{dy}{dt}=$ ❷ ☐

답 ❶ $\frac{1}{2}$ ❷ $\frac{e^{t}-e^{-t}}{4}$

8 어느 공사 현장에 놓여 있는 밧줄의 모양이 다음 그림과 같이 $0\le\theta\le\frac{\pi}{2}$에서 곡선

$$x=\cos^{3}\theta,\ y=\sin^{3}\theta$$

와 일치한다고 한다. 이 밧줄의 길이는?

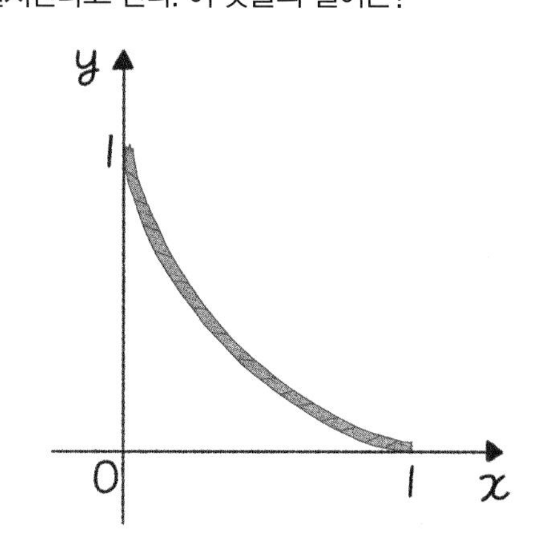

① $\frac{3}{4}$ ② 1 ③ $\frac{5}{4}$

④ $\sqrt{2}$ ⑤ $\frac{3}{2}$

Tip

$x=\cos^{3}\theta,\ y=\sin^{3}\theta$에서

$\frac{dx}{d\theta}=3\cos^{2}\theta($❶ ☐$)$, $\frac{dy}{d\theta}=3\sin^{2}\theta$ ❷ ☐

답 ❶ $-\sin\theta$ ❷ $\cos\theta$

후편 마무리 전략

핵심 한눈에 보기

여러 가지 미분법

함수의 몫의 미분법

두 함수 $f(x)$, $g(x)$ $(g(x)\neq0)$가 미분가능할 때

$y=\dfrac{f(x)}{g(x)}$이면 $y'=\dfrac{f'(x)g(x)-f(x)g'(x)}{\{g(x)\}^2}$

합성함수의 미분법

미분가능한 두 함수 $y=f(u)$, $u=g(x)$에 대하여 합성함수 $y=f(g(x))$의 도함수는

$\dfrac{dy}{dx}=\dfrac{dy}{du}\times\dfrac{du}{dx}$ 또는 $\{f(g(x))\}'=f'(g(x))g'(x)$

매개변수로 나타낸 함수의 미분법

두 함수 $x=f(t)$, $y=g(t)$가 t에 대하여 미분가능하고 $f'(t)\neq0$이면 $\dfrac{dy}{dx}=\dfrac{\frac{dy}{dt}}{\frac{dx}{dt}}=\dfrac{g'(t)}{f'(t)}$

음함수의 미분법

방정식 $f(x, y)=0$에서 y를 x의 함수로 보고, 각 항을 x에 대하여 미분하여 $\dfrac{dy}{dx}$를 구한다.

역함수의 미분법

미분가능한 함수 $f(x)$의 역함수 $f^{-1}(x)$가 존재하고 미분가능할 때, $y=f^{-1}(x)$의 도함수는

$\dfrac{dy}{dx}=\dfrac{1}{\frac{dx}{dy}}$ 또는 $(f^{-1})'(x)=\dfrac{1}{f'(f^{-1}(x))}$

도함수의 활용

곡선의 오목과 볼록

함수 $f(x)$가 어떤 구간에서

(1) $f''(x)>0$이면 곡선 $y=f(x)$는 이 구간에서 아래로 볼록하다.

(2) $f''(x)<0$이면 곡선 $y=f(x)$는 이 구간에서 위로 볼록하다.

속도와 가속도

좌표평면 위를 움직이는 점 P의 시각 t에서의 위치 (x, y)가 $x=f(t)$, $y=g(t)$일 때, 시각 t에서 점 P의

(1) 속도: $\left(\dfrac{dx}{dt}, \dfrac{dy}{dt}\right)$ ⇨ $(f'(t), g'(t))$

(2) 가속도: $\left(\dfrac{d^2x}{dt^2}, \dfrac{d^2y}{dt^2}\right)$ ⇨ $(f''(t), g''(t))$

여러 가지 적분법

함수 $y=x^n$ (n은 실수)의 부정적분

(1) $n\neq-1$일 때, $\int x^n\,dx=\frac{1}{n+1}x^{n+1}+C$

(2) $n=-1$일 때, $\int x^{-1}\,dx=\int\frac{1}{x}\,dx=\ln|x|+C$

지수함수의 부정적분

(1) $\int e^x\,dx=e^x+C$

(2) $\int a^x\,dx=\frac{a^x}{\ln a}+C$ (단, $a>0$, $a\neq1$)

삼각함수의 부정적분

(1) $\int\sin x\,dx=-\cos x+C$

(2) $\int\cos x\,dx=\sin x+C$

(3) $\int\sec^2 x\,dx=\tan x+C$

(4) $\int\csc^2 x\,dx=-\cot x+C$

(5) $\int\sec x\tan x\,dx=\sec x+C$

(6) $\int\csc x\cot x\,dx=-\csc x+C$

$\tan^2 x$, $\cot^2 x$는 $1+\tan^2 x=\sec^2 x$, $1+\cot^2 x=\csc^2 x$임을 이용하여 적분하면 돼.

치환적분법

미분가능한 함수 $g(x)$에 대하여 $g(x)=t$로 놓으면

$\int f(g(x))g'(x)dx=\int f(t)dt$

부분적분법

미분가능한 두 함수 $f(x)$, $g(x)$에 대하여

$\int f(x)g'(x)dx=f(x)g(x)-\int f'(x)g(x)dx$

정적분의 활용

넓이와 부피

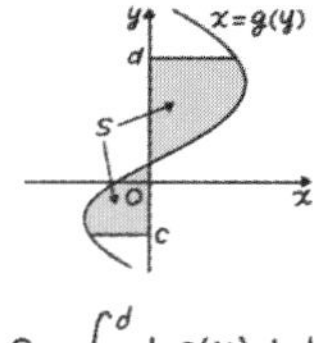

$S=\int_c^d|g(y)|dy$

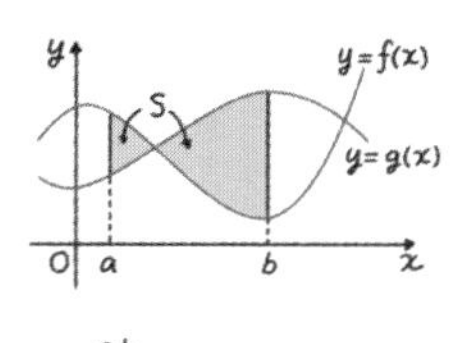

$S=\int_a^b|f(x)-g(x)|dx$

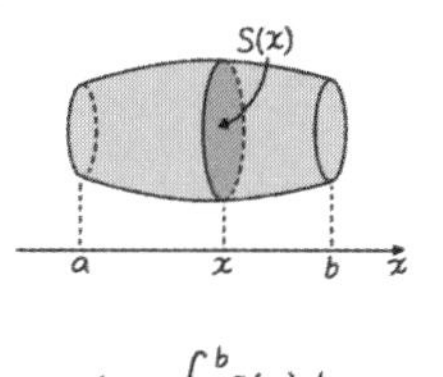

$V=\int_a^b S(x)dx$

곡선 $y=f(x)$ $(a\le x\le b)$의 길이는 $\int_a^b\sqrt{1+\{f'(x)\}^2}\,dx$야.

점이 움직인 거리

좌표평면 위를 움직이는 점 P의 시각 t에서의 위치 (x, y)가 $x=f(t)$, $y=g(t)$일 때, $t=a$에서 $t=b$까지 점 P가 움직인 거리는 $\int_a^b\sqrt{\{f'(t)\}^2+\{g'(t)\}^2}\,dt$

신유형·신경향 전략

01 뉴턴의 냉각 법칙에 의하여 물체의 처음 온도를 T_0 ℃, 물체 주위의 온도를 T_1 ℃, t분 후 물체의 온도를 $T(t)$ ℃라 하면

$T(t)=T_1+(T_0-T_1)e^{-kt}$ (k는 상수)

이 성립한다고 한다. 실내 온도가 20 ℃인 방 안에 100 ℃인 물을 놓았을 때, 10분 후 이 물의 온도가 60 ℃가 되었다고 한다. 이때의 물의 온도의 순간변화율을 구하시오.

Tip

$T_0=100$, $T_1=20$일 때,

$T(10)=20+$ ❶ $\square$ e^{-10k}

$=$ ❷ $\square$

답 ❶ 80 ❷ 60

02 어느 스키장 슬로프를 좌표평면 위에 나타내면 다음 그림과 같이 함수

$$f(x)=\begin{cases} 0 & (x<0) \\ \sin^2 a\pi x & (0\le x\le 1) \\ a\pi \ln x+b & (x>1) \end{cases}$$

의 그래프의 일부분과 일치한다고 한다. 함수 $f(x)$가 모든 실수 x에서 미분가능할 때, 상수 a, b에 대하여 $8ab$의 값을 구하시오. $\left(\text{단, } 0<a<\frac{1}{2}\right)$

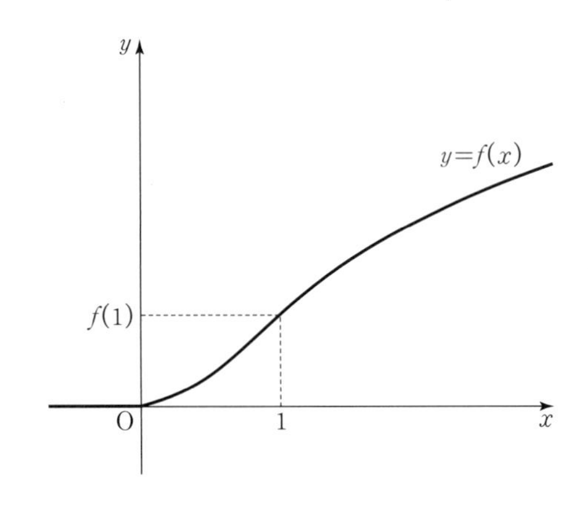

Tip

함수 $f(x)=\begin{cases} g(x) & (x\le a) \\ h(x) & (x>a) \end{cases}$가 모든 실수 x에서 미분가능하면 $x=$ ❶ $\square$ 에서 미분가능하다.

즉 $x=a$에서 연속이고, $f'(a)$가 ❷ $\square$ 한다.

답 ❶ a ❷ 존재

03

어느 대관람차는 반지름의 길이가 30 m인 원이고, 일정한 속력으로 시계 반대 방향으로 회전하고 있다. 이 대관람차가 한 바퀴 회전하는 데 16분이 걸린다고 한다. 지웅이가 관람차의 가장 낮은 지점의 곤돌라에 탑승했을 때, 관람차가 회전한 각 θ에 대하여 지웅이가 있는 곤돌라의 높이를 $f(\theta)$ m라 하면

$$f(\theta)=30-30\cos\theta$$

가 성립한다고 한다. 지웅이가 탑승한 곤돌라의 높이가 처음으로 48 m가 되었을 때, 시간 t에 대한 지웅이가 탑승한 곤돌라의 높이 $f(\theta)$의 순간변화율 $\frac{d}{dt}f(\theta)$의 값을 구하시오.

Tip

- 이 대관람차가 한 바퀴 회전하는 데 16분이 걸리므로
  $\frac{d\theta}{dt}=\frac{2\pi}{❶\square}$
- 처음으로 48 m에 도달했을 때, 관람차가 회전한 각 θ는
  $\frac{\pi}{2}<\theta<\pi$이므로 $\sin\theta$ ❷☐ 0

답 ❶ 16 ❷ >

04

어떤 음료를 마신 후 t $(t\geq 0)$분이 지났을 때, 입 안의 수소 이온의 농도 pH의 값을 $f(t)$라 하면

$$f(t)=8.5-\frac{10t}{t^2+16}$$

가 성립한다고 한다. 이 음료를 마셨을 때, 입 안의 pH의 최솟값을 구하시오.

Tip

$$f'(t)=\frac{❶\square\times(t^2+16)+10t\times 2t}{(t^2+16)^2}$$
$$=\frac{10(❷\square)}{(t^2+16)^2}$$

답 ❶ -10 ❷ t^2-16

05

20 ℃인 장소에 20 ℃ 이상인 물체를 놓으면 시간이 지나면서 물체의 온도는 내려간다. 이 장소에 물체를 놓은 후 t $(t \geq 0)$분이 지났을 때, 물체의 온도를 $f(t)$ ℃라 하면

$$f'(t)=k\{f(t)-20\} \ (k\text{는 상수})$$

이 성립한다고 한다. 20 ℃인 장소에 60 ℃인 물체를 놓았을 때, 1분 후 이 물체의 온도가 40 ℃가 되었다고 한다. 2분 후 물체의 온도를 구하시오.

Tip

1이 아닌 두 양수 a, b에 대하여

$\log_a b = \dfrac{\ln b}{❶\ \square}$

답 ❶ $\ln a$

06

다음 그림과 같이 수직으로 움직이는 추가 있다. 추의 중심이 원점 O의 위치에서 출발할 때, 시각 t에서의 추의 중심의 위치를 $f(t)$라 하면

$$f'(t)=e^{-t}\cos t$$

가 성립한다고 한다. 시각 $t=\frac{\pi}{4}$에서의 추의 중심의 위치를 구하시오.

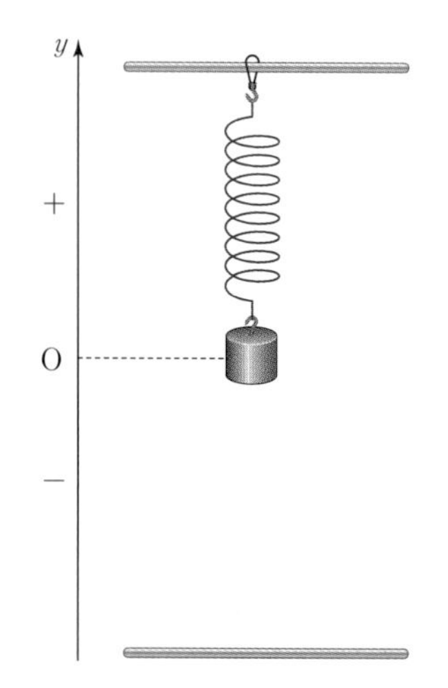

Tip

미분가능한 두 함수 $f(x)$, $g(x)$에 대하여

$\int f(x)g'(x)dx$

$= ❶\ \square - \int f'(x)g(x)dx$

답 ❶ $f(x)g(x)$

07

높이가 $\frac{\pi}{3}$ cm인 어떤 그릇에 물을 부었더니 물의 깊이가 x cm일 때, 수면의 넓이는 $\sin 2x$ cm^{2}이다. 이 그릇에 물을 가득 채울 때, 담긴 물의 부피를 구하시오.

$\left(\text{단, } 0 \le x \le \frac{\pi}{3}\right)$

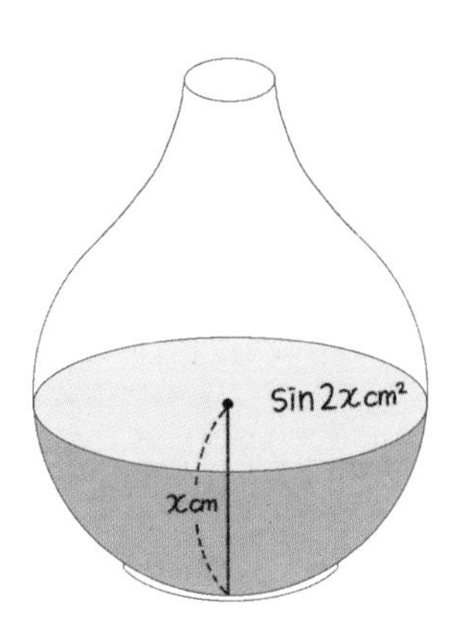

Tip

단면의 ❶ [ ] 가 $S(x)$인 입체도형의 부피 V는

$V=\int_a^b$ ❷ [ ] dx

답 ❶ 넓이 ❷ $S(x)$

08

좌표평면 위를 움직이는 점 P의 시각 t에서의 위치 (x, y)가

$$x=t-\frac{1}{2}\sin 2t, \ y=13-\frac{1}{2}\cos 2t$$

일 때, 점 P가 출발 후 처음으로 속력이 0이 될 때까지 움직인 거리를 구하시오.

Tip

시각 $t=a$에서 $t=b$까지 점 $\mathrm{P}(x, y)$가 움직인 거리 s는

$s=\int_a^b \sqrt{(❶ [\ ])^2+\left(\frac{dy}{dt}\right)^2}\,dt$

답 ❶ $\frac{dx}{dt}$

1·2등급 확보 전략 1회

01

함수 $f(x)=x\ln(2x-1)$에 대하여 $f'\left(\frac{e+1}{2}\right)=p+qe^{-1}$이다. 정수 p, q에 대하여 $p+q$의 값은?

① 3 ② 4 ③ 5 ④ 6 ⑤ 7

02

매개변수 t로 나타낸 곡선 $\begin{cases} x=e^{2t}+e^{t} \\ y=1-e^{-t} \end{cases}$에 대하여 $t=0$에 대응하는 곡선 위의 점에서의 접선의 기울기는?

① -1 ② $-\frac{1}{2}$ ③ $-\frac{1}{3}$ ④ $\frac{1}{3}$ ⑤ $\frac{1}{2}$

$x=e^{2t}+e^{t}$, $y=1-e^{-t}$을 각각 t에 대하여 미분해 봐!

03

곡선 $x^2-3y^2=6$ 위의 점 (p, q)에서의 접선의 기울기가 1일 때, p^2+q^2의 값은?

① 2 ② 4 ③ 6 ④ 8 ⑤ 10

04

미분가능한 함수 $f(x)$에 대하여 $g(x)=f(e^x)$의 역함수를 $h(x)$라 하자. $f(e)=3$, $f'(e)=\frac{1}{e}$일 때, $h'(3)$의 값은?

① $\frac{e}{3}$ ② 1 ③ $\frac{3}{e}$ ④ e ⑤ $3e$

05

곡선 $f(x)=\sin^2 x$ 위의 두 점 $(\alpha, f(\alpha))$, $(\beta, f(\beta))$에서의 접선이 서로 수직일 때, $\sin\alpha\sin\beta$의 값은?

$\left(\text{단, } 0<\alpha<\frac{\pi}{2}<\beta<\pi\right)$

① $\frac{1}{4}$　② $\frac{\sqrt{3}}{4}$　③ $\frac{1}{2}$

④ $\frac{3}{4}$　⑤ $\frac{\sqrt{3}}{2}$

06

함수 $f(x)=\sin x^2$에 대하여 $\lim_{x\to\sqrt{\pi}}\frac{f'(x)-f'(\sqrt{\pi})}{x^2-\pi}$의 값은?

① $-\sqrt{\pi}$　② $-\frac{1}{\sqrt{\pi}}$　③ 1

④ $\frac{1}{\sqrt{\pi}}$　⑤ $\sqrt{\pi}$

07

매개변수 t로 나타낸 곡선 $\begin{cases} x=t^2+3t \\ y=2t^2-t+1 \end{cases}$에 대하여 $t=1$에 대응하는 곡선 위의 점에서의 접선과 x축 및 y축으로 둘러싸인 도형의 넓이가 $\frac{q}{p}$이다. 서로소인 두 자연수 p, q에 대하여 $p+q$의 값은?

① 17　② 18　③ 19

④ 20　⑤ 21

08

$0<x<\frac{\pi}{2}$에서 함수 $f(x)=\tan x$의 역함수를 $g(x)$라 하자. 곡선 $y=g(x)$ 위의 점 (a, b)에서의 접선의 기울기가 $\frac{1}{2}$일 때, 이 접선의 y절편은?

① $\frac{\pi}{4}-1$　② $\frac{\pi}{4}-\frac{1}{2}$　③ $\frac{\pi}{4}$

④ $\frac{\pi}{4}+\frac{1}{2}$　⑤ $\frac{\pi}{4}+1$

09

$-\frac{\pi}{2}<x<\frac{\pi}{2}$에서 함수 $f(x)=e^x\cos x$의 극댓값은?

① $\frac{1}{2}e^{\frac{\pi}{4}}$ ② $\frac{\sqrt{2}}{2}e^{\frac{\pi}{4}}$ ③ $e^{\frac{\pi}{4}}$

④ $\frac{1}{2}e^{\frac{\pi}{2}}$ ⑤ $\frac{\sqrt{2}}{2}e^{\frac{\pi}{2}}$

10

$x>0$에서 함수 $f(x)=\ln x+\frac{a}{x}-x$가 극댓값과 극솟값을 모두 가질 때, 실수 a의 값의 범위는?

① $0<a<\frac{1}{4}$ ② $0\le a<\frac{1}{4}$ ③ $0<a\le\frac{1}{4}$

④ $a>\frac{1}{4}$ ⑤ $a\ge\frac{1}{4}$

11

$x>1$에서 곡선 $y=\frac{x}{\ln x}$의 변곡점의 좌표가 (a, b)일 때, $\frac{a}{b}$의 값은?

① $\frac{1}{4}$ ② $\frac{1}{2}$ ③ 1

④ 2 ⑤ 4

12

함수 $f(x)=x+\sqrt{4-x^2}$의 최솟값을 a, 최댓값을 b라 할 때, $a+b\sqrt{2}$의 값은?

① -2 ② $-\sqrt{2}$ ③ 0

④ $\sqrt{2}$ ⑤ 2

최댓값과 최솟값을
구할 때, 구간의 양 끝에서의
함숫값도 확인해야 해!

13

$x>0$에서 방정식 $\ln x=kx$가 실근을 갖도록 하는 양수 k의 최댓값은?

① $\frac{1}{e}$ ② $\frac{1}{2}$ ③ 1
④ e ⑤ e^2

14

$0<x<\frac{\pi}{4}$일 때, 부등식 $px<\sin 2x<qx$가 성립하도록 하는 실수 p, q에 대하여 p의 최댓값을 a, q의 최솟값을 b라 하자. ab의 값은?

① $\frac{4}{\pi}$ ② $\frac{8}{\pi}$ ③ 2
④ $\frac{\pi}{4}$ ⑤ $\frac{\pi}{8}$

15

수직선 위를 움직이는 점 P의 시각 t에서의 위치 $x=f(t)$가 $f(t)=(2t^2-11t+14)e^t$일 때, 점 P가 운동 방향을 바꾸는 횟수는?

① 1 ② 2 ③ 3
④ 4 ⑤ 5

16

좌표평면 위를 움직이는 점 P의 시각 t $(t\geq 0)$에서의 위치 (x, y)가

$$x=\cos 3t+3\cos t,\ y=\sin 3t-3\sin t$$

이다. 점 P의 속력의 최댓값은?

① 1 ② 2 ③ 3
④ 6 ⑤ 12

1·2등급 확보 전략 2회

01

함수 $f(x)$에 대하여 $f'(x)=e^x-1$이고 극솟값이 5일 때, $f(1)$의 값은?

① e　② $e+1$　③ $e+2$　④ $e+3$　⑤ $e+4$

도함수 $f'(x)$의 부호가
음에서 양으로 바뀌는 점에서
함수 $f(x)$는 극솟값을 가져!

02

실수 전체의 집합에서 도함수가 연속인 함수 $f(x)$가 모든 실수 x에 대하여

$$f(x)f'(x)=e^{2x}+xe^x$$

을 만족시키고 $f(0)=0$일 때, $\{f(1)\}^2=pe^2+qe+r$이다. 정수 p, q, r에 대하여 $p+q+2r$의 값은?

① 2　② 3　③ 4　④ 5　⑤ 6

03

$\int_0^1 \frac{e^{2x}-1}{e^x+1}dx$의 값은?

① $e-2$　② $e-1$　③ e　④ $e+1$　⑤ $e+2$

04

$\int_0^{\ln 2} \frac{1}{e^x+1}dx=\ln\frac{q}{p}$일 때, 서로소인 두 자연수 p, q에 대하여 $p+q$의 값은?

① 6　② 7　③ 8　④ 9　⑤ 10

05

$\int_0^{\frac{\pi}{4}} \frac{e^{\tan x}}{\cos^2 x} dx = pe + q$일 때, 정수 p, q에 대하여 $p^2 + q^2$의 값은?

① 1 ② $\frac{4}{3}$ ③ $\frac{5}{3}$

④ 2 ⑤ 3

06

$\int_0^1 (ax+b)e^x dx = 0$일 때, 0이 아닌 실수 a, b에 대하여 $\frac{a}{b}$의 값은?

① $-e$ ② $1-e$ ③ $e-1$

④ e ⑤ $1+e$

07

양의 실수 전체의 집합에서 정의된 연속함수 $f(x)$가

$$\int_1^x f(t)dt = px^2 - \sqrt{x}$$

를 만족시킬 때, $f(1)$의 값은? (단, p는 상수이다.)

① $\frac{1}{2}$ ② 1 ③ $\frac{3}{2}$

④ 2 ⑤ $\frac{5}{2}$

08

두 연속함수 $f(x)$, $g(x)$가 모든 실수 x에 대하여

$$f(x)f(-x) = 1,\ g(x) + g(-x) = x^2$$

을 만족시킨다. $I = \int_{-1}^1 \frac{1}{1+f(x)} dx$, $J = \int_{-1}^1 g(x)dx$

라 할 때, $2I + 3J$의 값은? (단, $f(x) \neq -1$)

① 1 ② 3 ③ 5

④ 7 ⑤ 9

09

함수 $f(x)$가 $f(x)=2\sin x-\int_0^{\frac{\pi}{2}} f(t)\cos t\,dt$를 만족시킬 때, $f\left(\frac{\pi}{2}\right)$의 값은?

① $-\frac{3}{2}$ ② $-\frac{1}{2}$ ③ 0

④ $\frac{1}{2}$ ⑤ $\frac{3}{2}$

10

미분가능한 함수 $f(x)$가

$$f(x)\cos x=\sin^2 x-\int_0^x f(t)\sin t\,dt$$

를 만족시킬 때, $f'\left(\frac{\pi}{6}\right)$의 값은?

① $\frac{1}{2}$ ② $\frac{\sqrt{2}}{2}$ ③ $\frac{\sqrt{3}}{2}$

④ 1 ⑤ 2

11

$\lim_{n\to\infty}\frac{1}{n}\left(\sin\frac{\pi}{2n}+\sin\frac{2\pi}{2n}+\sin\frac{3\pi}{2n}+\cdots+\sin\frac{n\pi}{2n}\right)$의 값은?

① $\frac{1}{\pi^2}$ ② $\frac{1}{\pi}$ ③ $\frac{2}{\pi}$

④ π ⑤ 2π

12

다음 그림과 같이 곡선 $y=\frac{1}{x}$ $(x>0)$ 위의 두 점 $\mathrm{A}\left(a, \frac{1}{a}\right)$, $\mathrm{B}\left(b, \frac{1}{b}\right)$이 있다. 곡선 $y=\frac{1}{x}$과 두 직선 OA, OB로 둘러싸인 부분의 넓이는? (단, $a<b$이고, O는 원점이다.)

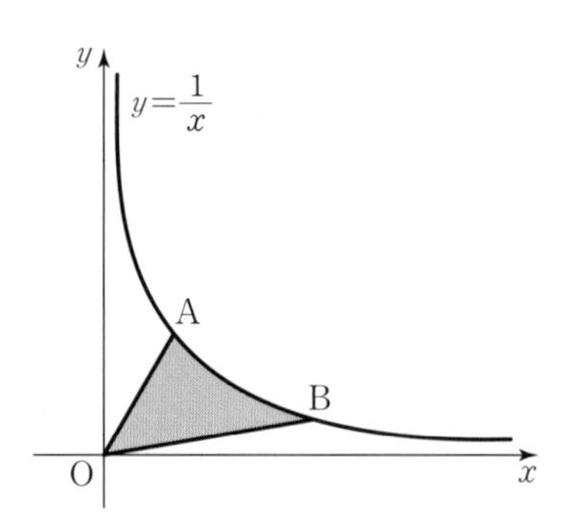

① $\ln\frac{b}{a}$ ② $\ln(b-a)$ ③ $\ln(a+b)$

④ $\ln\frac{b-a}{2}$ ⑤ $\ln\frac{a+b}{2}$

13

다음 그림과 같이 $0 \leq x \leq \frac{\pi}{2}$에서 두 곡선 $y=\cos x$, $y=k\sin 2x$와 y축으로 둘러싸인 도형의 넓이가 $\frac{1}{8}$일 때, 상수 k의 값은? (단, $k>1$)

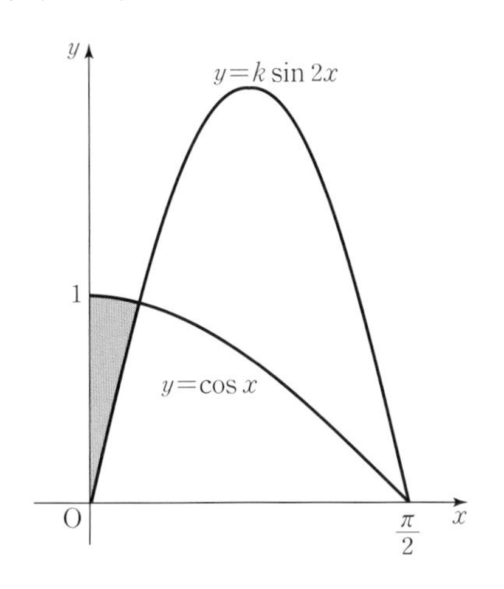

① $\frac{4}{3}$ ② $\frac{3}{2}$ ③ $\frac{\pi}{2}$
④ 2 ⑤ π

14

오른쪽 그림과 같이 밑면의 반지름의 길이가 1, 높이가 2인 원기둥이 있다. 이 원기둥을 밑면의 중심을 지나고 밑면과 60°의 각을 이루는 평면으로 자를 때 생기는 입체도형 중 작은 쪽의 입체도형의 부피는?

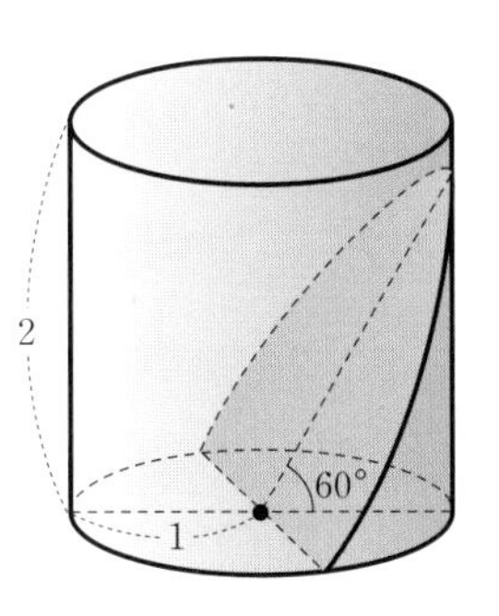

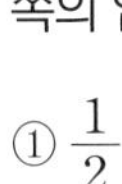

① $\frac{1}{2}$ ② $\frac{\sqrt{3}}{3}$
③ $\frac{2\sqrt{3}}{3}$ ④ $\sqrt{3}$
⑤ $\frac{4\sqrt{3}}{3}$

15

좌표평면 위를 움직이는 점 P의 시각 t에서의 위치 (x, y)가 $x=\cos^3 t$, $y=\sin^3 t$일 때, 시각 $t=0$에서 $t=\frac{\pi}{4}$까지 점 P가 움직인 거리는?

① $\frac{1}{2}$ ② $\frac{3}{4}$ ③ 1
④ $\frac{5}{4}$ ⑤ $\frac{3}{2}$

16

$0 \leq x \leq a$에서 곡선 $y=\frac{1}{3}(x^2+2)^{\frac{3}{2}}$의 길이가 12일 때, 양수 a의 값은?

① 1 ② 2 ③ 3
④ 4 ⑤ 5

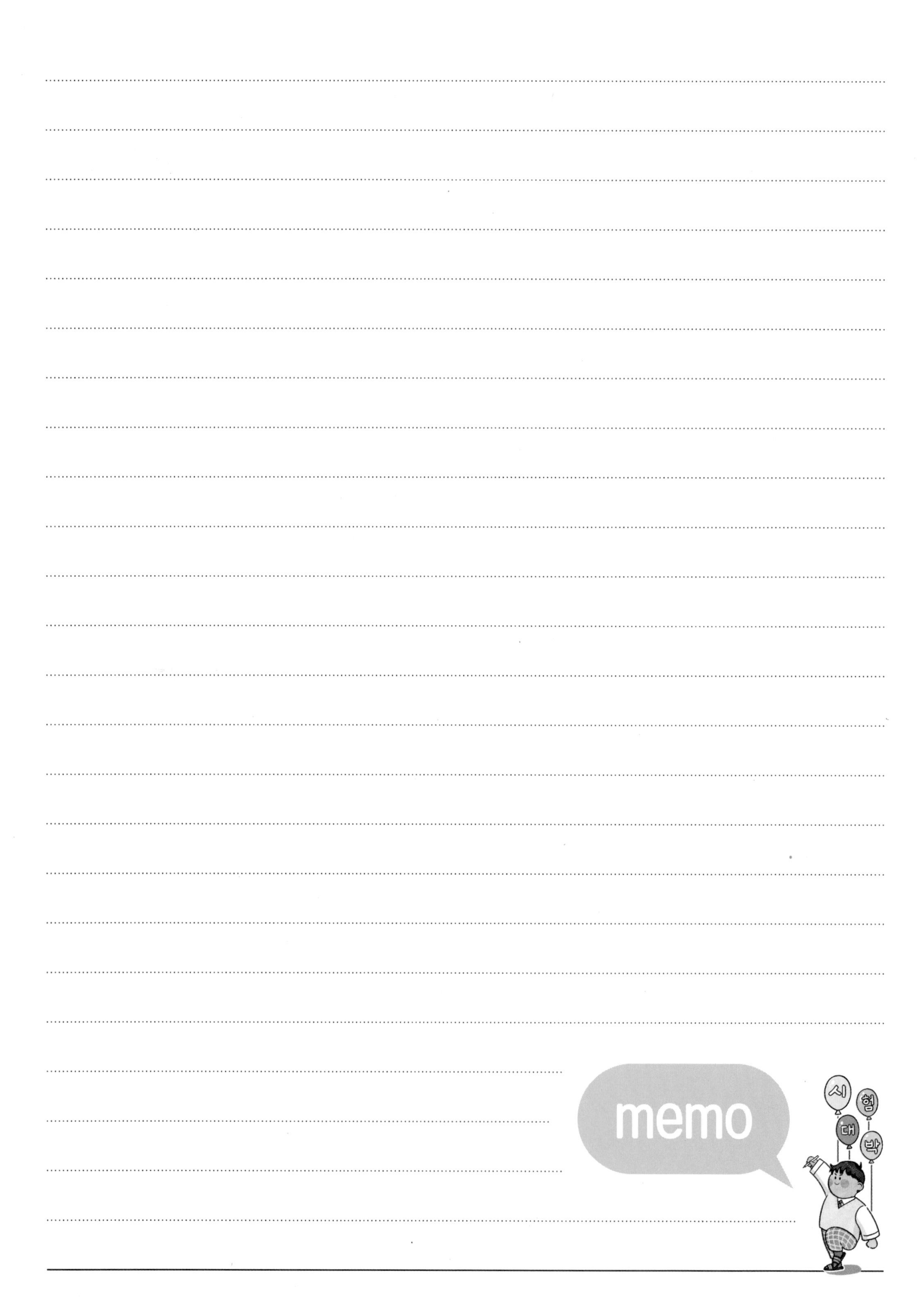
memo
시
험
대
박

book.chunjae.co.kr

교재 내용 문의 ······························ 교재 홈페이지 ▸ 고등 ▸ 교재상담
교재 내용 외 문의 ························ 교재 홈페이지 ▸ 고객센터 ▸ 1:1문의
발간 후 발견되는 오류 ················ 교재 홈페이지 ▸ 고등 ▸ 학습지원 ▸ 학습자료실

수능공략 필승학습!
단기간에 끝장내자!

실전에 강한
수능전략

BOOK 3

정답과 해설

천재교육

수능전략

수·학·영·역

미적분

BOOK 3

정답과 해설

미적분 (전편)

WEEK

1

수열의 극한

DAY 1

개념 돌파 전략 ②

12~13쪽

1 ④ 2 ② 3 ③ 4 ④ 5 ① 6 5

1 ㄱ. n이 한없이 커지면 $1-2n$의 값은 음수이면서 그 절댓값이 한없이 커지므로 수열 $\{1-2n\}$은 음의 무한대로 발산한다.

ㄴ. n이 한없이 커지면 $\frac{2}{n+1}$의 값은 0에 한없이 가까워지므로 수열 $\left\{\frac{2}{n+1}\right\}$는 0에 수렴한다.

ㄷ. $n=1, 2, 3, 4, \cdots$를 $\log n$에 차례대로 대입하면 $0, \log 2, \log 3, \log 4, \cdots$이므로 n이 한없이 커지면 $\log n$의 값은 한없이 커지므로 수열 $\{\log n\}$은 양의 무한대로 발산한다.

ㄹ. 모든 자연수 n에 대하여 1이므로 수열 $\{1\}$은 1에 수렴한다.

ㅁ. 수열 $\left\{\left(-\frac{1}{2}\right)^n\right\}$은 공비가 $-\frac{1}{2}$이므로 0에 수렴한다.

ㅂ. 수열 $\{(-1)^n\}$은 공비가 -1이므로 진동(발산)한다.

따라서 수렴하는 수열은 ㄴ, ㄹ, ㅁ이다.

2 $$\lim_{n\to\infty} a_n = \lim_{n\to\infty}\frac{1}{2}(2a_n+1-1) = \frac{1}{2}\left\{\lim_{n\to\infty}(2a_n+1) - \lim_{n\to\infty}1\right\} = \frac{1}{2}\times(5-1)=2$$

3 $$\lim_{n\to\infty}\frac{3n-1}{2n+1} = \lim_{n\to\infty}\frac{3-\frac{1}{n}}{2+\frac{1}{n}} = \frac{3-0}{2+0} = \frac{3}{2}$$

4 $$\lim_{n\to\infty}\frac{4^{n+1}+2^n}{2^{2n}+3^n} = \lim_{n\to\infty}\frac{4+\left(\frac{1}{2}\right)^n}{1+\left(\frac{3}{4}\right)^n} = \frac{4+0}{1+0}=4$$

5 $$\sum_{n=1}^{\infty}\left(\frac{1}{n}-\frac{1}{n+1}\right)$$
$$= \lim_{n\to\infty}\sum_{k=1}^{n}\left(\frac{1}{k}-\frac{1}{k+1}\right)$$
$$= \lim_{n\to\infty}\left(1-\frac{1}{2}+\frac{1}{2}-\frac{1}{3}+\cdots+\frac{1}{n}-\frac{1}{n+1}\right)$$
$$= \lim_{n\to\infty}\left(1-\frac{1}{n+1}\right)$$
$$= \lim_{n\to\infty}1 - \lim_{n\to\infty}\frac{1}{n+1}$$
$$=1-0$$
$$=1$$

6 $$\sum_{n=1}^{\infty}\frac{2^n-1}{3^n} = \sum_{n=1}^{\infty}\left(\frac{2^n}{3^n}-\frac{1}{3^n}\right)$$
$$= \sum_{n=1}^{\infty}\left(\frac{2}{3}\right)^n - \sum_{n=1}^{\infty}\left(\frac{1}{3}\right)^n$$
$$= \frac{\frac{2}{3}}{1-\frac{2}{3}} - \frac{\frac{1}{3}}{1-\frac{1}{3}}$$
$$=2-\frac{1}{2}$$
$$=\frac{3}{2}$$

따라서 $p=2$, $q=3$이므로

$p+q=2+3=5$

DAY 2 필수 체크 전략 ① 14~17쪽

1-1 ④	2-1 ①	3-1 ⑤	4-1 ③
5-1 $\sqrt{2}$	6-1 ②	6-2 6	
7-1 ①	7-2 14	8-1 $\frac{1}{4}$	

1-1 $\lim_{n\to\infty}(\sqrt{2n^2+4n}-\sqrt{2n^2-4n})$

$=\lim_{n\to\infty}\frac{(\sqrt{2n^2+4n}-\sqrt{2n^2-4n})(\sqrt{2n^2+4n}+\sqrt{2n^2-4n})}{\sqrt{2n^2+4n}+\sqrt{2n^2-4n}}$

$=\lim_{n\to\infty}\frac{8n}{\sqrt{2n^2+4n}+\sqrt{2n^2-4n}}$

$=\lim_{n\to\infty}\frac{8}{\sqrt{2+\frac{4}{n}}+\sqrt{2-\frac{4}{n}}}$

$=\frac{8}{\sqrt{2+0}+\sqrt{2-0}}$

$=\frac{8}{2\sqrt{2}}$

$=2\sqrt{2}$

2-1 $\sqrt{n^2+4n+4}<\sqrt{n^2+5n+9}<\sqrt{n^2+6n+9}$이므로

$n+2<\sqrt{n^2+5n+9}<n+3$

즉 $\sqrt{n^2+5n+9}$의 정수 부분은 $n+2$이므로

$a_n=\sqrt{n^2+5n+9}-(n+2)$

$\therefore \lim_{n\to\infty}\frac{4}{a_n}$

$=\lim_{n\to\infty}\frac{4}{\sqrt{n^2+5n+9}-(n+2)}$

$=\lim_{n\to\infty}\frac{4\{\sqrt{n^2+5n+9}+(n+2)\}}{\{\sqrt{n^2+5n+9}-(n+2)\}\{\sqrt{n^2+5n+9}+(n+2)\}}$

$=\lim_{n\to\infty}\frac{4(\sqrt{n^2+5n+9}+n+2)}{n+5}$

$=\lim_{n\to\infty}\frac{4\left(\sqrt{1+\frac{5}{n}+\frac{9}{n^2}}+1+\frac{2}{n}\right)}{1+\frac{5}{n}}$

$=\frac{4(\sqrt{1+0+0}+1+0)}{1+0}$

$=8$

3-1 $a\neq0$이면 $\lim_{n\to\infty}\frac{an^3+bn^2+3n-1}{3n^2-2n+1}=\infty$ (또는 $-\infty$)

이므로 $a=0$이어야 한다.

$\therefore \lim_{n\to\infty}\frac{an^3+bn^2+3n-1}{3n^2-2n+1}$

$=\lim_{n\to\infty}\frac{bn^2+3n-1}{3n^2-2n+1}$

$=\lim_{n\to\infty}\frac{b+\frac{3}{n}-\frac{1}{n^2}}{3-\frac{2}{n}+\frac{1}{n^2}}$

$=\frac{b+0-0}{3-0+0}$

$=\frac{b}{3}$

이때 이 식의 극한값이 3이므로

$\frac{b}{3}=3 \qquad \therefore b=9$

따라서 $a=0$, $b=9$이므로

$a+b=0+9=9$

4-1 $c_n=2a_n-b_n$이라 하면 $b_n=2a_n-c_n$

이때 $\lim_{n\to\infty}c_n=3$, $\lim_{n\to\infty}a_n=\infty$이므로

$\lim_{n\to\infty}\frac{c_n}{a_n}=0$

$\therefore \lim_{n\to\infty}\frac{a_n+2b_n}{3a_n-b_n}=\lim_{n\to\infty}\frac{a_n+2(2a_n-c_n)}{3a_n-(2a_n-c_n)}$

$=\lim_{n\to\infty}\frac{5a_n-2c_n}{a_n+c_n}$

$=\lim_{n\to\infty}\frac{5-\frac{2c_n}{a_n}}{1+\frac{c_n}{a_n}}$

$=\frac{5-2\times0}{1+0}$

$=5$

5-1 $\sqrt{2n^2+4n-1}<a_n<\sqrt{2n^2+4n+5}$에서

$\sqrt{2n^2+4n-1}-\sqrt{2n}<a_n-\sqrt{2n}<\sqrt{2n^2+4n+5}-\sqrt{2n}$

$\frac{\sqrt{2n^2+4n-1}-\sqrt{2n}}{n}<\frac{a_n-\sqrt{2n}}{n}<\frac{\sqrt{2n^2+4n+5}-\sqrt{2n}}{n}$

이때

$$\lim_{n\to\infty}\frac{\sqrt{2n^2+4n-1}-\sqrt{2n}}{n}$$

$$=\lim_{n\to\infty}\frac{(\sqrt{2n^2+4n-1}-\sqrt{2n})(\sqrt{2n^2+4n-1}+\sqrt{2n})}{n(\sqrt{2n^2+4n-1}+\sqrt{2n})}$$

$$=\lim_{n\to\infty}\frac{2n^2+2n-1}{n(\sqrt{2n^2+4n-1}+\sqrt{2n})}$$

$$=\lim_{n\to\infty}\frac{2+\frac{2}{n}-\frac{1}{n^2}}{\sqrt{2+\frac{4}{n}-\frac{1}{n^2}}+\sqrt{\frac{2}{n}}}$$

$$=\frac{2+0-0}{\sqrt{2+0-0}+0}=\sqrt{2}$$

이고

$$\lim_{n\to\infty}\frac{\sqrt{2n^2+4n+5}-\sqrt{2n}}{n}$$

$$=\lim_{n\to\infty}\frac{(\sqrt{2n^2+4n+5}-\sqrt{2n})(\sqrt{2n^2+4n+5}+\sqrt{2n})}{n(\sqrt{2n^2+4n+5}+\sqrt{2n})}$$

$$=\lim_{n\to\infty}\frac{2n^2+2n+5}{n(\sqrt{2n^2+4n+5}+\sqrt{2n})}$$

$$=\lim_{n\to\infty}\frac{2+\frac{2}{n}+\frac{5}{n^2}}{\sqrt{2+\frac{4}{n}+\frac{5}{n^2}}+\sqrt{\frac{2}{n}}}$$

$$=\frac{2+0+0}{\sqrt{2+0+0}+0}=\sqrt{2}$$

이므로 $\lim_{n\to\infty}\frac{a_n-\sqrt{2n}}{n}=\sqrt{2}$

6-1 수열 $\left\{\left(2\cos\frac{\pi}{8}x\right)^n\right\}$의 공비가 $2\cos\frac{\pi}{8}x$이므로 이 등비수열이 수렴하려면

$-1<2\cos\frac{\pi}{8}x\le 1 \qquad \therefore -\frac{1}{2}<\cos\frac{\pi}{8}x\le\frac{1}{2}$

$\frac{\pi}{8}x=\theta$라 하면 $0<x<16$에서 $0<\theta<2\pi$

즉 $0<\theta<2\pi$에서 함수 $y=\cos\theta$의 그래프와 두 직선 $y=-\frac{1}{2}$, $y=\frac{1}{2}$은 다음과 같다.

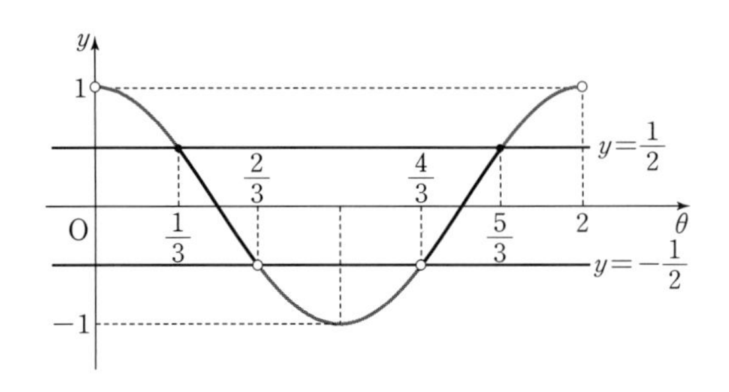

즉 θ의 값의 범위는

$\frac{\pi}{3}\le\theta<\frac{2}{3}\pi$ 또는 $\frac{4}{3}\pi<\theta\le\frac{5}{3}\pi$이므로 x의 값의 범위는

$\frac{8}{3}\le x<\frac{16}{3}$ 또는 $\frac{32}{3}<x\le\frac{40}{3}$

따라서 주어진 등비수열이 수렴하도록 하는 자연수 x는 3, 4, 5, 11, 12, 13으로 그 개수는 6이다.

6-2 수열 $\left\{(x+2)\left(\frac{2x-6}{5}\right)^n\right\}$의 첫째항이 $(x+2)\left(\frac{2x-6}{5}\right)$, 공비가 $\frac{2x-6}{5}$이므로 이 등비수열이 수렴하려면

$(x+2)\left(\frac{2x-6}{5}\right)=0$ 또는 $-1<\frac{2x-6}{5}\le 1$

(i) $(x+2)\left(\frac{2x-6}{5}\right)=0$에서 $\frac{2}{5}(x+2)(x-3)=0$

$\therefore x=-2$ 또는 $x=3$

(ii) $-1<\frac{2x-6}{5}\le 1$에서 $-5<2x-6\le 5$

$\therefore \frac{1}{2}<x\le\frac{11}{2}$

(i), (ii)에서 주어진 등비수열이 수렴하도록 하는 정수 x는 -2, 1, 2, 3, 4, 5로 그 개수는 6이다.

7-1 (i) $\left|\frac{x}{3}\right|<1$, 즉 $-3<x<3$일 때,

$$f(x)=\lim_{n\to\infty}\frac{2\times\left(\frac{x}{3}\right)^{2n+1}-1}{\left(\frac{x}{3}\right)^{2n}+3}$$

$$=\frac{2\times 0-1}{0+3}=-\frac{1}{3}$$

(ii) $\frac{x}{3}=1$, 즉 $x=3$일 때,

$$f(3)=\frac{2\times 1-1}{1+3}=\frac{1}{4}$$

(iii) $\frac{x}{3}=-1$, 즉 $x=-3$일 때,

$$f(-3)=\frac{2\times(-1)-1}{1+3}=-\frac{3}{4}$$

(iv) $\left|\frac{x}{3}\right|>1$, 즉 $x<-3$ 또는 $x>3$일 때,

$$f(x)=\lim_{n\to\infty}\frac{2\times\left(\frac{x}{3}\right)^{2n+1}-1}{\left(\frac{x}{3}\right)^{2n}+3}$$

$$=\lim_{n\to\infty}\frac{2\times\frac{x}{3}-\frac{1}{\left(\frac{x}{3}\right)^{2n}}}{1+\frac{3}{\left(\frac{x}{3}\right)^{2n}}}$$

$$=\frac{\frac{2}{3}x-0}{1+0}=\frac{2}{3}x$$

(i)~(iv)에서 $f(k)=-\frac{1}{3}$을 만족시키는 정수 k의 값의 범위는 $-3<k<3$

따라서 정수 k는 -2, -1, 0, 1, 2로 그 개수는 5이다.

오답 피하기

x^n을 포함한 극한으로 정의된 함수는 x의 값의 범위를 $|x|<1$, $x=1$, $|x|>1$, $x=-1$인 경우로 나누어 함수식을 구한다.

(1) $|x|<1$이면 $\lim_{n\to\infty}x^n=0$

(2) $|x|>1$이면 $\lim_{n\to\infty}\frac{1}{x^n}=0$

7-2 $$f\left(\frac{1}{2}\right)=\lim_{n\to\infty}\frac{\left(\frac{1}{2}\right)^{2n+4}-\left(\frac{1}{2}\right)^{2n+1}+2\times\left(\frac{1}{2}\right)^{n+2}-\frac{1}{2}}{\left(\frac{1}{2}\right)^{2n}+1}$$

$$=\frac{0-0+2\times0-\frac{1}{2}}{0+1}=-\frac{1}{2}$$

$$f(1)=\lim_{n\to\infty}\frac{1^{2n+4}-1^{2n+1}+2\times1^{n+2}-1}{1^{2n}+1}$$

$$=\frac{1-1+2-1}{1+1}=\frac{1}{2}$$

$$f(2)=\lim_{n\to\infty}\frac{2^{2n+4}-2^{2n+1}+2\times2^{n+2}-2}{2^{2n}+1}$$

$$=\lim_{n\to\infty}\frac{16\times1-2\times1+8\times\left(\frac{1}{2}\right)^n-2\times\left(\frac{1}{4}\right)^n}{1+\left(\frac{1}{4}\right)^n}$$

$$=\frac{16-2+8\times0-2\times0}{1+0}=14$$

$$\therefore f\left(\frac{1}{2}\right)+f(1)+f(2)=-\frac{1}{2}+\frac{1}{2}+14=14$$

8-1 두 함수 $y=4^x$, $y=3^x$의 그래프와 직선 $x=n$의 교점 A_n, B_n의 좌표는 각각 $(n,\ 4^n)$, $(n,\ 3^n)$이므로

$l_n=4^n-3^n$

$$\therefore \lim_{n\to\infty}\frac{l_{n-1}}{l_n}=\lim_{n\to\infty}\frac{4^{n-1}-3^{n-1}}{4^n-3^n}$$

$$=\lim_{n\to\infty}\frac{\frac{1}{4}-\frac{1}{3}\times\left(\frac{3}{4}\right)^n}{1-\left(\frac{3}{4}\right)^n}$$

$$=\frac{\frac{1}{4}-\frac{1}{3}\times0}{1-0}$$

$$=\frac{1}{4}$$

DAY 2 필수 체크 전략 ②

18~19쪽

01 ④	02 ②	03 ②	04 ④
05 ①	06 ③	07 ⑤	08 4

01 모든 자연수 n에 대하여 $1+\frac{1}{n}$은 유리수, $1+\frac{\pi}{n}$는 무리수이므로

$$f\left(1+\frac{1}{n}\right)=\sqrt{2},\ f\left(1+\frac{\pi}{n}\right)=1$$

$$\therefore \lim_{n\to\infty}\left\{f\left(1+\frac{1}{n}\right)+f\left(f\left(1+\frac{\pi}{n}\right)\right)\right\}$$

$$=\lim_{n\to\infty}f\left(1+\frac{1}{n}\right)+\lim_{n\to\infty}f\left(f\left(1+\frac{\pi}{n}\right)\right)$$

$$=\lim_{n\to\infty}\sqrt{2}+\lim_{n\to\infty}f(1)$$

$$=\sqrt{2}+\sqrt{2}$$

$$=2\sqrt{2}$$

02 $b_n=\dfrac{2a_n-3}{a_n+1}$이라 하면 $a_n=\dfrac{b_n+3}{2-b_n}$이고, $\lim\limits_{n\to\infty}b_n=\dfrac{1}{3}$

$$\therefore \lim_{n\to\infty}a_n=\lim_{n\to\infty}\frac{b_n+3}{2-b_n}=\frac{\frac{1}{3}+3}{2-\frac{1}{3}}=2$$

03
$$\lim_{n\to\infty}\frac{\sqrt{8n+2}+\sqrt{16n-10}}{\sqrt{2n+1}+\sqrt{4n+8}}$$
$$=\lim_{n\to\infty}\frac{\sqrt{8+\frac{2}{n}}+\sqrt{16-\frac{10}{n}}}{\sqrt{2+\frac{1}{n}}+\sqrt{4+\frac{8}{n}}}$$
$$=\frac{\sqrt{8+0}+\sqrt{16-0}}{\sqrt{2+0}+\sqrt{4+0}}=2$$

04 $\dfrac{4n^2-n+1}{n+2}<a_n<\dfrac{4n^2+10n-1}{n+3}$에서

$$\frac{4n^2-n+1}{n^2+2n}<\frac{a_n}{n}<\frac{4n^2+10n-1}{n^2+3n}$$

이때

$$\lim_{n\to\infty}\frac{4n^2-n+1}{n^2+2n}=\lim_{n\to\infty}\frac{4-\frac{1}{n}+\frac{1}{n^2}}{1+\frac{2}{n}}=\frac{4-0+0}{1+0}=4$$

$$\lim_{n\to\infty}\frac{4n^2+10n-1}{n^2+3n}=\lim_{n\to\infty}\frac{4+\frac{10}{n}-\frac{1}{n^2}}{1+\frac{3}{n}}$$
$$=\frac{4+0-0}{1+0}=4$$

이므로 $\lim\limits_{n\to\infty}\dfrac{a_n}{n}=4$

05 자연수 n에 대하여

$\dfrac{(n+1)(n+2)}{2}-\dfrac{n(n+1)}{2}=n+1$이므로

$f(n)=n+1$

$\dfrac{n(n+1)}{2}\le t<\dfrac{(n+1)(n+2)}{2}$에서

$$\sqrt{\frac{n(n+1)}{2}}\le\sqrt{t}<\sqrt{\frac{(n+1)(n+2)}{2}}$$

$$\frac{1}{n+1}\sqrt{\frac{n(n+1)}{2}}\le\frac{\sqrt{t}}{f(n)}<\frac{1}{n+1}\sqrt{\frac{(n+1)(n+2)}{2}}$$

$$\sqrt{\frac{n}{2(n+1)}}\le\frac{\sqrt{t}}{f(n)}<\sqrt{\frac{n+2}{2(n+1)}}$$

이때

$$\lim_{n\to\infty}\sqrt{\frac{n}{2(n+1)}}=\lim_{n\to\infty}\sqrt{\frac{1}{2+\frac{2}{n}}}=\sqrt{\frac{1}{2+0}}=\frac{\sqrt{2}}{2}$$

$$\lim_{n\to\infty}\sqrt{\frac{n+2}{2(n+1)}}=\lim_{n\to\infty}\sqrt{\frac{1+\frac{2}{n}}{2+\frac{2}{n}}}=\sqrt{\frac{1+0}{2+0}}=\frac{\sqrt{2}}{2}$$

이므로 $\lim\limits_{n\to\infty}\dfrac{\sqrt{t}}{f(n)}=\dfrac{\sqrt{2}}{2}$

즉 $\lim\limits_{n\to\infty}\dfrac{f(n)}{\sqrt{t}}=\lim\limits_{n\to\infty}\dfrac{1}{\frac{\sqrt{t}}{f(n)}}=\dfrac{1}{\frac{\sqrt{2}}{2}}=\sqrt{2}$

이므로 $a=\sqrt{2}$

$\therefore 10a^2=10\times(\sqrt{2})^2=10\times2=20$

06
$$\lim_{n\to\infty}\frac{3^{2n}-8^n}{(-3)^{2n-1}+8^n}=\lim_{n\to\infty}\frac{9^n-8^n}{-\frac{1}{3}\times9^n+8^n}$$
$$=\lim_{n\to\infty}\frac{1-\left(\frac{8}{9}\right)^n}{-\frac{1}{3}+\left(\frac{8}{9}\right)^n}$$
$$=\frac{1-0}{-\frac{1}{3}+0}=-3$$

07
$$\lim_{n\to\infty}(\sqrt{25^n+a^n}-5^n)$$
$$=\lim_{n\to\infty}\frac{(\sqrt{25^n+a^n}-5^n)(\sqrt{25^n+a^n}+5^n)}{\sqrt{25^n+a^n}+5^n}$$
$$=\lim_{n\to\infty}\frac{a^n}{\sqrt{25^n+a^n}+5^n}$$

(i) $a>5$일 때,

$$\lim_{n\to\infty}\frac{a^n}{\sqrt{25^n+a^n}+5^n}=\lim_{n\to\infty}\frac{1}{\sqrt{\left(\frac{25}{a^2}\right)^n+\left(\frac{1}{a}\right)^n}+\left(\frac{5}{a}\right)^n}$$

이므로 수렴하지 않는다.

(ii) $a=5$일 때,

$$\lim_{n\to\infty}\frac{a^n}{\sqrt{25^n+a^n}+5^n}=\lim_{n\to\infty}\frac{5^n}{\sqrt{25^n+5^n}+5^n}$$
$$=\lim_{n\to\infty}\frac{1}{\sqrt{1+\left(\frac{1}{5}\right)^n}+1}$$
$$=\frac{1}{\sqrt{1+0}+1}=\frac{1}{2}$$

(iii) $1 \le a < 5$일 때,

$$\lim_{n\to\infty}\frac{a^n}{\sqrt{25^n+a^n}+5^n}=\lim_{n\to\infty}\frac{\left(\frac{a}{5}\right)^n}{\sqrt{1+\left(\frac{a}{25}\right)^n}+1}$$

$$=\frac{0}{\sqrt{1+0}+1}=0$$

(i)~(iii)에서 $\lim_{n\to\infty}(\sqrt{25^n+a^n}-5^n)$이 수렴하도록 하는 자연수 a의 값의 범위는

$1 \le a \le 5$

따라서 자연수 a는 1, 2, 3, 4, 5로 그 개수는 5이다.

08 곡선 $y=(x-n)^2$과 직선 $y=\frac{4}{n}x$의 두 교점의 x좌표를 각각 α, β라 하면 α, β는 이차방정식 $(x-n)^2=\frac{4}{n}x$, 즉 $nx^2-2(n^2+2)x+n^3=0$의 두 실근이다.

이차방정식의 근과 계수의 관계에 의하여

$$\alpha+\beta=\frac{2n^2+4}{n}=2n+\frac{4}{n},\ \alpha\beta=\frac{n^3}{n}=n^2$$

또 두 점은 직선 $y=\frac{4}{n}x$ 위의 점이므로 두 교점의 좌표는 각각 $\left(\alpha, \frac{4}{n}\alpha\right)$, $\left(\beta, \frac{4}{n}\beta\right)$

따라서

$$L_n=\sqrt{(\beta-\alpha)^2+\left(\frac{4}{n}\beta-\frac{4}{n}\alpha\right)^2}$$

$$=\sqrt{\left(1+\frac{16}{n^2}\right)(\beta-\alpha)^2}$$

$$=\sqrt{16\left(1+\frac{16}{n^2}\right)\left(1+\frac{1}{n^2}\right)}$$

이므로

$$\lim_{n\to\infty}L_n=\lim_{n\to\infty}\sqrt{16\left(1+\frac{16}{n^2}\right)\left(1+\frac{1}{n^2}\right)}$$

$$=\sqrt{16\times1\times1}=4$$

오답 피하기

$$(\beta-\alpha)^2=(\alpha+\beta)^2-4\alpha\beta$$

$$=\left(2n+\frac{4}{n}\right)^2-4n^2$$

$$=4n^2+16+\frac{16}{n^2}-4n^2$$

$$=16+\frac{16}{n^2}$$

$$=16\left(1+\frac{1}{n^2}\right)$$

DAY 3 필수 체크 전략 ①

20~23쪽

1-1 ②	2-1 1	2-2 30	
3-1 발산	4-1 ②	5-1 ①	6-1 ②
7-1 ④	7-2 ㄱ, ㄴ, ㄷ	8-1 $\frac{90}{41}$	

1-1 주어진 급수의 제n항을 a_n, 제n항까지의 부분합을 S_n이라 하면

$$a_n=\log\left\{1-\frac{1}{(n+1)^2}\right\}=\log\left(1-\frac{1}{n+1}\right)\left(1+\frac{1}{n+1}\right)$$

$$=\log\left(\frac{n}{n+1}\times\frac{n+2}{n+1}\right)$$

이므로

$$S_n=\log\left(\frac{1}{2}\times\frac{3}{2}\right)+\log\left(\frac{2}{3}\times\frac{4}{3}\right)+\cdots+\log\left(\frac{n}{n+1}\times\frac{n+2}{n+1}\right)$$

$$=\log\left(\frac{1}{2}\times\frac{3}{2}\times\frac{2}{3}\times\frac{4}{3}\times\cdots\times\frac{n}{n+1}\times\frac{n+2}{n+1}\right)$$

$$=\log\left(\frac{1}{2}\times\frac{n+2}{n+1}\right)=\log\frac{n+2}{2(n+1)}$$

$$\therefore \lim_{n\to\infty}S_n=\lim_{n\to\infty}\log\left(\frac{n+2}{2n+2}\right)=\lim_{n\to\infty}\log\left(\frac{1+\frac{2}{n}}{2+\frac{2}{n}}\right)$$

$$=\log\frac{1}{2}=-\log 2$$

2-1 $a_1=S_1=1$

$n\ge2$일 때,

$a_n=S_n-S_{n-1}=n^2-(n-1)^2=2n-1$ ……㉠

이때 $a_1=1$은 ㉠에 $n=1$을 대입한 것과 같으므로

$a_n=2n-1$

$$\therefore \sum_{n=1}^{\infty}\frac{2}{(2n+1)a_n}$$

$$=\sum_{n=1}^{\infty}\frac{2}{(2n+1)(2n-1)}$$

$$=\sum_{n=1}^{\infty}\left(\frac{1}{2n-1}-\frac{1}{2n+1}\right)$$

$$=\lim_{n\to\infty}\sum_{k=1}^{n}\left(\frac{1}{2k-1}-\frac{1}{2k+1}\right)$$

$$=\lim_{n\to\infty}\left(1-\frac{1}{3}+\frac{1}{3}-\frac{1}{5}+\cdots+\frac{1}{2n-1}-\frac{1}{2n+1}\right)$$

$$=\lim_{n\to\infty}\left(1-\frac{1}{2n+1}\right)=1$$

2-2 이차방정식 $x^2-2x+4n^2=0$의 두 근이 a_n, b_n이므로 이차방정식의 근과 계수의 관계에 의하여

$a_n+b_n=2$, $a_nb_n=4n^2$

$$\therefore \sum_{n=1}^{\infty}\frac{60}{(a_n-1)(b_n-1)}$$
$$=\sum_{n=1}^{\infty}\frac{60}{a_nb_n-(a_n+b_n)+1}$$
$$=\sum_{n=1}^{\infty}\frac{60}{4n^2-1}=\sum_{n=1}^{\infty}\frac{60}{(2n-1)(2n+1)}$$
$$=\lim_{n\to\infty}\sum_{k=1}^{n}\frac{60}{(2k-1)(2k+1)}$$
$$=\lim_{n\to\infty}\sum_{k=1}^{n}30\left(\frac{1}{2k-1}-\frac{1}{2k+1}\right)$$
$$=\lim_{n\to\infty}30\left(1-\frac{1}{2n+1}\right)$$
$$=30$$

3-1 주어진 급수의 제n항을 a_n, 제n항까지의 부분합을 S_n이라 하면

(ⅰ) $a_{2k-1}=\frac{k}{k+1}$ (k는 자연수)이므로

$$S_{2k-1}=\frac{1}{2}+\left(-\frac{2}{3}+\frac{2}{3}\right)+\left(-\frac{3}{4}+\frac{3}{4}\right)+\cdots+\left(-\frac{k}{k+1}+\frac{k}{k+1}\right)$$
$$=\frac{1}{2}$$
$$\therefore \lim_{k\to\infty}S_{2k-1}=\lim_{k\to\infty}\frac{1}{2}=\frac{1}{2}$$

(ⅱ) $a_{2k}=-\frac{k+1}{k+2}$ (k는 자연수)이므로

$$S_{2k}=S_{2k-1}-\frac{k+1}{k+2}=\frac{1}{2}-\frac{k+1}{k+2}=\frac{-k}{2(k+2)}$$
$$\therefore \lim_{k\to\infty}S_{2k}=\lim_{k\to\infty}\frac{-k}{2(k+2)}$$
$$=\lim_{k\to\infty}\frac{-1}{2\left(1+\frac{2}{k}\right)}$$
$$=\frac{-1}{2(1+0)}$$
$$=-\frac{1}{2}$$

(ⅰ), (ⅱ)에서 $\lim_{k\to\infty}S_{2k-1}\neq\lim_{k\to\infty}S_{2k}$이므로 주어진 급수는 발산한다.

LECTURE 항의 부호가 교대로 바뀌는 급수

홀수 번째 항까지의 부분합 S_{2n-1}과 짝수 번째 항까지의 부분합 S_{2n}에 대하여

(1) $\lim_{n\to\infty}S_{2n-1}=\lim_{n\to\infty}S_{2n}=\alpha$ (α는 실수)

⇨ $\lim_{n\to\infty}S_n=\alpha$ (수렴)

(2) $\lim_{n\to\infty}S_{2n-1}\neq\lim_{n\to\infty}S_{2n}$ ⇨ $\lim_{n\to\infty}S_n$은 발산

4-1 $\sum_{n=1}^{\infty}\left(7-\frac{a_n}{3^n}\right)$이 수렴하므로

$$\lim_{n\to\infty}\left(7-\frac{a_n}{3^n}\right)=0$$

$b_n=7-\frac{a_n}{3^n}$이라 하면

$\frac{a_n}{3^n}=7-b_n$이고, $\lim_{n\to\infty}b_n=0$이므로

$$\lim_{n\to\infty}\frac{a_n}{3^n}=\lim_{n\to\infty}(7-b_n)=7-0=7$$
$$\therefore \lim_{n\to\infty}\frac{a_n}{3^{n-1}}=\lim_{n\to\infty}\left(\frac{a_n}{3^n}\times3\right)=7\times3=21$$

5-1 $c_n=3a_n+5b_n$이라 하면 $b_n=\frac{1}{5}c_n-\frac{3}{5}a_n$

이때 $\sum_{n=1}^{\infty}a_n=5$, $\sum_{n=1}^{\infty}c_n=30$이므로

$$\sum_{n=1}^{\infty}b_n=\sum_{n=1}^{\infty}\left(\frac{1}{5}c_n-\frac{3}{5}a_n\right)$$
$$=\frac{1}{5}\sum_{n=1}^{\infty}c_n-\frac{3}{5}\sum_{n=1}^{\infty}a_n$$
$$=\frac{1}{5}\times30-\frac{3}{5}\times5=3$$

새로운 일반항으로 치환하여 문제를 해결해 봐.

6-1 $$\sum_{n=1}^{\infty}\frac{a_n}{4^n}=\sum_{n=1}^{\infty}\frac{2^n-1}{3\times4^n}$$
$$=\sum_{n=1}^{\infty}\frac{1}{3}\times\left(\frac{1}{2}\right)^n-\sum_{n=1}^{\infty}\frac{1}{3}\times\left(\frac{1}{4}\right)^n$$
$$=\frac{1}{3}\times\frac{\frac{1}{2}}{1-\frac{1}{2}}-\frac{1}{3}\times\frac{\frac{1}{4}}{1-\frac{1}{4}}$$
$$=\frac{1}{3}\times1-\frac{1}{3}\times\frac{1}{3}=\frac{2}{9}$$

7-1 급수 $\sum_{n=1}^{\infty}\left(\frac{x}{3-x}\right)^n$의 공비가 $\frac{x}{3-x}$이므로 이 급수가 수렴하려면

$-1<\frac{x}{3-x}<1$에서

$-(3-x)^2<x(3-x)<(3-x)^2$

(i) $-(3-x)^2<x(3-x)$에서 $0<3(3-x)$

$\therefore x<3$

(ii) $x(3-x)<(3-x)^2$에서 $0<(3-x)(3-2x)$

$\therefore x<\frac{3}{2}$ 또는 $x>3$

(i), (ii)에서 주어진 급수가 수렴하도록 하는 정수 x의 값의 범위는 $x<\frac{3}{2}$

따라서 정수 x의 최댓값은 1이다.

7-2 $\sum_{n=1}^{\infty}r^n$이 수렴하므로 $-1<r<1$ ······ ㉠

ㄱ. $\sum_{n=1}^{\infty}\left(\frac{r+2}{3}\right)^n$은 공비가 $\frac{r+2}{3}$인 등비급수이고 ㉠에서 $\frac{1}{3}<\frac{r+2}{3}<1$이므로 주어진 급수는 수렴한다.

ㄴ. $\sum_{n=1}^{\infty}\frac{r^n+(-r)^n}{3}=\frac{1}{3}\sum_{n=1}^{\infty}r^n+\frac{1}{3}\sum_{n=1}^{\infty}(-r)^n$

$\sum_{n=1}^{\infty}r^n$이 수렴하므로 $\frac{1}{3}\sum_{n=1}^{\infty}r^n$도 수렴한다.

$\sum_{n=1}^{\infty}(-r)^n$은 공비가 $-r$인 등비급수이고 ㉠에서 $-1<-r<1$이므로 $\frac{1}{3}\sum_{n=1}^{\infty}(-r)^n$도 수렴한다.

따라서 주어진 급수는 수렴한다.

ㄷ. $\sum_{n=1}^{\infty}r^{3n}$은 공비가 r^3인 등비급수이고 ㉠에서 $-1<r^3<1$이므로 주어진 급수는 수렴한다.

ㄹ. $\sum_{n=1}^{\infty}\left(\frac{r}{4}+1\right)^n$은 공비가 $\frac{r}{4}+1$인 등비급수이고 ㉠에서 $\frac{3}{4}<\frac{r}{4}+1<\frac{5}{4}$이므로 주어진 급수는 항상 수렴한다고 할 수 없다.

따라서 항상 수렴하는 급수는 ㄱ, ㄴ, ㄷ이다.

8-1 $x=\overline{OP_1}-\overline{P_2P_3}+\overline{P_4P_5}-\overline{P_6P_7}+\cdots$

$=2-2\times\left(\frac{4}{5}\right)^2+2\times\left(\frac{4}{5}\right)^4-2\times\left(\frac{4}{5}\right)^6+\cdots$

$=\frac{2}{1-\left(-\frac{16}{25}\right)}$

$=\frac{50}{41}$

$y=\overline{P_1P_2}-\overline{P_3P_4}+\overline{P_5P_6}-\overline{P_7P_8}+\cdots$

$=2\times\frac{4}{5}-2\times\left(\frac{4}{5}\right)^3+2\times\left(\frac{4}{5}\right)^5-2\times\left(\frac{4}{5}\right)^7+\cdots$

$=\frac{\frac{8}{5}}{1-\left(-\frac{16}{25}\right)}$

$=\frac{40}{41}$

$\therefore x+y=\frac{50}{41}+\frac{40}{41}=\frac{90}{41}$

DAY 3 **필수 체크 전략 ②** 24~25쪽

01 ②	02 ②	03 ①	04 ③
05 ③	06 ③	07 ④	08 ②

01 $\sum_{n=2}^{\infty}\frac{1}{4n^2-4}$

$=\lim_{n\to\infty}\sum_{k=2}^{n}\frac{1}{4k^2-4}$

$=\frac{1}{4}\lim_{n\to\infty}\sum_{k=2}^{n}\frac{1}{(k-1)(k+1)}$

$=\frac{1}{8}\lim_{n\to\infty}\sum_{k=2}^{n}\left(\frac{1}{k-1}-\frac{1}{k+1}\right)$

$=\frac{1}{8}\lim_{n\to\infty}\left(1-\frac{1}{3}+\frac{1}{2}-\frac{1}{4}+\cdots+\frac{1}{n-1}-\frac{1}{n+1}\right)$

$=\frac{1}{8}\lim_{n\to\infty}\left(1+\frac{1}{2}-\frac{1}{n}-\frac{1}{n+1}\right)$

$=\frac{1}{8}\times\frac{3}{2}$

$=\frac{3}{16}$

02 $a_1=3$, $a_2=7$, $a_{n+2}=a_{n+1}+a_n$이므로 임의의 자연수 n에 대하여

$a_n \ge n$

즉 $\lim_{n\to\infty} a_n=\infty$이므로

$$\lim_{n\to\infty}\frac{1}{a_n}=0$$

$$\therefore \sum_{n=1}^{\infty}\frac{a_n}{a_{n+1}a_{n+2}}$$

$$=\sum_{n=1}^{\infty}\frac{a_n}{a_{n+2}-a_{n+1}}\left(\frac{1}{a_{n+1}}-\frac{1}{a_{n+2}}\right)$$

$$=\sum_{n=1}^{\infty}\left(\frac{1}{a_{n+1}}-\frac{1}{a_{n+2}}\right)\ (\because a_{n+2}-a_{n+1}=a_n)$$

$$=\lim_{n\to\infty}\sum_{k=1}^{n}\left(\frac{1}{a_{k+1}}-\frac{1}{a_{k+2}}\right)$$

$$=\lim_{n\to\infty}\left(\frac{1}{a_2}-\frac{1}{a_{n+2}}\right)$$

$$=\frac{1}{7}-0=\frac{1}{7}$$

03 ㄱ. $\sum_{n=1}^{\infty}\left(\frac{n+2}{n+1}-\frac{n+3}{n+2}\right)$

$$=\sum_{n=1}^{\infty}\left\{\left(1+\frac{1}{n+1}\right)-\left(1+\frac{1}{n+2}\right)\right\}$$

$$=\sum_{n=1}^{\infty}\left(\frac{1}{n+1}-\frac{1}{n+2}\right)$$

$$=\lim_{n\to\infty}\sum_{k=1}^{n}\left(\frac{1}{k+1}-\frac{1}{k+2}\right)$$

$$=\lim_{n\to\infty}\left\{\left(\frac{1}{2}-\frac{1}{3}\right)+\left(\frac{1}{3}-\frac{1}{4}\right)+\cdots+\left(\frac{1}{n+1}-\frac{1}{n+2}\right)\right\}$$

$$=\lim_{n\to\infty}\left(\frac{1}{2}-\frac{1}{n+2}\right)=\frac{1}{2}$$

ㄴ. $\sum_{n=1}^{\infty}\frac{1}{\sqrt{n+2}+\sqrt{n}}$

$$=\sum_{n=1}^{\infty}\frac{\sqrt{n+2}-\sqrt{n}}{(\sqrt{n+2}+\sqrt{n})(\sqrt{n+2}-\sqrt{n})}$$

$$=\sum_{n=1}^{\infty}\frac{\sqrt{n+2}-\sqrt{n}}{2}$$

$$=\lim_{n\to\infty}\sum_{k=1}^{n}\frac{\sqrt{k+2}-\sqrt{k}}{2}$$

$$=\lim_{n\to\infty}\frac{1}{2}\{(\sqrt{3}-\sqrt{1})+(\sqrt{4}-\sqrt{2})+\cdots+(\sqrt{n+2}-\sqrt{n})\}$$

$$=\lim_{n\to\infty}\frac{1}{2}(\sqrt{n+2}+\sqrt{n+1}-\sqrt{2}-\sqrt{1})=\infty$$

이므로 주어진 급수는 발산한다.

ㄷ. $\lim_{n\to\infty}\frac{3^n+2^n}{3^n}=\lim_{n\to\infty}\left\{1+\left(\frac{2}{3}\right)^n\right\}=1\neq 0$이므로 주어진 급수는 발산한다.

따라서 수렴하는 급수는 ㄱ이다.

오답 피하기

(1) $\lim_{n\to\infty}a_n\neq 0 \Rightarrow \sum_{n=1}^{\infty}a_n$은 발산

(2) $\lim_{n\to\infty}a_n=0 \Rightarrow \sum_{n=1}^{\infty}a_n$의 부분합 S_n을 구한 후 $\lim_{n\to\infty}S_n$의 수렴, 발산을 조사한다.

04 주어진 급수의 제n항을 b_n이라 하면

$$b_n=a_n-\frac{1+3+5+\cdots+(2n-1)}{(2n-1)^2}$$

$$=a_n-\frac{n^2}{(2n-1)^2}$$

이때 $a_n=b_n+\frac{n^2}{4n^2-4n+1}$이고, $\lim_{n\to\infty}b_n=0$이므로

$$\lim_{n\to\infty}a_n=\lim_{n\to\infty}\left(b_n+\frac{n^2}{4n^2-4n+1}\right)$$

$$=\lim_{n\to\infty}b_n+\lim_{n\to\infty}\frac{n^2}{4n^2-4n+1}$$

$$=0+\lim_{n\to\infty}\frac{1}{4-\frac{4}{n}+\frac{1}{n^2}}$$

$$=0+\frac{1}{4-0+0}=\frac{1}{4}$$

05 $12^n=2^{2n}\times 3^n$이므로

$a_n=(2n+1)(n+1)$

$$\therefore \sum_{n=1}^{\infty}\frac{1}{a_n+n-1}$$

$$=\sum_{n=1}^{\infty}\frac{1}{(2n+1)(n+1)+n-1}$$

$$=\sum_{n=1}^{\infty}\frac{1}{2n(n+2)}=\sum_{n=1}^{\infty}\frac{1}{4}\left(\frac{1}{n}-\frac{1}{n+2}\right)$$

$$=\lim_{n\to\infty}\sum_{k=1}^{n}\frac{1}{4}\left(\frac{1}{k}-\frac{1}{k+2}\right)$$

$$=\lim_{n\to\infty}\frac{1}{4}\left\{\left(\frac{1}{1}-\frac{1}{3}\right)+\left(\frac{1}{2}-\frac{1}{4}\right)+\left(\frac{1}{3}-\frac{1}{5}\right)+\cdots+\left(\frac{1}{n}-\frac{1}{n+2}\right)\right\}$$

$$=\lim_{n\to\infty}\frac{1}{4}\left(\frac{1}{1}+\frac{1}{2}-\frac{1}{n+1}-\frac{1}{n+2}\right)$$

$$=\frac{1}{4}\left(1+\frac{1}{2}\right)=\frac{3}{8}$$

06 $0.\dot{2}=\frac{2}{9}$, $0.0\dot{9}=\frac{9}{90}=\frac{1}{10}$

따라서 $\sum_{n=1}^{\infty} a_n$은 첫째항이 $\frac{2}{9}$, 공비가 $\frac{1}{10}$인 등비급수이므로

$$\sum_{n=1}^{\infty} a_n=\frac{\frac{2}{9}}{1-\frac{1}{10}}=\frac{\frac{2}{9}}{\frac{9}{10}}=\frac{20}{81}$$

07 등비수열 $\{a_n\}$의 공비를 r라 하면

$a_2+a_4=2(a_3+a_5)$에서 $a_1r+a_1r^3=2(a_1r^2+a_1r^4)$

$a_1r(1+r^2)=2a_1r^2(1+r^2)$ $\qquad \therefore r=\frac{1}{2}$

이때 $\sum_{n=2}^{\infty} a_n=4$이므로

$$\sum_{n=2}^{\infty} a_n=\frac{a_2}{1-\frac{1}{2}}=\frac{\frac{a_1}{2}}{1-\frac{1}{2}}=4 \qquad \therefore a_1=4$$

08

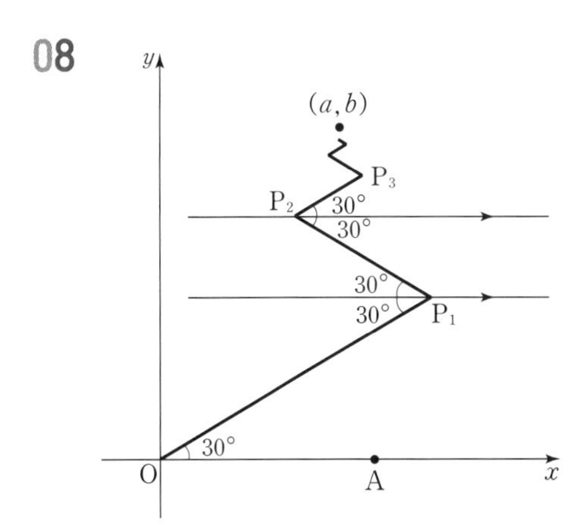

점 P_n이 한없이 가까워지는 점의 좌표를 (a, b)라 하면

$a=\overline{OP_1}\cos 30^\circ-\overline{P_1P_2}\cos 30^\circ+\overline{P_2P_3}\cos 30^\circ-\cdots$

$=2\times\frac{\sqrt{3}}{2}-\left(2\times\frac{1}{2}\right)\times\frac{\sqrt{3}}{2}+\left\{2\times\left(\frac{1}{2}\right)^2\right\}\times\frac{\sqrt{3}}{2}-\cdots$

$=2\times\frac{\sqrt{3}}{2}-2\times\frac{\sqrt{3}}{2}\times\frac{1}{2}+2\times\frac{\sqrt{3}}{2}\times\left(\frac{1}{2}\right)^2-\cdots$

$=\frac{\sqrt{3}}{1-\left(-\frac{1}{2}\right)}$

$=\frac{2\sqrt{3}}{3}$

$b=\overline{OP_1}\sin 30^\circ+\overline{P_1P_2}\sin 30^\circ+\overline{P_2P_3}\sin 30^\circ+\cdots$

$=2\times\frac{1}{2}+\left(2\times\frac{1}{2}\right)\times\frac{1}{2}+\left\{2\times\left(\frac{1}{2}\right)^2\right\}\times\frac{1}{2}+\cdots$

$=2\times\frac{1}{2}+2\times\left(\frac{1}{2}\right)^2+2\times\left(\frac{1}{2}\right)^3+\cdots$

$=\frac{1}{1-\frac{1}{2}}=2$

이때 $\lim_{n\to\infty}\tan(\angle P_nOA)$의 값은 원점과 점 (a, b)를 지나는 직선의 기울기와 같으므로

$$\lim_{n\to\infty}\tan(\angle P_nOA)=\frac{b}{a}=\frac{2}{\frac{2\sqrt{3}}{3}}=\sqrt{3}$$

$\therefore \left\{\lim_{n\to\infty}\tan(\angle P_nOA)\right\}^2=(\sqrt{3})^2=3$

누구나 합격 전략

26~27쪽

01 ②	02 ②	03 ⑤	04 ④
05 ③	06 ⑤	07 ①	08 ①

01 $\lim_{n\to\infty}\frac{4n^2+1}{(n+1)(2n+1)}=\lim_{n\to\infty}\frac{4n^2+1}{2n^2+3n+1}$

$=\lim_{n\to\infty}\frac{4+\frac{1}{n^2}}{2+\frac{3}{n}+\frac{1}{n^2}}$

$=\frac{4+0}{2+0+0}=2$

02 $\lim_{n\to\infty}\frac{\sqrt{n+1}-\sqrt{n-1}}{\sqrt{n+4}-\sqrt{n}}$

$=\lim_{n\to\infty}\frac{(\sqrt{n+1}-\sqrt{n-1})(\sqrt{n+1}+\sqrt{n-1})(\sqrt{n+4}+\sqrt{n})}{(\sqrt{n+4}-\sqrt{n})(\sqrt{n+4}+\sqrt{n})(\sqrt{n+1}+\sqrt{n-1})}$

$=\lim_{n\to\infty}\frac{2(\sqrt{n+4}+\sqrt{n})}{4(\sqrt{n+1}+\sqrt{n-1})}$

$=\frac{1}{2}\lim_{n\to\infty}\frac{\sqrt{n+4}+\sqrt{n}}{\sqrt{n+1}+\sqrt{n-1}}$

$=\frac{1}{2}\lim_{n\to\infty}\frac{\sqrt{1+\frac{4}{n}}+\sqrt{1}}{\sqrt{1+\frac{1}{n}}+\sqrt{1-\frac{1}{n}}}$

$=\frac{1}{2}\times\frac{1+1}{1+1}=\frac{1}{2}$

03 $\lim_{n\to\infty}a_n=2,\ \lim_{n\to\infty}b_n=-1$이므로

$\lim_{n\to\infty}(2a_n+b_n)=2\lim_{n\to\infty}a_n+\lim_{n\to\infty}b_n$

$=2\times2+(-1)=3$

04 $2n-1<na_n<2n+3$에서

$\frac{2n-1}{n}<a_n<\frac{2n+3}{n}$

이때

$\lim_{n\to\infty}\frac{2n-1}{n}=\lim_{n\to\infty}\frac{2-\frac{1}{n}}{1}=\frac{2-0}{1}=2$

$\lim_{n\to\infty}\frac{2n+3}{n}=\lim_{n\to\infty}\frac{2+\frac{3}{n}}{1}=\frac{2+0}{1}=2$

이므로 $\lim_{n\to\infty}a_n=2$

$\therefore \lim_{n\to\infty}(2a_n-1)=2\lim_{n\to\infty}a_n-1=2\times2-1=3$

05 $a_1=S_1=6$

$n\geq2$일 때,

$a_n=S_n-S_{n-1}$

$=3n\times2^n-3(n-1)\times2^{n-1}$

$=3(n+1)\times2^{n-1}$ ······㉠

이때 $a_1=6$은 ㉠에 $n=1$을 대입한 것과 같으므로

$a_n=3(n+1)\times2^{n-1}$

$\therefore \lim_{n\to\infty}\frac{a_n}{S_n}=\lim_{n\to\infty}\frac{3(n+1)\times2^{n-1}}{3n\times2^n}=\lim_{n\to\infty}\frac{n+1}{2n}$

$=\lim_{n\to\infty}\frac{1+\frac{1}{n}}{2}=\frac{1+0}{2}=\frac{1}{2}$

06 $\sum_{n=1}^{\infty}\frac{3}{4n^2-1}$

$=\lim_{n\to\infty}\sum_{k=1}^{n}\frac{3}{4k^2-1}$

$=\lim_{n\to\infty}\sum_{k=1}^{n}\frac{3}{(2k-1)(2k+1)}$

$=\lim_{n\to\infty}\sum_{k=1}^{n}\frac{3}{2}\left(\frac{1}{2k-1}-\frac{1}{2k+1}\right)$

$=\lim_{n\to\infty}\frac{3}{2}\left(1-\frac{1}{3}+\frac{1}{3}-\frac{1}{5}+\cdots+\frac{1}{2n-1}-\frac{1}{2n+1}\right)$

$=\lim_{n\to\infty}\frac{3}{2}\left(1-\frac{1}{2n+1}\right)$

$=\lim_{n\to\infty}\frac{3n}{2n+1}$

$=\lim_{n\to\infty}\frac{3}{2+\frac{1}{n}}$

$=\frac{3}{2+0}=\frac{3}{2}$

LECTURE 부분분수

일반항이 분수 꼴이고, 분모가 두 일차식의 곱인 수열의 합은 다음 등식을 이용하여 구한다.

$\frac{C}{AB}=\frac{C}{B-A}\left(\frac{1}{A}-\frac{1}{B}\right)$ (단, $A\neq B$)

07 $\sum_{n=1}^{\infty}\left(a_n-\frac{n}{n+1}\right)$이 수렴하므로 $\lim_{n\to\infty}\left(a_n-\frac{n}{n+1}\right)=0$

이때

$\lim_{n\to\infty}\left(a_n-\frac{n}{n+1}\right)=\lim_{n\to\infty}a_n-\lim_{n\to\infty}\frac{n}{n+1}$

$=\lim_{n\to\infty}a_n-\lim_{n\to\infty}\frac{1}{1+\frac{1}{n}}$

$=\lim_{n\to\infty}a_n-\frac{1}{1+0}$

$=\lim_{n\to\infty}a_n-1=0$

이므로 $\lim_{n\to\infty}a_n=1$

08 $3a_{n+1}-a_n=0$에서 $a_{n+1}=\frac{1}{3}a_n$이므로

수열 $\{a_n\}$은 첫째항이 5, 공비가 $\frac{1}{3}$인 등비수열이다.

따라서 $a_n=5\times\left(\frac{1}{3}\right)^{n-1}$이므로

$$\sum_{n=1}^{\infty}a_n=\sum_{n=1}^{\infty}5\times\left(\frac{1}{3}\right)^{n-1}=\frac{5}{1-\frac{1}{3}}=\frac{15}{2}$$

다른 풀이

$$\sum_{n=1}^{\infty}a_n=\sum_{n=1}^{\infty}5\times\left(\frac{1}{3}\right)^{n-1}$$
$$=\lim_{n\to\infty}\sum_{k=1}^{n}5\times\left(\frac{1}{3}\right)^{k-1}$$
$$=\lim_{n\to\infty}\frac{5\left\{1-\left(\frac{1}{3}\right)^n\right\}}{1-\frac{1}{3}}$$
$$=\lim_{n\to\infty}\frac{15}{2}\left\{1-\left(\frac{1}{3}\right)^n\right\}$$
$$=\lim_{n\to\infty}\frac{15}{2}-\lim_{n\to\infty}\frac{15}{2}\times\left(\frac{1}{3}\right)^n$$
$$=\frac{15}{2}-0=\frac{15}{2}$$

창의·융합·코딩 전략 ①

28~29쪽

1 ② **2** ④ **3** 5 **4** ②

1 두 수열 $\{a_n\}$, $\{b_n\}$은 첫째항이 모두 4이고 공차가 각각 2, 3인 등차수열이므로

$a_n=4+2(n-1)=2n+2$,

$b_n=4+3(n-1)=3n+1$

$$\therefore \lim_{n\to\infty}\frac{a_nb_n}{n^2}=\lim_{n\to\infty}\frac{(2n+2)(3n+1)}{n^2}$$
$$=\lim_{n\to\infty}\left(2+\frac{2}{n}\right)\left(3+\frac{1}{n}\right)=6$$

2 $f(a)=\lim_{n\to\infty}\frac{10}{a^{-2n}+2}=\lim_{n\to\infty}\frac{10a^{2n}}{1+2a^{2n}}$

(i) $0\le a<1$일 때,

$0\le a^2<1$이므로

$$f(a)=\lim_{n\to\infty}\frac{10a^{2n}}{1+2a^{2n}}=\frac{10\times0}{1+2\times0}=0$$

(ii) $a=1$일 때,

$a^2=1$이므로

$$f(a)=\lim_{n\to\infty}\frac{10a^{2n}}{1+2a^{2n}}$$
$$=\frac{10\times1}{1+2\times1}=\frac{10}{3}$$

(iii) $a>1$일 때,

$a^2>1$이므로

$$f(a)=\lim_{n\to\infty}\frac{10a^{2n}}{1+2a^{2n}}$$
$$=\lim_{n\to\infty}\frac{10}{\frac{1}{a^{2n}}+2}$$
$$=\frac{10}{0+2}=5$$

(i)~(iii)에서 $a\ge0$일 때, 함수 $y=f(a)$의 그래프는 다음과 같다.

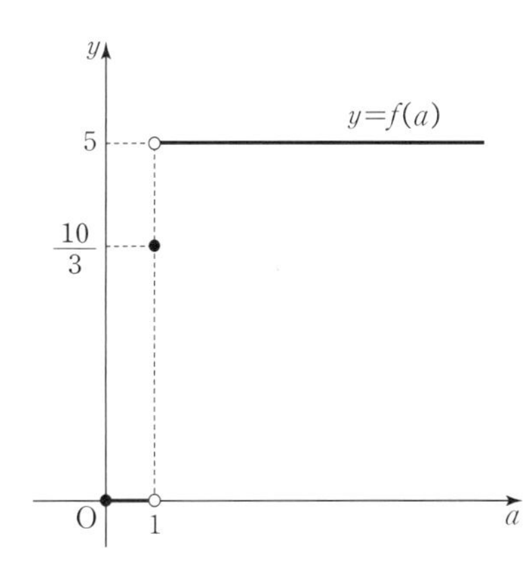

따라서 아이와 보호자 사이의 거리가 1 km일 때, 경보음의 크기가 변한다.

3 $\overline{AP}=\sqrt{1+n^2}$, $\overline{BP}=\sqrt{81+n^2}$

점 Q의 좌표를 $(0,\ b_n)$이라 하면

선분 QP는 $\angle APB$의 이등분선이므로

$\overline{AP}:\overline{BP}=\overline{AQ}:\overline{BQ}$

$\sqrt{1+n^2}:\sqrt{81+n^2}=(b_n-1):(9-b_n)$

즉 $\sqrt{81+n^2}\times(b_n-1)=\sqrt{1+n^2}\times(9-b_n)$에서

$$b_n=\frac{\sqrt{81+n^2}+9\sqrt{1+n^2}}{\sqrt{81+n^2}+\sqrt{1+n^2}}$$

$$\therefore \lim_{n\to\infty} b_n = \lim_{n\to\infty}\frac{\sqrt{81+n^2}+9\sqrt{1+n^2}}{\sqrt{81+n^2}+\sqrt{1+n^2}}$$

$$=\lim_{n\to\infty}\frac{\sqrt{\frac{81}{n^2}+1}+9\sqrt{\frac{1}{n^2}+1}}{\sqrt{\frac{81}{n^2}+1}+\sqrt{\frac{1}{n^2}+1}}$$

$$=\frac{\sqrt{0+1}+9\sqrt{0+1}}{\sqrt{0+1}+\sqrt{0+1}}=5$$

4 함수 $y=f(x)$의 그래프는 다음과 같다.

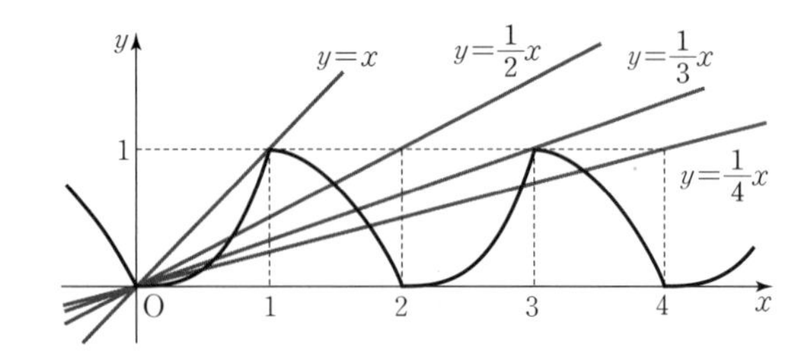

$a_1=2,\ a_2=3,\ a_3=4,\ a_4=5,\ \cdots$이므로

$a_n=n+1$

$\displaystyle\sum_{n=1}^{\infty}\frac{2}{a_n a_{n+2}}$의 제$n$항까지의 부분합을 S_n이라 하면

$$S_n=\sum_{k=1}^{n}\frac{2}{a_k a_{k+2}}=\sum_{k=1}^{n}\frac{2}{(k+1)(k+3)}$$

$$=\sum_{k=1}^{n}\left(\frac{1}{k+1}-\frac{1}{k+3}\right)$$

$$=\left(\frac{1}{2}-\frac{1}{4}\right)+\left(\frac{1}{3}-\frac{1}{5}\right)+\left(\frac{1}{4}-\frac{1}{6}\right)+\cdots+\left(\frac{1}{n+1}-\frac{1}{n+3}\right)$$

$$=\frac{1}{2}+\frac{1}{3}-\frac{1}{n+2}-\frac{1}{n+3}$$

이므로

$$\sum_{n=1}^{\infty}\frac{2}{a_n a_{n+2}}=\lim_{n\to\infty}S_n$$

$$=\lim_{n\to\infty}\left(\frac{1}{2}+\frac{1}{3}-\frac{1}{n+2}-\frac{1}{n+3}\right)$$

$$=\frac{5}{6}$$

창의·융합·코딩 전략 ②

30~31쪽

5 $\frac{100}{9}$ **6** ④ **7** ⑤ **8** 163

5 아킬레우스가 거북이를 따라잡는 위치는

$100+10+1+0.1+\cdots$ (m)

이므로 아킬레우스가 거북이를 따라잡는 데 걸리는 시간은

$10+1+0.1+0.01+\cdots$ (초)

즉 아킬레우스가 거북이를 따라잡는 데 걸리는 시간은 첫째항이 10이고 공비가 $\frac{1}{10}$인 등비급수이므로

$$\sum_{n=1}^{\infty}10\times\left(\frac{1}{10}\right)^{n-1}=\frac{10}{1-\frac{1}{10}}=\frac{100}{9}$$

따라서 아킬레우스는 $\frac{100}{9}$초 후에 거북이를 따라잡는다.

6 황금직사각형 R_1의 짧은 변의 길이를 x라 하면

R_2의 긴 변의 길이가 x, 짧은 변의 길이는 $1-x$이므로

$1:x=x:(1-x)$

$x^2=-x+1$에서 $x^2+x-1=0$

$\therefore x=\frac{-1+\sqrt{5}}{2}$ ($\because x>0$)

즉 $l_1:l_2=1:\frac{-1+\sqrt{5}}{2}$

$\displaystyle\sum_{n=1}^{\infty}l_n$은 첫째항이 l_1이고 공비가 $\frac{-1+\sqrt{5}}{2}$인 등비급수이므로

$$\sum_{n=1}^{\infty}l_n=\frac{l_1}{1-\frac{-1+\sqrt{5}}{2}}=\frac{3+\sqrt{5}}{2}l_1$$

$\therefore k=\frac{3+\sqrt{5}}{2}$

7

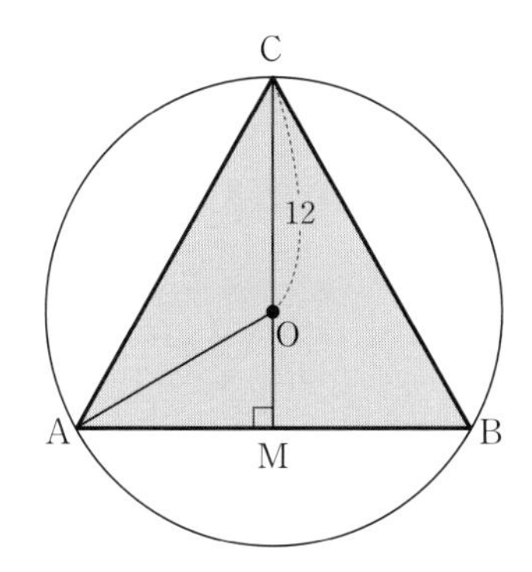

위의 그림과 같이 반지름의 길이가 12인 원의 중심을 O, 이 원에 내접하는 정삼각형의 세 꼭짓점을 A, B, C, 점 C에서 $\overline{AB}$에 내린 수선의 발을 M이라 하면

$\overline{AM}=12\cos\frac{\pi}{6}=12\times\frac{\sqrt{3}}{2}=6\sqrt{3}$,

$\overline{AB}=2\overline{AM}=2\times6\sqrt{3}=12\sqrt{3}$

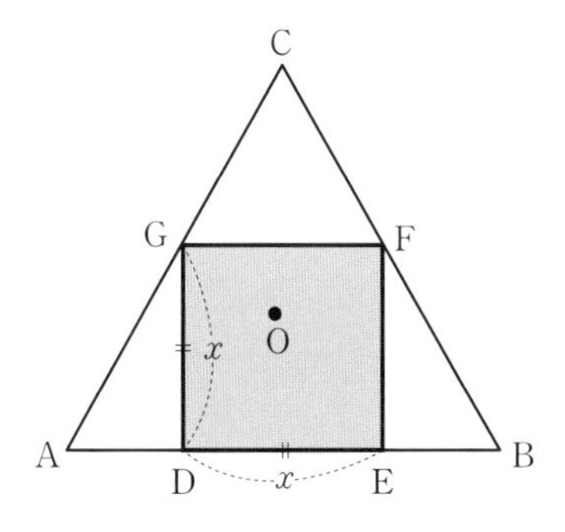

위의 그림과 같이 정삼각형 ABC에 내접하는 정사각형의 네 꼭짓점을 D, E, F, G라 하고, 정사각형 DEFG의 한 변의 길이를 x라 하면

$$\overline{AD}=\frac{x}{\tan\frac{\pi}{3}}=\frac{x}{\sqrt{3}}=\frac{\sqrt{3}}{3}x$$

이때 $\overline{AB}=12\sqrt{3}$이므로

$$\overline{AB}=2\times\frac{\sqrt{3}}{3}x+x=12\sqrt{3}$$

$\therefore\ x=36(2-\sqrt{3})$

원 C_2의 반지름의 길이 r_2는

$$r_2=\frac{1}{2}x=\frac{1}{2}\times36(2-\sqrt{3})=18(2-\sqrt{3})$$

이므로 $r_1 : r_2=12 : 18(2-\sqrt{3})=1 : \frac{3(2-\sqrt{3})}{2}$

따라서 $\sum_{n=1}^{\infty} r_n$은 첫째항이 12이고 공비가 $\frac{3(2-\sqrt{3})}{2}$인 등비급수이므로

$$\sum_{n=1}^{\infty} r_n=\frac{12}{1-\frac{3(2-\sqrt{3})}{2}}=\frac{24(3\sqrt{3}+4)}{11}$$

8 지름의 길이가 16인 반원의 넓이를 S_0이라 하면

$$S_0=\frac{1}{2}\times8^2\pi=32\pi$$

$$S_1=\frac{1}{16}\times S_0+\frac{9}{16}\times S_0=\frac{5}{8}S_0=\frac{5}{8}\times32\pi=20\pi$$

즉 $S_0 : S_1=1 : \frac{5}{8}$에서 $\sum_{n=1}^{\infty} S_n$은 첫째항이 20π이고 공비가 $\frac{5}{8}$인 등비급수이므로

$$\sum_{n=1}^{\infty} S_n=\frac{20\pi}{1-\frac{5}{8}}=\frac{20\pi}{\frac{3}{8}}=\frac{160}{3}\pi$$

따라서 $p=3$, $q=160$이므로

$p+q=3+160=163$

미적분 (전편)

WEEK 2

여러 가지 함수의 미분

DAY 1 개념 돌파 전략 ② 38~39쪽

1 ④ 2 ⑤ 3 ③ 4 ① 5 ② 6 ①

1 $\lim_{x\to 0}(1+x)^{\frac{2}{x}}=\lim_{x\to 0}\left\{(1+x)^{\frac{1}{x}}\right\}^2=e^2$

2 $\lim_{x\to 0}\frac{\ln(1+3x)}{x}=\lim_{x\to 0}\frac{\ln(1+3x)}{3x}\times 3$

$=1\times 3=3$

3 $f(x)=e^x\ln x$에서

$f'(x)=e^x\ln x+e^x\times\frac{1}{x}=e^x\left(\ln x+\frac{1}{x}\right)$

$\therefore f'(1)=e(0+1)=e$

4 $0<\alpha<\frac{\pi}{2}$, $0<\beta<\frac{\pi}{2}$에서 $\cos\alpha>0$, $\cos\beta>0$이고

$\sin\alpha=\frac{\sqrt{5}}{5}$, $\sin\beta=\frac{\sqrt{10}}{10}$이므로

$\cos\alpha=\sqrt{1-\sin^2\alpha}=\sqrt{1-\left(\frac{\sqrt{5}}{5}\right)^2}=\sqrt{\frac{4}{5}}=\frac{2\sqrt{5}}{5}$

$\cos\beta=\sqrt{1-\sin^2\beta}=\sqrt{1-\left(\frac{\sqrt{10}}{10}\right)^2}=\sqrt{\frac{9}{10}}=\frac{3\sqrt{10}}{10}$

이때

$\cos(\alpha+\beta)=\cos\alpha\cos\beta-\sin\alpha\sin\beta$

$=\frac{2\sqrt{5}}{5}\times\frac{3\sqrt{10}}{10}-\frac{\sqrt{5}}{5}\times\frac{\sqrt{10}}{10}=\frac{\sqrt{2}}{2}$

이고 $0<\alpha+\beta<\pi$이므로

$\alpha+\beta=\frac{\pi}{4}$

따라서 $p=4$, $q=1$이므로

$p+q=4+1=5$

5 $\lim_{x\to 0}\frac{\sin 2x}{3x}=\lim_{x\to 0}\frac{\sin 2x}{2x}\times\frac{2}{3}$

$=1\times\frac{2}{3}=\frac{2}{3}$

6 $f(x)=x^2\sin x$에서

$f'(x)=2x\sin x+x^2\cos x$

$\therefore f'(\pi)=2\pi\sin\pi+\pi^2\cos\pi=-\pi^2$

DAY 2 필수 체크 전략 ① 40~43쪽

1-1 ④	1-2 ①	2-1 ③	2-2 ④
3-1 ⑤	3-2 ①	4-1 ①	4-2 ①
5-1 ③	6-1 ⑤	7-1 $\frac{1}{2}\ln 2$	8-1 ④

1-1 $\frac{1}{2x}=t$라 하면 $x\to-\infty$일 때, $t\to 0$이므로

$\lim_{x\to-\infty}\left(1+\frac{1}{2x}\right)^{6x}=\lim_{t\to 0}(1+t)^{\frac{3}{t}}$

$=\lim_{t\to 0}\left\{(1+t)^{\frac{1}{t}}\right\}^3=e^3$

1-2 $x-1=t$라 하면 $x\to 1$일 때, $t\to 0$이므로

$\lim_{x\to 1}x^{\frac{2}{1-x}}=\lim_{t\to 0}(1+t)^{-\frac{2}{t}}$

$=\lim_{t\to 0}\left\{(1+t)^{\frac{1}{t}}\right\}^{-2}=e^{-2}$

2-1 $\lim_{x\to 0}\frac{e^{3x}-1}{2x}=\lim_{x\to 0}\frac{e^{3x}-1}{3x}\times\frac{3}{2}$

$=1\times\frac{3}{2}=\frac{3}{2}$

2-2 $\frac{1}{x}=t$라 하면 $x \to \infty$일 때, $t \to 0$이므로

$$\lim_{x\to\infty} 2x(e^{\frac{1}{x}}-1)=\lim_{t\to 0}\frac{2(e^t-1)}{t}$$
$$=\lim_{t\to 0}\frac{e^t-1}{t}\times 2$$
$$=1\times 2=2$$

3-1 $\frac{2}{x}=t$라 하면 $x \to \infty$일 때, $t \to 0$이므로

$$\lim_{x\to\infty} x\{\ln(x+2)-\ln x\}$$
$$=\lim_{x\to\infty} x\ln\frac{x+2}{x}$$
$$=\lim_{x\to\infty} x\ln\left(1+\frac{2}{x}\right)$$
$$=\lim_{t\to 0}\frac{2}{t}\ln(1+t)$$
$$=\lim_{t\to 0}\frac{\ln(1+t)}{t}\times 2$$
$$=1\times 2=2$$

3-2 $$\lim_{x\to 0}\frac{\ln(1+2x)}{\log(1-3x)}$$
$$=\lim_{x\to 0}\frac{\frac{\ln(1+2x)}{2x}\times 2x}{\frac{\log(1-3x)}{-3x}\times(-3x)}$$
$$=\lim_{x\to 0}\left\{-\frac{2}{3}\times\frac{\frac{\ln(1+2x)}{2x}}{\frac{\log(1-3x)}{-3x}}\right\}$$
$$=-\frac{2}{3}\times\frac{1}{\frac{1}{\ln 10}}$$
$$=-\frac{2}{3}\ln 10$$

오답 피하기

$$\lim_{x\to 0}\frac{\log(1-3x)}{-3x}=\lim_{x\to 0}\log(1-3x)^{-\frac{1}{3x}}$$
$$=\log e$$
$$=\frac{\ln e}{\ln 10}$$
$$=\frac{1}{\ln 10}$$

4-1 $$\lim_{x\to 0}\frac{\ln(1+x)}{e^x-1}=\lim_{x\to 0}\frac{\ln(1+x)}{x}\times\frac{x}{e^x-1}$$
$$=1\times 1=1$$

오답 피하기

$$\lim_{x\to 0}\frac{x}{e^x-1}=\lim_{x\to 0}\frac{\frac{x}{x}}{\frac{e^x-1}{x}}$$
$$=\lim_{x\to 0}\frac{1}{\frac{e^x-1}{x}}$$
$$=\frac{1}{1}=1$$

4-2 $x-1=t$라 하면 $x \to 1$일 때, $t \to 0$이므로

$$\lim_{x\to 1}\frac{e^{x-1}-\ln ex}{x-1}=\lim_{t\to 0}\frac{e^t-\ln e(1+t)}{t}$$
$$=\lim_{t\to 0}\frac{e^t-1-\ln(1+t)}{t}$$
$$=\lim_{t\to 0}\frac{e^t-1}{t}-\lim_{t\to 0}\frac{\ln(1+t)}{t}$$
$$=1-1=0$$

5-1 함수 $f(x)$가 $x=0$에서 연속이므로 $\lim_{x\to 0}f(x)=f(0)$

$\lim_{x\to 0}\frac{e^{2x}+a}{\ln(1+x)}=f(0)$에서 $x \to 0$일 때, (분모)$\to 0$이므로 (분자)$\to 0$이다.

즉 $\lim_{x\to 0}(e^{2x}+a)=0$이므로 $1+a=0$ $\therefore a=-1$

이때

$$f(0)=\lim_{x\to 0}\frac{e^{2x}-1}{\ln(1+x)}$$
$$=\lim_{x\to 0}\frac{e^{2x}-1}{2x}\times\frac{x}{\ln(1+x)}\times 2$$
$$=1\times 1\times 2=2$$

이므로 $b=2$

따라서 $a=-1$, $b=2$이므로

$a+b=-1+2=1$

LECTURE 미정계수의 결정

분수 꼴의 함수의 극한에서 $x \to a$일 때

(1) (분모)$\to 0$이고 극한값이 존재하면 (분자)$\to 0$이다.

(2) (분자)$\to 0$이고 0이 아닌 극한값이 존재하면 (분모)$\to 0$이다.

6-1 $\lim_{x\to\infty}(5-2^{-x})=5-0=5$, $\lim_{x\to\infty}\left(5+\frac{1}{x}\right)=5+0=5$

이므로 함수의 극한의 대소 관계에 의하여

$\lim_{x\to\infty}f(x)=5$

7-1 점 $\mathrm{H}(t,\ 1)\ (t>0)$에 대하여

$S(t)=\frac{1}{2}t(2^t-1)$이므로

$$\lim_{t\to0+}\frac{S(t)}{t^2}=\lim_{t\to0+}\frac{2^t-1}{2t}=\lim_{t\to0+}\frac{2^t-1}{t}\times\frac{1}{2}$$
$$=\ln 2\times\frac{1}{2}=\frac{1}{2}\ln 2$$

8-1 $f(x)=3^x\log_2(x+1)$에서

$$f'(x)=3^x\ln 3\times\log_2(x+1)+3^x\times\frac{1}{(x+1)\ln 2}$$

$\therefore f'(0)=\frac{1}{\ln 2}$

DAY

2 필수 체크 전략 ②

44~45쪽

01 ②	**02** ①	**03** ③	**04** ②
05 ③	**06** ④	**07** ③	**08** ③

01 $\lim_{x\to0}\frac{2^{\frac{1}{x}}+a}{2^{\frac{1}{x}}+2^{x+1}}$의 값이 존재하려면

$\lim_{x\to0-}\frac{2^{\frac{1}{x}}+a}{2^{\frac{1}{x}}+2^{x+1}}=\lim_{x\to0+}\frac{2^{\frac{1}{x}}+a}{2^{\frac{1}{x}}+2^{x+1}}$이어야 한다.

(i) $\frac{1}{x}=t$라 하면 $x\to0-$일 때, $t\to-\infty$이므로

$\lim_{x\to0-}2^{\frac{1}{x}}=\lim_{t\to-\infty}2^t=0$

$\therefore \lim_{x\to0-}\frac{2^{\frac{1}{x}}+a}{2^{\frac{1}{x}}+2^{x+1}}=\frac{0+a}{0+2}=\frac{a}{2}$

(ii) $\frac{1}{x}=t$라 하면 $x\to0+$일 때, $t\to\infty$이므로

$\lim_{x\to0+}2^{\frac{1}{x}}=\lim_{t\to\infty}2^t=\infty$

$$\therefore \lim_{x\to0+}\frac{2^{\frac{1}{x}}+a}{2^{\frac{1}{x}}+2^{x+1}}=\lim_{x\to0+}\frac{1+\frac{a}{2^{\frac{1}{x}}}}{1+\frac{2^{x+1}}{2^{\frac{1}{x}}}}=\frac{1+0}{1+0}=1$$

(i), (ii)에서 $\frac{a}{2}=1$ $\quad\therefore a=2$

LECTURE 지수함수의 극한

지수함수

$y=a^x\ (a>0,\ a\neq1)$

에 대하여

(1) $a>1$일 때

$\lim_{x\to-\infty}a^x=0$, $\lim_{x\to\infty}a^x=\infty$

(2) $0<a<1$일 때

$\lim_{x\to-\infty}a^x=\infty$, $\lim_{x\to\infty}a^x=0$

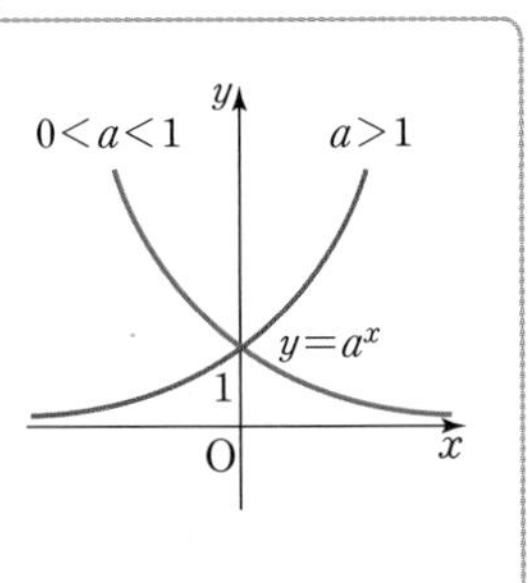

02 $\lim_{x\to1}\log_2(e^{x-1}+1)=\log_2(e^0+1)$
$=\log_2 2=1$

03 $\lim_{x\to\infty}x\left(1-\log_2\frac{2x+3}{x}\right)$

$$=\lim_{x\to\infty}x\log_2\left(\frac{2x}{2x+3}\right)=\lim_{x\to\infty}\left(-x\log_2\frac{2x+3}{2x}\right)$$
$$=\lim_{x\to\infty}\left\{-x\log_2\left(1+\frac{3}{2x}\right)\right\}=-\lim_{x\to\infty}\log_2\left(1+\frac{3}{2x}\right)^x$$
$$=-\lim_{x\to\infty}\log_2\left\{\left(1+\frac{3}{2x}\right)^{\frac{2x}{3}}\right\}^{\frac{3}{2}}=-\log_2 e^{\frac{3}{2}}$$
$$=-\frac{3}{2}\log_2 e=-\frac{3}{2}\times\frac{1}{\ln 2}$$
$$=-\frac{3}{2\ln 2}=-\frac{3}{\ln 4}$$

$\therefore p=3$

다른 풀이

$\frac{3}{2x}=t$라 하면 $x\to\infty$일 때, $t\to0$이므로

$$\lim_{x\to\infty}x\left(1-\log_2\frac{2x+3}{x}\right)=\lim_{x\to\infty}x\log_2\left(\frac{2x}{2x+3}\right)$$
$$=\lim_{x\to\infty}\left\{-x\log_2\left(1+\frac{3}{2x}\right)\right\}$$
$$=\lim_{t\to0}\left\{-\frac{3}{2t}\log_2(1+t)\right\}$$
$$=-\frac{3}{2}\lim_{t\to0}\log_2(1+t)^{\frac{1}{t}}$$
$$=-\frac{3}{2}\log_2 e=-\frac{3}{2\ln 2}$$
$$=-\frac{3}{\ln 4}$$

$\therefore p=3$

04 $\lim_{x\to0}\frac{e^{2x}-1}{x^2+2x}=\lim_{x\to0}\frac{e^{2x}-1}{x(x+2)}$

$=\lim_{x\to0}\frac{e^{2x}-1}{2x}\times2\times\frac{1}{x+2}$

$=1\times2\times\frac{1}{2}=1$

05 $f(x)=\sum_{k=1}^{5}\ln(kx+1)$

$=\ln(1+x)+\ln(1+2x)+\cdots+\ln(1+5x)$

$g(x)=\sum_{k=1}^{10}(e^{kx}-1)$

$=(e^x-1)+(e^{2x}-1)+\cdots+(e^{10x}-1)$

이므로

$\lim_{x\to0}\frac{f(x)}{g(x)}$

$=\lim_{x\to0}\frac{\ln(1+x)+\ln(1+2x)+\cdots+\ln(1+5x)}{(e^x-1)+(e^{2x}-1)+\cdots+(e^{10x}-1)}$

$=\lim_{x\to0}\frac{\frac{\ln(1+x)}{x}+\frac{\ln(1+2x)}{x}+\cdots+\frac{\ln(1+5x)}{x}}{\frac{e^x-1}{x}+\frac{e^{2x}-1}{x}+\cdots+\frac{e^{10x}-1}{x}}$

$=\frac{1+2+\cdots+5}{1+2+\cdots+10}$

$=\frac{15}{55}=\frac{3}{11}$

따라서 $p=11$, $q=3$이므로

$p+q=11+3=14$

다른 풀이

$\frac{f(x)}{g(x)}=\frac{\frac{f(x)}{x}}{\frac{g(x)}{x}}$

$=\frac{\sum_{k=1}^{5}\left\{\frac{\ln(kx+1)}{kx}\times k\right\}}{\sum_{k=1}^{10}\left(\frac{e^{kx}-1}{kx}\times k\right)}$

이므로

$\lim_{x\to0}\frac{f(x)}{g(x)}=\frac{\sum_{k=1}^{5}k}{\sum_{k=1}^{10}k}=\frac{\frac{5\times6}{2}}{\frac{10\times11}{2}}$

$=\frac{15}{55}=\frac{3}{11}$

따라서 $p=11$, $q=3$이므로

$p+q=14$

06 선분 AB의 중점을 M이라 하면

$M\left(\frac{1+t}{2}, \frac{\ln t}{2}\right)$

선분 AB의 수직이등분선을 l이라 하면 두 점 A, B를 지나는 직선의 기울기가 $\frac{\ln t}{t-1}$이므로

직선 l의 기울기는 $-\frac{t-1}{\ln t}$이다.

이때 직선 l이 점 M을 지나므로 직선 l의 방정식은

$y=-\frac{t-1}{\ln t}\left(x-\frac{1+t}{2}\right)+\frac{\ln t}{2}$

한편, 직선 l이 y축과 만나는 점 C의 좌표를 $(0, c)$라 하면

$c=\frac{t^2-1}{2\ln t}+\frac{\ln t}{2}$

점 B가 점 A에 한없이 가까워질 때 $t\to1$이고,

$t-1=s$라 하면 $t\to1$일 때, $s\to0$이므로

$\lim_{t\to1}c=\lim_{t\to1}\left(\frac{t^2-1}{2\ln t}+\frac{\ln t}{2}\right)$

$=\lim_{s\to0}\left\{\frac{s^2+2s}{2\ln(1+s)}+\frac{\ln(1+s)}{2}\right\}$

$=\lim_{s\to0}\frac{s}{\ln(1+s)}\times\frac{s+2}{2}+\lim_{s\to0}\frac{\ln(1+s)}{2}$

$=1\times1+0=1$

07 $f(x)=(x^2+2x)e^x$에서

$f'(x)=(2x+2)e^x+(x^2+2x)e^x=(x^2+4x+2)e^x$

$\therefore f'(0)=(0+4\times0+2)e^0=2$

08 함수 $f(x)$가 모든 실수 x에서 미분가능하므로 $x=1$에서 미분가능하고, 연속이다.

즉 $\lim_{x\to1-}ae^x=\lim_{x\to1+}\ln bx=f(1)$이므로

$ea=\ln b$ ⋯⋯㉠

또 $f'(1)$이 존재하므로

$f'(x)=\begin{cases}ae^x & (x<1)\\ \frac{1}{x} & (x>1)\end{cases}$

$x>1$일 때
$f(x)=\ln bx=\ln b+\ln x$
이므로
$f'(x)=\frac{1}{x}$이야.

에서 $\lim_{x\to1-}ae^x=\lim_{x\to1+}\frac{1}{x}$ $\therefore a=\frac{1}{e}$

㉠에 $a=\frac{1}{e}$을 대입하면 $1=\ln b$ $\therefore b=e$

$\therefore ab=\frac{1}{e}\times e=1$

LECTURE 미분가능성과 연속성

함수 $h(x)=\begin{cases} f(x) & (x<a) \\ g(x) & (x\ge a) \end{cases}$가 $x=a$에서 미분가능하면

(1) 함수 $h(x)$가 $x=a$에서 연속이다.

⇨ $\lim_{x\to a-} f(x)=\lim_{x\to a+} g(x)=h(a)$

(2) 미분계수 $h'(a)$가 존재한다.

⇨ $\lim_{x\to a-} f'(x)=\lim_{x\to a+} g'(x)$

DAY 3 필수 체크 전략 ①

46~49쪽

1-1 ④	2-1 ③	3-1 6	4-1 1
5-1 ③	6-1 $\frac{1}{6}$	7-1 ②	8-1 ⑤

1-1 $\sin\left(\alpha+\frac{2}{3}\pi\right)=\sin\alpha\cos\frac{2}{3}\pi+\cos\alpha\sin\frac{2}{3}\pi$

$=-\frac{1}{2}\sin\alpha+\frac{\sqrt{3}}{2}\cos\alpha$

$\sin\left(\alpha+\frac{4}{3}\pi\right)=\sin\alpha\cos\frac{4}{3}\pi+\cos\alpha\sin\frac{4}{3}\pi$

$=-\frac{1}{2}\sin\alpha-\frac{\sqrt{3}}{2}\cos\alpha$

$\therefore \sin\left(\alpha+\frac{2}{3}\pi\right)\sin\left(\alpha+\frac{4}{3}\pi\right)+\cos^2\alpha$

$=\left(-\frac{1}{2}\sin\alpha+\frac{\sqrt{3}}{2}\cos\alpha\right)$

$\times\left(-\frac{1}{2}\sin\alpha-\frac{\sqrt{3}}{2}\cos\alpha\right)+\cos^2\alpha$

$=\frac{1}{4}\sin^2\alpha-\frac{3}{4}\cos^2\alpha+\cos^2\alpha$

$=\frac{1}{4}\sin^2\alpha+\frac{1}{4}\cos^2\alpha=\frac{1}{4}$

2-1 이차방정식의 근과 계수의 관계에 의하여

$\tan\alpha+\tan\beta=2$, $\tan\alpha\tan\beta=-1$

$\therefore \tan(\alpha+\beta)=\frac{\tan\alpha+\tan\beta}{1-\tan\alpha\tan\beta}$

$=\frac{2}{1-(-1)}=1$

LECTURE 이차방정식의 근과 계수의 관계

이차방정식 $ax^2+bx+c=0$의 두 근을 α, β라 할 때

(1) $\alpha+\beta=-\frac{b}{a}$

(2) $\alpha\beta=\frac{c}{a}$

3-1 두 점 A, D에서 선분 BC에 내린 수선의 발을 각각 $\mathrm{H_1}$, $\mathrm{H_2}$라 하면 $\overline{\mathrm{AH_1}}=\overline{\mathrm{DH_2}}$

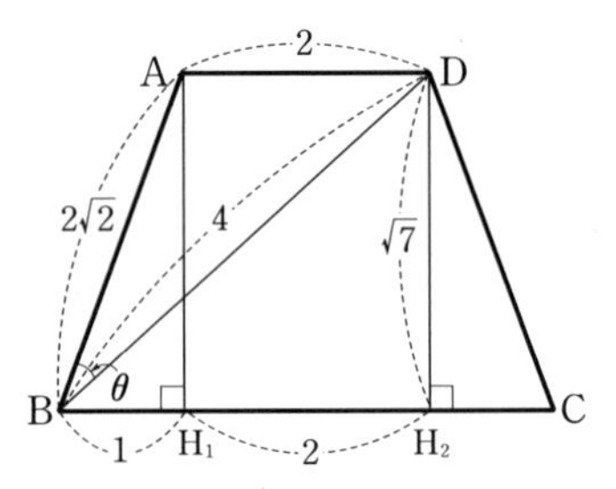

직각삼각형 $\mathrm{DBH_2}$에서

$\overline{\mathrm{DH_2}}=\sqrt{4^2-3^2}=\sqrt{7}$

$\overline{\mathrm{AH_1}}=\sqrt{7}$이므로 직각삼각형 $\mathrm{ABH_1}$에서

$\overline{\mathrm{AB}}=\sqrt{1+7}=2\sqrt{2}$

한편, $\angle\mathrm{ABH_1}=\alpha$, $\angle\mathrm{DBH_2}=\beta$라 하면

$\sin\alpha=\frac{\overline{\mathrm{AH_1}}}{\overline{\mathrm{AB}}}=\frac{\sqrt{14}}{4}$, $\cos\alpha=\frac{\overline{\mathrm{BH_1}}}{\overline{\mathrm{AB}}}=\frac{\sqrt{2}}{4}$

$\sin\beta=\frac{\overline{\mathrm{DH_2}}}{\overline{\mathrm{BD}}}=\frac{\sqrt{7}}{4}$, $\cos\beta=\frac{\overline{\mathrm{BH_2}}}{\overline{\mathrm{BD}}}=\frac{3}{4}$

이때 $\theta=\alpha-\beta$이므로

$\sin\theta=\sin(\alpha-\beta)$

$=\sin\alpha\cos\beta-\cos\alpha\sin\beta$

$=\frac{\sqrt{14}}{4}\times\frac{3}{4}-\frac{\sqrt{2}}{4}\times\frac{\sqrt{7}}{4}$

$=\frac{\sqrt{14}}{8}$

따라서 $a=14$, $b=8$이므로

$a-b=14-8=6$

4-1 $\angle\text{EBC}=\alpha$, $\angle\text{DBC}=\beta$라 하면

$\tan\alpha=2$, $\tan\beta=\frac{1}{3}$

이때 $\theta=\alpha-\beta$이므로

$$\tan\theta=\tan(\alpha-\beta)=\frac{\tan\alpha-\tan\beta}{1+\tan\alpha\tan\beta}=\frac{2-\frac{1}{3}}{1+2\times\frac{1}{3}}=1$$

5-1 $\frac{1}{x}=t$라 하면 $x\to\infty$일 때, $t\to0$이므로

$$\lim_{x\to\infty}x^2\sin\frac{3}{x}\tan\frac{6}{x}=\lim_{t\to0}\frac{1}{t^2}\sin3t\tan6t=\lim_{t\to0}\frac{\sin3t}{3t}\times\frac{\tan6t}{6t}\times18=1\times1\times18=18$$

6-1 $\overline{\text{AH}}=\overline{\text{OA}}-\overline{\text{OH}}=3-3\cos\theta$, $\overline{\text{PH}}=3\sin\theta$ 이므로

$$\lim_{\theta\to0+}\frac{\overline{\text{AH}}}{\overline{\text{PH}}^2}=\lim_{\theta\to0+}\frac{3-3\cos\theta}{9\sin^2\theta}=\lim_{\theta\to0+}\frac{1-\cos\theta}{3(1-\cos^2\theta)}=\lim_{\theta\to0+}\frac{1}{3(1+\cos\theta)}=\frac{1}{3\times2}=\frac{1}{6}$$

7-1 $f(x)=2+\cos^2x=2+\cos x\times\cos x$에서

$$f'(x)=-\sin x\times\cos x+\cos x\times(-\sin x)=-2\sin x\cos x$$

$$\therefore f'\left(\frac{\pi}{4}\right)=-2\sin\frac{\pi}{4}\cos\frac{\pi}{4}=-2\times\frac{\sqrt{2}}{2}\times\frac{\sqrt{2}}{2}=-1$$

8-1 함수 $f(x)$가 모든 실수 x에서 미분가능하므로 $x=0$에서 미분가능하고, 연속이다.

즉 $\lim_{x\to0-}(\sin x+p)=\lim_{x\to0+}(qx+3)=f(0)$이므로

$p=3$

또 $f'(0)$이 존재하므로

$$f'(x)=\begin{cases}\cos x & (x<0)\\ q & (x>0)\end{cases}$$

에서 $\lim_{x\to0-}\cos x=\lim_{x\to0+}q$ $\quad\therefore q=1$

따라서 $p=3$, $q=1$이므로

$p-q=3-1=2$

DAY
3 필수 체크 전략 ②

50~51쪽

01 ②	02 3	03 ①	04 ③
05 ②	06 $\frac{1}{2}$	07 4	08 ②

01 $\tan\alpha=\frac{1}{2}$, $\tan\beta=\frac{1}{5}$, $\tan\gamma=\frac{1}{8}$이므로

$$\tan(\alpha+\beta)=\frac{\tan\alpha+\tan\beta}{1-\tan\alpha\tan\beta}=\frac{\frac{1}{2}+\frac{1}{5}}{1-\frac{1}{2}\times\frac{1}{5}}=\frac{7}{9}$$

$$\tan(\alpha+\beta+\gamma)=\frac{\tan(\alpha+\beta)+\tan\gamma}{1-\tan(\alpha+\beta)\tan\gamma}=\frac{\frac{7}{9}+\frac{1}{8}}{1-\frac{7}{9}\times\frac{1}{8}}=1$$

이때 $\tan\alpha$, $\tan\beta$, $\tan\gamma$가 $\frac{1}{\sqrt{3}}$보다 작으므로 α, β, γ의 크기는 $\frac{\pi}{6}$보다 작다.

따라서 $0<\alpha+\beta+\gamma<\frac{\pi}{2}$이므로 $\alpha+\beta+\gamma=\frac{\pi}{4}$

오답 피하기

α, β, γ는 모두 예각이므로

$0<\alpha<\frac{\pi}{2}$, $0<\beta<\frac{\pi}{2}$, $0<\gamma<\frac{\pi}{2}$

이때 $\tan\frac{\pi}{6}=\frac{1}{\sqrt{3}}$이므로

$0<\alpha<\frac{\pi}{6}$, $0<\beta<\frac{\pi}{6}$, $0<\gamma<\frac{\pi}{6}$

$\therefore 0<\alpha+\beta+\gamma<\frac{\pi}{2}$

02 다음 그림과 같이 직선 $y=\frac{1}{2}x$가 x축의 양의 방향과 이루는 각의 크기를 θ라 하면

$\tan\theta=\frac{1}{2}$, $\tan 2\theta=m$

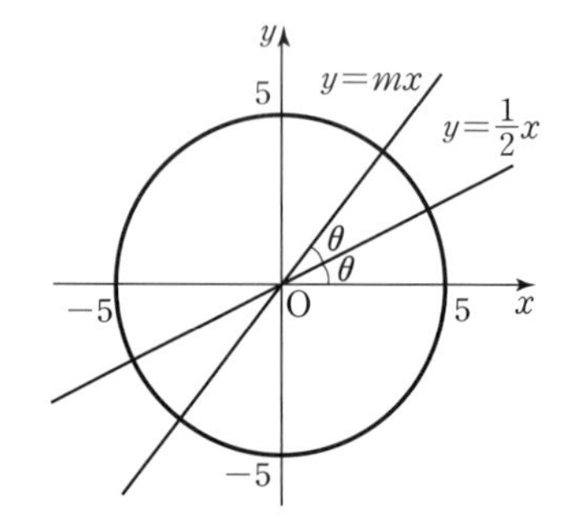

이때

$$\tan 2\theta=\frac{2\tan\theta}{1-\tan^2\theta}=\frac{2\times\frac{1}{2}}{1-\frac{1}{4}}=\frac{4}{3}$$

이므로 $m=\frac{4}{3}$

즉 직선 $y=\frac{4}{3}x$와 원 $x^2+y^2=25$의 교점의 x좌표를 구하면

$x^2+\left(\frac{4}{3}x\right)^2=25$에서 $x^2+\frac{16}{9}x^2=25$

$25x^2=225$, $x^2=9$ $\qquad\therefore x=\pm3$

따라서 제1사분면에서의 직선 $y=\frac{4}{3}x$와 원 $x^2+y^2=25$의 교점의 x좌표는 3이다.

03 $\lim_{x\to\frac{\pi}{2}}\frac{ax+b}{\cos x}=2$에서 $x\to\frac{\pi}{2}$일 때, (분모)$\to0$이므로 (분자)$\to0$이다.

즉 $\lim_{x\to\frac{\pi}{2}}(ax+b)=0$이므로

$\frac{\pi}{2}a+b=0$ $\qquad\therefore b=-\frac{\pi}{2}a$

주어진 식에 $b=-\frac{\pi}{2}a$를 대입하고 $x-\frac{\pi}{2}=t$라 하면

$x\to\frac{\pi}{2}$일 때, $t\to0$이므로

$$\begin{aligned}\lim_{x\to\frac{\pi}{2}}\frac{ax+b}{\cos x}&=\lim_{x\to\frac{\pi}{2}}\frac{ax-\frac{\pi}{2}a}{\cos x}\\&=\lim_{x\to\frac{\pi}{2}}\frac{a\left(x-\frac{\pi}{2}\right)}{\cos x}\\&=\lim_{t\to0}\frac{at}{\cos\left(t+\frac{\pi}{2}\right)}\\&=\lim_{t\to0}\frac{at}{-\sin t}\\&=\lim_{t\to0}\frac{t}{\sin t}\times(-a)\\&=1\times(-a)\\&=-a=2\end{aligned}$$

따라서 $a=-2$, $b=\pi$이므로

$ab=(-2)\times\pi=-2\pi$

04 $$\begin{aligned}&\lim_{x\to0}\frac{\tan x-\sin x}{x^n}\\&=\lim_{x\to0}\frac{\frac{\sin x}{\cos x}-\sin x}{x^n}\\&=\lim_{x\to0}\frac{\sin x(1-\cos x)}{x^n\cos x}\\&=\lim_{x\to0}\frac{\sin x(1-\cos x)(1+\cos x)}{x^n\cos x(1+\cos x)}\\&=\lim_{x\to0}\frac{\sin^3 x}{x^n\cos x(1+\cos x)}\\&=\lim_{x\to0}\frac{\sin^3 x}{x^n}\times\frac{1}{\cos x(1+\cos x)}\end{aligned}$$

$1-\cos^2 x$
$=\sin^2 x$야.

(i) $n=1$, 2일 때

$$\begin{aligned}&\lim_{x\to0}\frac{\tan x-\sin x}{x^n}\\&=\lim_{x\to0}\frac{\sin^3 x}{x^n}\times\frac{1}{\cos x(1+\cos x)}\\&=\lim_{x\to0}\frac{\sin^n x}{x^n}\times\frac{\sin^{3-n}x}{\cos x(1+\cos x)}\\&=1\times0=0\end{aligned}$$

(ii) $n=3$일 때

$$\lim_{x\to0}\frac{\tan x-\sin x}{x^n}$$
$$=\lim_{x\to0}\frac{\sin^3 x}{x^3}\times\frac{1}{\cos x(1+\cos x)}$$
$$=1\times\frac{1}{1\times(1+1)}=\frac{1}{2}$$

(iii) $n\ge4$일 때

$$\lim_{x\to0}\frac{\tan x-\sin x}{x^n}$$
$$=\lim_{x\to0}\frac{\sin^3 x}{x^n}\times\frac{1}{\cos x(1+\cos x)}$$
$$=\lim_{x\to0}\frac{\sin^3 x}{x^3}\times\frac{1}{\cos x(1+\cos x)x^{n-3}}$$
$$=\lim_{x\to0}\frac{1}{\cos x(1+\cos x)x^{n-3}}$$

이므로 극한값이 존재하지 않는다.

(i)~(iii)에서 주어진 식이 0이 아닌 값으로 수렴하려면 $n=3$이어야 한다.

05

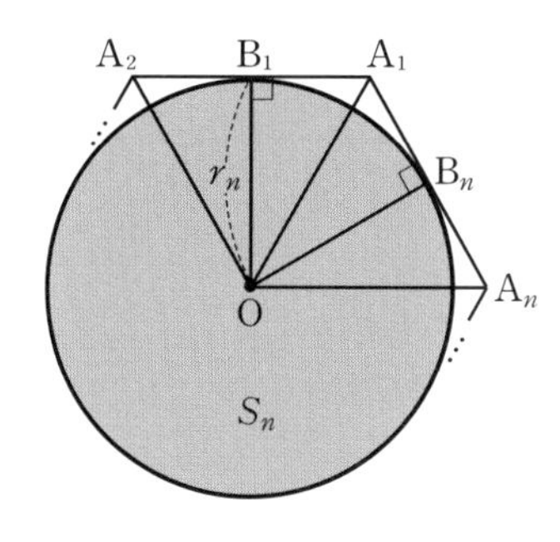

원의 중심을 O, 정n각형의 꼭짓점을 각각 A_1, A_2, $\cdots$, A_n, 정n각형과 원의 접점을 각각 B_1, B_2, $\cdots$, B_n이라 하자.

$\angle A_1B_1O=\angle A_1B_nO=\frac{\pi}{2}$이고

$\angle B_1A_1B_n=\frac{(n-2)\pi}{n}$이므로

$\angle B_1OB_n=\pi-\frac{(n-2)\pi}{n}=\frac{2}{n}\pi$

이때 $\triangle A_1B_1O\equiv\triangle A_1B_nO$이므로

$\angle A_1OB_1=\frac{\pi}{n}$

원의 반지름의 길이를 r_n이라 하면

삼각형 A_1B_1O에서

$\tan\frac{\pi}{n}=\frac{\overline{A_1B_1}}{r_n}=\frac{1}{r_n}$이므로

정n각형은 한 변의 길이가 2이므로 $\overline{A_1B_1}=1$이야.

$r_n=\frac{1}{\tan\frac{\pi}{n}}$ $\quad\therefore S_n=\pi r_n^2=\frac{\pi}{\tan^2\frac{\pi}{n}}$

$\frac{1}{n}=t$라 하면 $n\to\infty$일 때, $t\to0$이므로

$$\lim_{n\to\infty}\frac{S_n}{n^2}=\lim_{n\to\infty}\frac{\pi}{n^2\tan^2\frac{\pi}{n}}=\lim_{n\to\infty}\frac{\left(\frac{\pi}{n}\right)^2}{\tan^2\frac{\pi}{n}}\times\frac{1}{\pi}$$
$$=\lim_{t\to0}\frac{(\pi t)^2}{\tan^2\pi t}\times\frac{1}{\pi}=1\times\frac{1}{\pi}=\frac{1}{\pi}$$

06 $\overline{BC}=\sin\theta$, $\overline{AD}=\tan\theta$

$\overline{OC}=\cos\theta$이므로

$\overline{AC}=\overline{OA}-\overline{OC}=1-\cos\theta$

따라서

$$S(\theta)=\frac{1}{2}\times(\overline{BC}+\overline{AD})\times\overline{AC}$$
$$=\frac{1}{2}(\sin\theta+\tan\theta)(1-\cos\theta)$$

이므로

$$\lim_{\theta\to0+}\frac{S(\theta)}{\theta^3}$$
$$=\lim_{\theta\to0+}\frac{(\sin\theta+\tan\theta)(1-\cos\theta)}{2\theta^3}$$
$$=\lim_{\theta\to0+}\frac{(\sin\theta+\tan\theta)(1-\cos\theta)(1+\cos\theta)}{2\theta^3(1+\cos\theta)}$$
$$=\lim_{\theta\to0+}\frac{(\sin\theta+\tan\theta)\sin^2\theta}{2\theta^3(1+\cos\theta)}$$
$$=\lim_{\theta\to0+}\frac{\sin\theta+\tan\theta}{\theta}\times\frac{\sin^2\theta}{\theta^2}\times\frac{1}{2(1+\cos\theta)}$$
$$=\lim_{\theta\to0+}\left(\frac{\sin\theta}{\theta}+\frac{\tan\theta}{\theta}\right)\times\frac{\sin^2\theta}{\theta^2}\times\frac{1}{2(1+\cos\theta)}$$
$$=(1+1)\times1\times\frac{1}{4}=\frac{1}{2}$$

07 $$f'(0)=\lim_{x\to0}\frac{f(x)-f(0)}{x}$$
$$=\lim_{x\to0}\frac{\sin 2x\tan^2 x}{x(1-\cos x)}\ (\because f(0)=0)$$
$$=\lim_{x\to0}\frac{\sin 2x\tan^2 x(1+\cos x)}{x(1-\cos x)(1+\cos x)}$$
$$=\lim_{x\to0}\frac{\sin 2x\tan^2 x(1+\cos x)}{x\sin^2 x}$$
$$=\lim_{x\to0}\frac{\sin 2x}{2x}\times\frac{\tan^2 x}{x^2}\times\frac{x^2}{\sin^2 x}\times2(1+\cos x)$$
$$=1\times1\times1\times4=4$$

08 $f(x)=2x^3\cos x$에서

$f'(x)=6x^2\cos x-2x^3\sin x$

$$\therefore \lim_{h\to0}\frac{f(\pi+2h)-f(\pi-h)}{h}$$
$$=\lim_{h\to0}\frac{f(\pi+2h)-f(\pi)+f(\pi)-f(\pi-h)}{h}$$
$$=\lim_{h\to0}\frac{f(\pi+2h)-f(\pi)}{2h}\times2+\lim_{h\to0}\frac{f(\pi-h)-f(\pi)}{-h}$$
$$=2f'(\pi)+f'(\pi)$$
$$=3f'(\pi)$$
$$=3(6\pi^2\cos\pi-2\pi^3\sin\pi)$$
$$=-18\pi^2$$

누구나 합격 전략 | 52~53쪽

01 ②	02 ④	03 ①	04 ①
05 ④	06 ③	07 ②	08 ③

01 $\lim_{x\to0}\frac{4^x+3^x+2^x}{2^x+1}=\frac{1+1+1}{1+1}=\frac{3}{2}$

02 $\lim_{x\to1}\frac{e^{2x}-1}{e^x-1}=\lim_{x\to1}\frac{(e^x-1)(e^x+1)}{e^x-1}$

$=\lim_{x\to1}(e^x+1)$

$=e+1$

03 $\lim_{x\to0}\frac{\ln(1+x)}{2x}=\lim_{x\to0}\frac{\ln(1+x)}{x}\times\frac{1}{2}$

$=1\times\frac{1}{2}=\frac{1}{2}$

04 함수 $f(x)$가 모든 실수 x에서 미분가능하므로 $x=0$에서 미분가능하고, 연속이다.

즉 $\lim_{x\to0-}e^x=\lim_{x\to0+}(ax+b)=f(0)$이므로 $b=1$

또 $f'(0)$이 존재하므로

$f'(x)=\begin{cases}e^x & (x<0)\\ a & (x>0)\end{cases}$에서

$\lim_{x\to0-}e^x=\lim_{x\to0+}a \quad \therefore a=1$

따라서 $a=1$, $b=1$이므로

$a+b=2$

05 $\cos\alpha=\sqrt{1-\sin^2\alpha}=\sqrt{1-\left(\frac{1}{2}\right)^2}=\frac{\sqrt{3}}{2}\left(\because 0<\alpha<\frac{\pi}{2}\right)$

$\sin\beta=\sqrt{1-\cos^2\beta}=\sqrt{1-\left(\frac{1}{3}\right)^2}=\frac{2\sqrt{2}}{3}\left(\because 0<\beta<\frac{\pi}{2}\right)$

이므로

$\sin(\alpha+\beta)=\sin\alpha\cos\beta+\cos\alpha\sin\beta$

$=\frac{1}{2}\times\frac{1}{3}+\frac{\sqrt{3}}{2}\times\frac{2\sqrt{2}}{3}$

$=\frac{1+2\sqrt{6}}{6}$

06 두 직선 $3x-y=0$, $x-2y-8=0$이 x축의 양의 방향과 이루는 각의 크기를 각각 α, β라 하면

$\tan\alpha=3$, $\tan\beta=\frac{1}{2}$

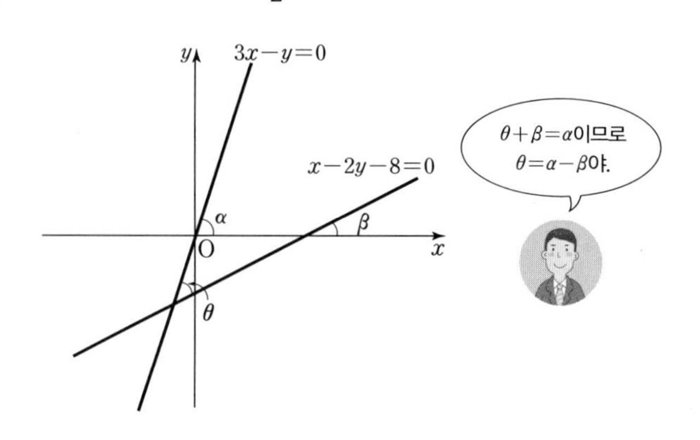

두 직선이 이루는 예각의 크기는 $\theta=\alpha-\beta$이므로

$$\tan\theta=|\tan(\alpha-\beta)|$$
$$=\left|\frac{\tan\alpha-\tan\beta}{1+\tan\alpha\tan\beta}\right|$$
$$=\left|\frac{3-\frac{1}{2}}{1+3\times\frac{1}{2}}\right|=1$$

07 $\lim_{x\to0}\frac{\sin x}{x^2+2x}=\lim_{x\to0}\frac{\sin x}{x(x+2)}$

$$=\lim_{x\to0}\frac{\sin x}{x}\times\frac{1}{x+2}$$
$$=1\times\frac{1}{2}=\frac{1}{2}$$

08 $f(x)=e^x\sin x\cos x$에서

$$f'(x)=e^x\sin x\cos x+e^x\cos^2 x-e^x\sin^2 x$$
$$=e^x(\sin x\cos x+\cos^2 x-\sin^2 x)$$
$$=e^x\left(\frac{1}{2}\sin 2x+\cos 2x\right)$$

따라서 $a=\frac{1}{2}$, $b=1$이므로

$$ab=\frac{1}{2}\times1=\frac{1}{2}$$

창의·융합·코딩 전략 ① 54~55쪽

1 $\frac{3}{2}\ln 2$ **2** ③ **3** 30 **4** ②

1 $A(x_1, k)$, $B(x_2, k)$라 하면

$\log_2(8x_1+12)=k$에서 $x_1=\frac{2^k-12}{8}$

$\log_2(2x_2+3)=k$에서 $x_2=\frac{2^k-3}{2}$

즉 점 C는 곡선 $y=\log_2(2x+3)$과 직선 $x=\frac{2^k-12}{8}$가 만나는 점이므로

$\log_2\left(2\times\frac{2^k-12}{8}+3\right)=\log_2 2^{k-2}=k-2$에서

$C\left(\frac{2^k-12}{8}, k-2\right)$

곡선 $y=\log_2(2x+3)$을 y축의 방향으로 2만큼 평행이동하면 곡선 $y=\log_2(8x+12)$와 일치한다. 즉 곡선 $y=\log_2(2x+3)$과 선분 CB로 둘러싸인 부분의 넓이와 곡선 $y=\log_2(8x+12)$와 선분 AD로 둘러싸인 부분의 넓이가 같으므로 $S(k)$는 평행사변형 ACBD의 넓이와 같다.

따라서

$$S(k)=\overline{AC}\times\overline{AB}$$
$$=2\times\left(\frac{2^k-3}{2}-\frac{2^k-12}{8}\right)$$
$$=2\times(2^{k-1}-2^{k-3})$$
$$=3\times2^{k-2}$$

이므로

$$\lim_{k\to0}\frac{4S(k)-3}{\ln(1+2k)}=\lim_{k\to0}\frac{3\times2^{k-2+2}-3}{\ln(1+2k)}$$
$$=\lim_{k\to0}\frac{3(2^k-1)}{\ln(1+2k)}$$
$$=\lim_{k\to0}\frac{\frac{2^k-1}{k}}{\frac{\ln(1+2k)}{2k}}\times\frac{3}{2}$$
$$=\frac{\ln 2}{1}\times\frac{3}{2}$$
$$=\frac{3}{2}\ln 2$$

2 점 P의 x좌표를 t라 하면

$\overline{OQ}=t$, $\overline{PQ}=\ln(t+1)$

즉 $\overline{OP}=\sqrt{t^2+\{\ln(t+1)\}^2}$이므로

$$S_1=\frac{1}{2}\times\sqrt{t^2+\{\ln(t+1)\}^2}\times t$$
$$=\frac{t\sqrt{t^2+\{\ln(t+1)\}^2}}{2}$$

$$S_2=\frac{1}{2}\times t\times\ln(t+1)$$
$$=\frac{t\ln(t+1)}{2}$$

점 P가 원점 O에 한없이 가까워질 때

$t\to0+$이므로 $\frac{S_1}{S_2}$의 극한값은

$$\lim_{t\to0+}\frac{S_1}{S_2}=\lim_{t\to0+}\frac{\frac{t\sqrt{t^2+\{\ln(t+1)\}^2}}{2}}{\frac{t\ln(t+1)}{2}}$$

$$=\lim_{t\to0+}\frac{\sqrt{t^2+\{\ln(t+1)\}^2}}{\ln(t+1)}$$

$$=\lim_{t\to0+}\frac{\sqrt{1+\left\{\frac{\ln(t+1)}{t}\right\}^2}}{\frac{\ln(t+1)}{t}}$$

$$=\frac{\sqrt{1+1}}{1}$$

$$=\sqrt{2}$$

3 $\lim_{n\to\infty}A_t=\lim_{n\to\infty}A\left(1+\frac{r}{100n}\right)^{nt}$

$$=\lim_{n\to\infty}A\left\{\left(1+\frac{r}{100n}\right)^{\frac{100n}{r}}\right\}^{\frac{rt}{100}}$$

$$=Ae^{\frac{rt}{100}}$$

이므로 원금 1억 원을

연이율 3 %의 연속복리로

예금했을 때, 10년 후의 원리합계는

$1\times e^{\frac{30}{100}}=e^{0.3}$

따라서 $a=e^{0.3}$이므로

$100\ln a=100\ln e^{0.3}$

$=100\times0.3$

$=30$

$A=1,\ r=3,\ t=10$ 을 대입하면 돼.

4 반감기 T가 시각 t에 상관없이 일정하므로

$a=\left(\frac{1}{2}\right)^{\frac{1}{T}}$이라 하면

$f(t)=f(0)\times\left(\frac{1}{2}\right)^{\frac{t}{T}}$

$=f(0)\times a^t$

즉

$f'(t)=f(0)a^t\ln a$

$=\ln a\times f(t)$

이므로

$\lambda=-\ln a=-\ln\left(\frac{1}{2}\right)^{\frac{1}{T}}=\frac{\ln 2}{T}$

$\therefore\ \lambda T=\ln 2$

창의·융합·코딩 전략 ②

56~57쪽

5 ⑤ **6** ③ **7** ② **8** 나은

5 $\angle\mathrm{DAB}=\alpha,\ \angle\mathrm{CAB}=\beta$라 하면

$\tan\alpha=\frac{16}{x},\ \tan\beta=\frac{4}{x}$

$\therefore\ \tan\theta=\tan(\alpha-\beta)$

$$=\frac{\tan\alpha-\tan\beta}{1+\tan\alpha\tan\beta}$$

$$=\frac{\frac{16}{x}-\frac{4}{x}}{1+\frac{16}{x}\times\frac{4}{x}}$$

$$=\frac{12}{x+\frac{64}{x}}$$

이때 $x+\frac{64}{x}$가 최소일 때 $\tan\theta$는 최대이고 θ도 최대이다.

$x>0$이므로 산술평균과 기하평균의 관계에 의하여

$x+\frac{64}{x}\ge2\sqrt{x\times\frac{64}{x}}=16$

$\left(\text{단, 등호는 } x=\frac{64}{x}\text{일 때 성립한다.}\right)$

즉 $x=\frac{64}{x}$일 때 최소이므로 $x^2=64$

$\therefore\ x=8\ (\because\ x>0)$

6

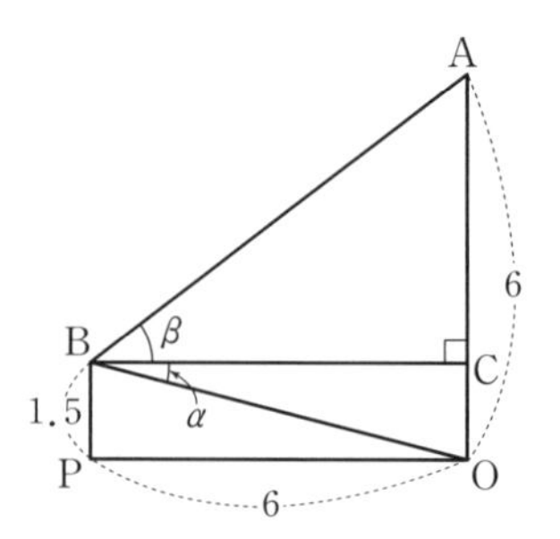

위의 그림과 같이 눈의 높이인 지점을 B,

점 B에서 나무에 내린 수선의 발을 C라 하고,

$\angle\mathrm{CBO}=\alpha,\ \angle\mathrm{ABC}=\beta$라 하면

$\overline{\mathrm{AC}}=6-1.5=4.5,\ \overline{\mathrm{BC}}=6,\ \overline{\mathrm{OC}}=1.5$이므로

$\tan\alpha=\frac{\overline{\mathrm{OC}}}{\overline{\mathrm{BC}}}=\frac{1.5}{6}=\frac{1}{4}$

$\tan\beta=\frac{\overline{\mathrm{AC}}}{\overline{\mathrm{BC}}}=\frac{4.5}{6}=\frac{3}{4}$

$\therefore \tan\theta=\tan(\alpha+\beta)$

$$=\frac{\tan\alpha+\tan\beta}{1-\tan\alpha\tan\beta}$$

$$=\frac{\frac{1}{4}+\frac{3}{4}}{1-\frac{1}{4}\times\frac{3}{4}}=\frac{16}{13}$$

7 $\sin\beta=\frac{\frac{1}{2}}{\sqrt{2}}=\frac{\sqrt{2}}{4}$에서

$\cos\beta=\sqrt{1-\sin^2\beta}=\sqrt{1-\left(\frac{\sqrt{2}}{4}\right)^2}=\frac{\sqrt{14}}{4}$

이므로

$\cos 2\beta=\cos^2\beta-\sin^2\beta$

$$=\left(\frac{\sqrt{14}}{4}\right)^2-\left(\frac{\sqrt{2}}{4}\right)^2=\frac{3}{4}$$

$\sin 2\beta=2\sin\beta\cos\beta$

$$=2\times\frac{\sqrt{2}}{4}\times\frac{\sqrt{14}}{4}=\frac{\sqrt{7}}{4}$$

이때 $\sin(\alpha+\beta)=\frac{1}{2}$이므로

$\alpha+\beta=\frac{\pi}{6}\left(\because 0<\alpha+\beta<\frac{\pi}{2}\right)$

$\therefore \sin(\alpha-\beta)=\sin\left(\frac{\pi}{6}-2\beta\right)$

$$=\sin\frac{\pi}{6}\cos 2\beta-\cos\frac{\pi}{6}\sin 2\beta$$

$$=\frac{1}{2}\times\frac{3}{4}-\frac{\sqrt{3}}{2}\times\frac{\sqrt{7}}{4}$$

$$=\frac{3-\sqrt{21}}{8}$$

8 $f(x)=\begin{cases} 13e^x & (x\le 0) \\ \sin x+13\cos x & (x>0)\end{cases}$에서

$f'(x)=\begin{cases} 13e^x & (x<0) \\ \cos x-13\sin x & (x>0)\end{cases}$

ㄱ. $f'\left(\frac{\pi}{2}\right)=\cos\frac{\pi}{2}-13\sin\frac{\pi}{2}=-13$

ㄴ. $\lim_{x\to 0-}f(x)=\lim_{x\to 0-}13e^x=13e^0=13$

$\lim_{x\to 0+}f(x)=\lim_{x\to 0+}(\sin x+13\cos x)$

$$=\sin 0+13\cos 0=13$$

$f(0)=13e^0=13$

즉 $\lim_{x\to 0-}f(x)=\lim_{x\to 0+}f(x)=f(0)=13$이므로

함수 $f(x)$는 $x=0$에서 연속이다.

ㄷ. $\lim_{x\to 0-}f'(x)=\lim_{x\to 0-}13e^x=13e^0=13$

$\lim_{x\to 0+}f'(x)=\lim_{x\to 0+}(\cos x-13\sin x)$

$$=\cos 0-13\sin 0=1$$

즉 $\lim_{x\to 0-}f'(x)\ne\lim_{x\to 0+}f'(x)$이므로

함수 $f(x)$는 $x=0$에서 미분가능하지 않다.

따라서 옳은 것은 ㄱ, ㄴ이므로 구하는 학생은 나은이다.

전편 마무리 전략

신유형·신경향 전략

60~63쪽

01 17	02 $\sqrt{3}$	03 A, C	04 37
05 2	06 $2+\frac{1}{2\ln 3}$	07 3	08 $\frac{25}{3}$

01 $0\le x\le 6$일 때, $f(x)=|x-3|$이므로

$f(1)=2,\ f(2)=1,\ f(3)=0,\ f(4)=1,\ f(5)=2,$
$f(6)=3$

함수 $g(x)=\lim_{n\to\infty}\frac{\{f(x)\}^n}{\{f(x)\}^n+1}$에 대하여

(i) $f(1)=2,\ f(5)=2,\ f(6)=3$일 때

$$g(x)=\lim_{n\to\infty}\frac{\{f(x)\}^n}{\{f(x)\}^n+1}=\lim_{n\to\infty}\frac{1}{1+\frac{1}{\{f(x)\}^n}}=\frac{1}{1+0}=1$$

(ii) $f(2)=1,\ f(4)=1$일 때

$$g(x)=\lim_{n\to\infty}\frac{\{f(x)\}^n}{\{f(x)\}^n+1}=\lim_{n\to\infty}\frac{1^n}{1^n+1}=\frac{1}{2}$$

(iii) $f(3)=0$일 때

$$g(x)=\lim_{n\to\infty}\frac{\{f(x)\}^n}{\{f(x)\}^n+1}=\frac{0}{0+1}=0$$

(i)~(iii)에서

$g(1)=1,\ g(2)=\frac{1}{2},\ g(3)=0,\ g(4)=\frac{1}{2},$

$g(5)=1,\ g(6)=1$

이때 모든 실수 x에 대하여 $f(x+6)=f(x)$이므로

$g(x+6)=g(x)$

$$\therefore \sum_{m=1}^{25}g(m)=g(1)+g(2)+\cdots+g(25)$$
$$=4\{g(1)+g(2)+g(3)+g(4)+g(5)+g(6)\}+g(1)$$
$$=4\left(1+\frac{1}{2}+0+\frac{1}{2}+1+1\right)+1$$
$$=17$$

02 $\overline{AP_1}^2=1,\ \overline{AP_2}^2=\overline{AP_1}^2+\overline{P_1P_2}^2=1+1=2$

$\overline{AP_3}^2=\overline{AP_2}^2+\overline{P_2P_3}^2=2+2^2$

$\overline{AP_4}^2=\overline{AP_3}^2+\overline{P_3P_4}^2=2+2^2+(2^2)^2$

$\overline{AP_5}^2=\overline{AP_4}^2+\overline{P_4P_5}^2=2+2^2+(2^2)^2+(2^3)^2$

$\vdots$

$$\overline{AP_n}^2=2+2^2+(2^2)^2+(2^3)^2+\cdots+(2^{n-2})^2$$
$$=2+(4+4^2+4^3+\cdots+4^{n-2})$$
$$=2+\frac{4(4^{n-2}-1)}{4-1}$$
$$=\frac{2}{3}+\frac{4^{n-1}}{3}$$

이때 $\overline{P_nP_{n+1}}=2^{n-1}$이고 $\angle AP_nP_{n+1}=\frac{\pi}{2}$이므로

$$\tan(\angle P_nAP_{n+1})=\frac{\overline{P_nP_{n+1}}}{\overline{AP_n}}=\frac{2^{n-1}}{\sqrt{\frac{2}{3}+\frac{4^{n-1}}{3}}}$$

$$\therefore \lim_{n\to\infty}\tan(\angle P_nAP_{n+1})=\lim_{n\to\infty}\frac{2^{n-1}}{\sqrt{\frac{2}{3}+\frac{4^{n-1}}{3}}}$$
$$=\lim_{n\to\infty}\frac{\sqrt{4^{n-1}}}{\sqrt{\frac{2}{3}+\frac{4^{n-1}}{3}}}$$
$$=\lim_{n\to\infty}\frac{1}{\sqrt{\frac{2}{3\times 4^{n-1}}+\frac{1}{3}}}$$
$$=\frac{1}{\sqrt{0+\frac{1}{3}}}$$
$$=\sqrt{3}$$

03 A: $\sum_{n=1}^{\infty}(a_n+b_n),\ \sum_{n=1}^{\infty}(a_n-b_n)$이 수렴하므로

$\lim_{n\to\infty}(a_n+b_n)=0,\ \lim_{n\to\infty}(a_n-b_n)=0$

즉 $\lim_{n\to\infty}a_n=0,\ \lim_{n\to\infty}b_n=0$이므로

$\lim_{n\to\infty}a_n,\ \lim_{n\to\infty}b_n$은 모두 수렴한다.

B: $a_n=\left(\frac{3}{4}\right)^n,\ b_n=\left(\frac{1}{4}\right)^n$이면

$$\sum_{n=1}^{\infty}a_n=\frac{\frac{3}{4}}{1-\frac{3}{4}}=3,\ \sum_{n=1}^{\infty}b_n=\frac{\frac{1}{4}}{1-\frac{1}{4}}=\frac{1}{3}\text{이지만}$$

$$\sum_{n=1}^{\infty}a_nb_n=\sum_{n=1}^{\infty}\left(\frac{3}{16}\right)^n=\frac{\frac{3}{16}}{1-\frac{3}{16}}=\frac{3}{13}$$

C: $\alpha-\beta=\sum_{n=1}^{\infty}a_n-\sum_{n=1}^{\infty}b_n=\sum_{n=1}^{\infty}(a_n-b_n)$

$=\lim_{n\to\infty}\sum_{k=1}^{n}(a_k-b_k)>0$ ($\because a_n>b_n$)

따라서 옳은 설명을 한 학생은 A, C이다.

04 $\overline{MC}=2$, $\overline{ED}=1$, $\overline{DF}=\frac{2}{3}$이므로

$S_1=\frac{1}{2}\times(1+2)\times2-\frac{1}{2}\times1\times\frac{2}{3}-\frac{1}{2}\times2\times\frac{4}{3}=\frac{4}{3}$

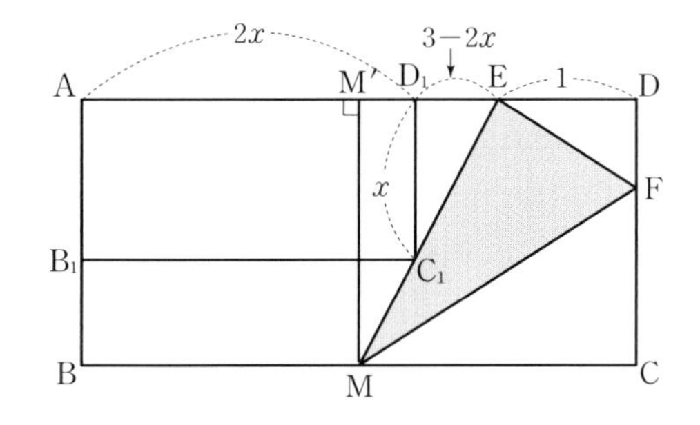

위의 그림과 같이 $\overline{C_1D_1}=x$라 하면

$\overline{AD_1}=2x$, $\overline{D_1E}=3-2x$

점 M에서 선분 AD에 내린 수선의 발을 M′이라 하면

삼각형 MEM′에서 $\overline{MM'}=2$, $\overline{M'E}=1$이고

삼각형 MEM′과 삼각형 C_1ED_1은 닮음이므로

$\overline{MM'}:\overline{C_1D_1}=\overline{M'E}:\overline{D_1E}$

$2:x=1:(3-2x)$ $\quad\therefore x=\frac{6}{5}$

이때 사각형 ABCD와 사각형 $AB_1C_1D_1$의 닮음비는

$\overline{MM'}:\overline{C_1D_1}=2:\frac{6}{5}$이므로

$S_1:S_2=2^2:\left(\frac{6}{5}\right)^2=4:\frac{36}{25}$

즉 공비는 $\dfrac{\frac{36}{25}}{4}=\frac{9}{25}$이므로

$\sum_{k=1}^{\infty}S_k=\dfrac{\frac{4}{3}}{1-\frac{9}{25}}=\dfrac{\frac{4}{3}}{\frac{16}{25}}=\frac{25}{12}$

따라서 $p=12$, $q=25$이므로

$p+q=12+25=37$

05 $f(n)=\lim_{x\to0}\frac{1}{x}\ln(1+x)(1+2x)\cdots(1+nx)$

$=\lim_{x\to0}\frac{1}{x}\{\ln(1+x)+\ln(1+2x)+\cdots+\ln(1+nx)\}$

$=\lim_{x\to0}\frac{\ln(1+x)}{x}+\lim_{x\to0}\frac{\ln(1+2x)}{2x}\times2+\cdots+\lim_{x\to0}\frac{\ln(1+nx)}{nx}\times n$

$=1+2+3+\cdots+n=\frac{n(n+1)}{2}$

$g(n)=\lim_{x\to0}\frac{1}{x}\ln(1+2x)(1+4x)\cdots(1+2nx)$

$=\lim_{x\to0}\frac{1}{x}\{\ln(1+2x)+\ln(1+4x)+\cdots+\ln(1+2nx)\}$

$=\lim_{x\to0}\frac{\ln(1+2x)}{2x}\times2+\lim_{x\to0}\frac{\ln(1+4x)}{4x}\times4+\cdots+\lim_{x\to0}\frac{\ln(1+2nx)}{2nx}\times2n$

$=2+4+6+\cdots+2n$

$=n(n+1)$

$\therefore \lim_{n\to\infty}\frac{g(n)}{f(n)}=\lim_{n\to\infty}\dfrac{n(n+1)}{\frac{n(n+1)}{2}}=\lim_{n\to\infty}2=2$

06 $S(t)=\frac{1}{2}\times\overline{OQ}\times\overline{PQ}=\frac{1}{2}t\log_3 t$

이므로

$S'(t)=\frac{1}{2}\log_3 t+\frac{1}{2}t\times\frac{1}{t\ln3}$

$=\frac{1}{2}\left(\log_3 t+\frac{1}{\ln 3}\right)$

$\therefore S'(81)=\frac{1}{2}\left(\log_3 81+\frac{1}{\ln 3}\right)$

$=2+\frac{1}{2\ln 3}$

07 직각삼각형 POH에서 $\overline{OP}=1$이므로

$\overline{OH}=\cos\theta$, $\overline{PH}=\sin\theta$

직각삼각형 PHQ에서

$\tan\frac{\theta}{2}=\frac{\overline{PH}}{\overline{HQ}}=\frac{\sin\theta}{\overline{HQ}}$

$$\therefore \overline{HQ}=\frac{\sin\theta}{\tan\frac{\theta}{2}}=\frac{\cos\frac{\theta}{2}}{\sin\frac{\theta}{2}}\times 2\sin\frac{\theta}{2}\cos\frac{\theta}{2}$$

$$=2\cos^2\frac{\theta}{2}$$

즉 $\overline{OQ}=\overline{OH}+\overline{HQ}=\cos\theta+2\cos^2\frac{\theta}{2}$

$$\therefore \lim_{\theta\to0+}\overline{OQ}=\lim_{\theta\to0+}\left(\cos\theta+2\cos^2\frac{\theta}{2}\right)$$

$$=1+2=3$$

08 다음 그림과 같이 두 직선 $y=3x$, $x-3y+5=0$이 x축의 양의 방향과 이루는 각의 크기를 각각 α, β, 두 직선 $y=3x$, $x-3y+5=0$이 이루는 예각의 크기를 θ라 하면

$\tan\alpha=3$, $\tan\beta=\frac{1}{3}$

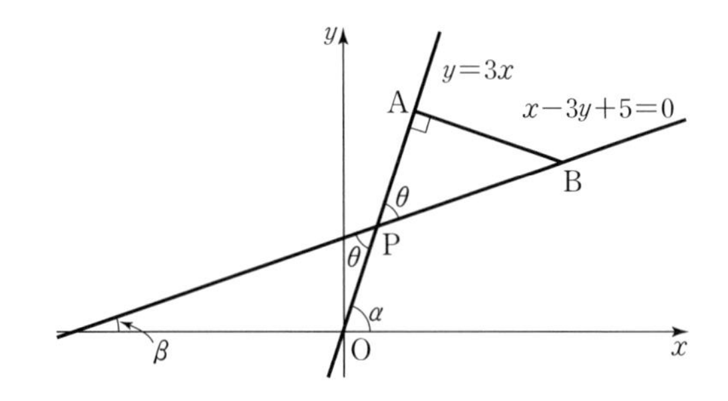

이때 $\theta=\alpha-\beta$이므로

$$\tan\theta=|\tan(\alpha-\beta)|=\left|\frac{\tan\alpha-\tan\beta}{1+\tan\alpha\tan\beta}\right|$$

$$=\left|\frac{3-\frac{1}{3}}{1+3\times\frac{1}{3}}\right|=\frac{\frac{8}{3}}{2}=\frac{4}{3}$$

한편, $\angle A=\frac{\pi}{2}$, $\overline{PA}=5$이므로

$$\tan\theta=\frac{\overline{AB}}{\overline{PA}}=\frac{\overline{AB}}{5}=\frac{4}{3}$$

$$\therefore \overline{AB}=\frac{20}{3}$$

$$\therefore \overline{PB}=\sqrt{\overline{PA}^2+\overline{AB}^2}=\sqrt{25+\frac{400}{9}}=\frac{25}{3}$$

오답 피하기

두 직선의 기울기가 각각 a, b일 때, 두 직선이 이루는 예각의 크기를 θ라 하면

$\tan\theta=\left|\frac{a-b}{1+ab}\right|$ (단, $ab\neq-1$)

1·2등급 확보 전략 1회

64~67쪽

01 ③	02 ③	03 ①	04 ①
05 ②	06 ②	07 ④	08 ⑤
09 ①	10 ②	11 ④	12 ⑤
13 ②	14 ⑤	15 ①	16 ①

01 $\lim_{n\to\infty}\{\sqrt{1+2+3+\cdots+(n+1)}-\sqrt{1+2+3+\cdots+n}\}$

$$=\lim_{n\to\infty}\left\{\sqrt{\frac{(n+1)(n+2)}{2}}-\sqrt{\frac{n(n+1)}{2}}\right\}$$

$$=\lim_{n\to\infty}\frac{1}{\sqrt{2}}(\sqrt{n^2+3n+2}-\sqrt{n^2+n})$$

$$=\lim_{n\to\infty}\frac{(\sqrt{n^2+3n+2}-\sqrt{n^2+n})(\sqrt{n^2+3n+2}+\sqrt{n^2+n})}{\sqrt{2}(\sqrt{n^2+3n+2}+\sqrt{n^2+n})}$$

$$=\lim_{n\to\infty}\frac{\sqrt{2}(n+1)}{\sqrt{n^2+3n+2}+\sqrt{n^2+n}}$$

$$=\lim_{n\to\infty}\frac{\sqrt{2}\left(1+\frac{1}{n}\right)}{\sqrt{1+\frac{3}{n}+\frac{2}{n^2}}+\sqrt{1+\frac{1}{n}}}$$

$$=\frac{\sqrt{2}(1+0)}{\sqrt{1+0+0}+\sqrt{1+0}}$$

$$=\frac{\sqrt{2}}{2}$$

02 $\sqrt{4n^2}<\sqrt{4n^2+3}<\sqrt{4n^2+4n+1}$이므로

$2n<\sqrt{4n^2+3}<2n+1$

즉 $\sqrt{4n^2+3}$의 정수 부분은 $2n$이므로

$a_n=\sqrt{4n^2+3}-2n$

$$\therefore \lim_{n\to\infty}8na_n$$

$$=\lim_{n\to\infty}8n(\sqrt{4n^2+3}-2n)$$

$$=\lim_{n\to\infty}\frac{8n(\sqrt{4n^2+3}-2n)(\sqrt{4n^2+3}+2n)}{\sqrt{4n^2+3}+2n}$$

$$=\lim_{n\to\infty}\frac{24n}{\sqrt{4n^2+3}+2n}$$

$$=\lim_{n\to\infty}\frac{24}{\sqrt{4+\frac{3}{n^2}}+2}$$

$$=\frac{24}{\sqrt{4+0}+2}$$

$$=6$$

03 $a\neq0$이면 $\lim_{n\to\infty}\frac{an^3+bn^2+1}{n^2+2n}=\infty$ (또는 $-\infty$)이므로

$a=0$이어야 한다.

$$\therefore \lim_{n\to\infty}\frac{bn^2+1}{n^2+2n}=\lim_{n\to\infty}\frac{b+\frac{1}{n^2}}{1+\frac{2}{n}}=\frac{b+0}{1+0}=b$$

이때 이 식의 극한값이 3이므로 $b=3$

따라서 $a=0$, $b=3$이므로

$a+b=0+3=3$

04 모든 자연수 n에 대하여 $\frac{1}{n+2}>0$이므로

$\frac{1}{n+2}<a_n<\frac{1}{\sqrt{n(n+4)}}$에서

$\sqrt{n(n+4)}<\frac{1}{a_n}<n+2$

$\sqrt{n^2+4n}-n<\frac{1}{a_n}-n<2$

이때

$$\lim_{n\to\infty}(\sqrt{n^2+4n}-n)=\lim_{n\to\infty}\frac{(\sqrt{n^2+4n}-n)(\sqrt{n^2+4n}+n)}{\sqrt{n^2+4n}+n}=\lim_{n\to\infty}\frac{4n}{\sqrt{n^2+4n}+n}=\lim_{n\to\infty}\frac{4}{\sqrt{1+\frac{4}{n}}+1}=\frac{4}{\sqrt{1+0}+1}=2$$

이고 $\lim_{n\to\infty}2=2$이므로

$$\lim_{n\to\infty}\left(\frac{1}{a_n}-n\right)=\lim_{n\to\infty}\frac{1-na_n}{a_n}=2$$

$$\therefore \lim_{n\to\infty}\frac{a_n}{1-na_n}=\lim_{n\to\infty}\frac{1}{\frac{1-na_n}{a_n}}=\frac{1}{\lim_{n\to\infty}\frac{1-na_n}{a_n}}=\frac{1}{2}$$

05

$$\lim_{n\to\infty}\frac{\left(\frac{1}{2}\right)^{2n+1}+\left(\frac{1}{3}\right)^{n-2}}{\left(\frac{1}{2}\right)^{2n}+\left(\frac{1}{3}\right)^{n-1}}=\lim_{n\to\infty}\frac{\left(\frac{1}{4}\right)^n\times\frac{1}{2}+\left(\frac{1}{3}\right)^n\times9}{\left(\frac{1}{4}\right)^n+\left(\frac{1}{3}\right)^n\times3}=\lim_{n\to\infty}\frac{\left(\frac{3}{4}\right)^n\times\frac{1}{2}+9}{\left(\frac{3}{4}\right)^n+3}=\frac{0+9}{0+3}=3$$

06

$$\lim_{n\to\infty}\frac{(5x-1)^n}{2^{3n}+3^{2n}}=\lim_{n\to\infty}\frac{(5x-1)^n}{8^n+9^n}=\lim_{n\to\infty}\frac{\left(\frac{5x-1}{9}\right)^n}{\left(\frac{8}{9}\right)^n+1}=\lim_{n\to\infty}\left(\frac{5x-1}{9}\right)^n$$

이므로 수열 $\left\{\frac{(5x-1)^n}{2^{3n}+3^{2n}}\right\}$이 수렴하려면

$-1<\frac{5x-1}{9}\le1$이어야 한다.

즉 $-9<5x-1\le9$이므로

$-\frac{8}{5}<x\le2$

따라서 정수 x는 -1, 0, 1, 2이므로 그 개수는 4이다.

07 (i) $k=1$, 9일 때

$\frac{k^2-10k+18}{9}=1$이므로

$a_1=a_9=\lim_{n\to\infty}\frac{1^n-1}{1^n+1}=0$

(ii) $2\le k\le8$일 때

$-1<\frac{k^2-10k+18}{9}<1$이므로

$$a_k=\lim_{n\to\infty}\frac{\left(\frac{k^2-10k+18}{9}\right)^n-1}{\left(\frac{k^2-10k+18}{9}\right)^n+1}=\frac{0-1}{0+1}=-1$$

(iii) $k\geq10$일 때

$\frac{k^2-10k+18}{9}>1$이므로

$$a_k=\lim_{n\to\infty}\frac{\left(\frac{k^2-10k+18}{9}\right)^n-1}{\left(\frac{k^2-10k+18}{9}\right)^n+1}$$

$$=\lim_{n\to\infty}\frac{1-\left(\frac{9}{k^2-10k+18}\right)^n}{1+\left(\frac{9}{k^2-10k+18}\right)^n}$$

$$=\frac{1-0}{1+0}$$

$$=1$$

(i)~(iii)에서

$$\sum_{k=1}^{20}a_k=0+(-1)\times7+0+1\times11$$

$$=4$$

08 (i) $|x|>2$, 즉 $x<-2$ 또는 $x>2$일 때

$$f(x)=\lim_{n\to\infty}\frac{x^{2n+1}}{4^n+x^{2n}}$$

$$=\lim_{n\to\infty}\frac{x}{\left(\frac{4}{x^2}\right)^n+1}$$

$$=\frac{x}{0+1}$$

$$=x$$

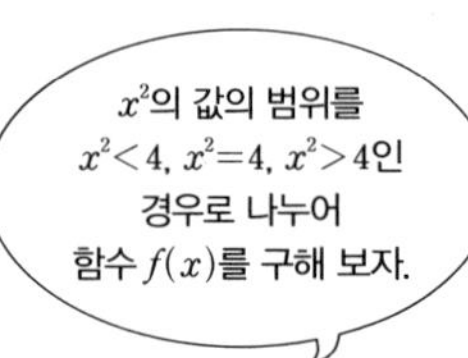

(ii) $x=2$일 때

$$f(2)=\lim_{n\to\infty}\frac{2^{2n+1}}{4^n+2^{2n}}$$

$$=\frac{2}{1+1}$$

$$=1$$

(iii) $|x|<2$, 즉 $-2<x<2$일 때

$$f(x)=\lim_{n\to\infty}\frac{x^{2n+1}}{4^n+x^{2n}}$$

$$=\lim_{n\to\infty}\frac{x\times\left(\frac{x^2}{4}\right)^n}{1+\left(\frac{x^2}{4}\right)^n}$$

$$=\frac{x\times0}{1+0}$$

$$=0$$

(iv) $x=-2$일 때

$$f(-2)=\lim_{n\to\infty}\frac{(-2)^{2n+1}}{4^n+(-2)^{2n}}$$

$$=\frac{-2}{1+1}$$

$$=-1$$

(i)~(iv)에서 $f(x)=\begin{cases}x & (x<-2)\\ -1 & (x=-2)\\ 0 & (-2<x<2)\\ 1 & (x=2)\\ x & (x>2)\end{cases}$

이때 방정식 $f(x)-g(x)=0$이 오직 하나의 실근을 가지려면 두 함수 $y=f(x)$, $y=g(x)$의 그래프가 오직 한 점에서만 만나야 하며 a의 값이 최대일 때는 다음 그림과 같이 곡선 $y=g(x)$가 두 점 $(2, 2)$, $(-2, -2)$를 지날 때이다.

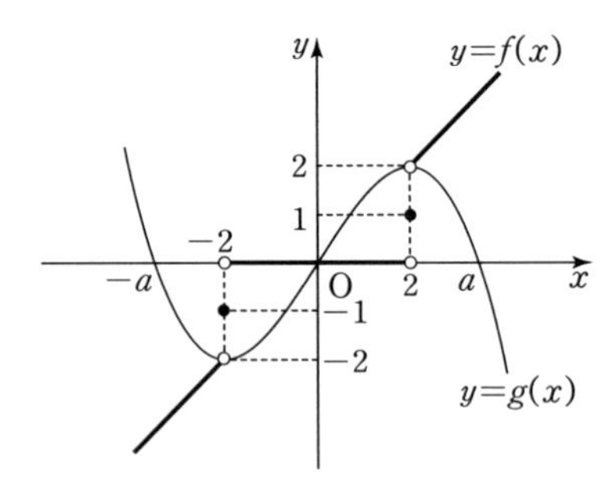

$g(2)=2$에서 $-2(4-a^2)=2$

$a^2=5$ $\quad\therefore a=\pm\sqrt{5}$

따라서 상수 a의 최댓값은 $\sqrt{5}$이다.

09 점 $A_n(n, (n-2)^2)$을 지나고 기울기가 $-\sqrt{3}$인 직선의 방정식은

$y=-\sqrt{3}(x-n)+(n-2)^2$

$\therefore y=-\sqrt{3}x+n^2-(4-\sqrt{3})n+4$

이 직선이 x축과 만나는 점 B_n의 좌표는

$\left(\frac{\sqrt{3}n^2-(4\sqrt{3}-3)n+4\sqrt{3}}{3}, 0\right)$

따라서

$\overline{OA_n}=\sqrt{n^2+(n-2)^4}$

$\overline{OB_n}=\frac{\sqrt{3}n^2-(4\sqrt{3}-3)n+4\sqrt{3}}{3}$

이므로

$$\lim_{n\to\infty}\frac{\overline{\mathrm{OB}_n}}{\overline{\mathrm{OA}_n}}=\lim_{n\to\infty}\frac{\frac{\sqrt{3}n^2-(4\sqrt{3}-3)n+4\sqrt{3}}{3}}{\sqrt{n^2+(n-2)^4}}$$

$$=\lim_{n\to\infty}\frac{\sqrt{3}n^2-(4\sqrt{3}-3)n+4\sqrt{3}}{3\sqrt{n^2+(n-2)^4}}$$

$$=\lim_{n\to\infty}\frac{\sqrt{3}-\frac{4\sqrt{3}-3}{n}+\frac{4\sqrt{3}}{n^2}}{3\sqrt{\frac{1}{n^2}+\left(1-\frac{2}{n}\right)^4}}$$

$$=\frac{\sqrt{3}-0+0}{3\sqrt{0+1}}=\frac{\sqrt{3}}{3}$$

10 $\displaystyle\sum_{n=1}^{\infty}\frac{1}{(n+2)\sqrt{n}+n\sqrt{n+2}}$

$$=\lim_{n\to\infty}\sum_{k=1}^{n}\frac{1}{(k+2)\sqrt{k}+k\sqrt{k+2}}$$

$$=\lim_{n\to\infty}\sum_{k=1}^{n}\frac{1}{\sqrt{k+2}\sqrt{k}(\sqrt{k+2}+\sqrt{k})}$$

$$=\lim_{n\to\infty}\sum_{k=1}^{n}\frac{\sqrt{k+2}-\sqrt{k}}{\sqrt{k+2}\sqrt{k}(\sqrt{k+2}+\sqrt{k})(\sqrt{k+2}-\sqrt{k})}$$

$$=\lim_{n\to\infty}\sum_{k=1}^{n}\frac{\sqrt{k+2}-\sqrt{k}}{2\sqrt{k+2}\sqrt{k}}$$

$$=\frac{1}{2}\lim_{n\to\infty}\sum_{k=1}^{n}\left(\frac{1}{\sqrt{k}}-\frac{1}{\sqrt{k+2}}\right)$$

$$=\frac{1}{2}\lim_{n\to\infty}\left\{\left(1-\frac{1}{\sqrt{3}}\right)+\left(\frac{1}{\sqrt{2}}-\frac{1}{\sqrt{4}}\right)+\cdots+\left(\frac{1}{\sqrt{n-1}}-\frac{1}{\sqrt{n+1}}\right)+\left(\frac{1}{\sqrt{n}}-\frac{1}{\sqrt{n+2}}\right)\right\}$$

$$=\frac{1}{2}\lim_{n\to\infty}\left(1+\frac{1}{\sqrt{2}}-\frac{1}{\sqrt{n+1}}-\frac{1}{\sqrt{n+2}}\right)$$

$$=\frac{1}{2}\left(1+\frac{1}{\sqrt{2}}\right)$$

$$=\frac{1}{2}+\frac{\sqrt{2}}{4}$$

따라서 $a=\frac{1}{2}$, $b=\frac{1}{4}$이므로

$$\frac{a}{b}=\frac{\frac{1}{2}}{\frac{1}{4}}=2$$

오답 피하기

$$\frac{1}{(n+2)\sqrt{n}+n\sqrt{n+2}}=\frac{1}{(\sqrt{n+2})^2\sqrt{n}+(\sqrt{n})^2\sqrt{n+2}}$$

$$=\frac{1}{\sqrt{n+2}\sqrt{n}(\sqrt{n+2}+\sqrt{n})}$$

11 $\displaystyle\sum_{n=1}^{\infty}\frac{a_n}{n}$이 수렴하므로 $\displaystyle\lim_{n\to\infty}\frac{a_n}{n}=0$

$$\therefore \lim_{n\to\infty}\frac{3a_n-8n+1}{a_n-2n+5}$$

$$=\lim_{n\to\infty}\frac{3\times\frac{a_n}{n}-8+\frac{1}{n}}{\frac{a_n}{n}-2+\frac{5}{n}}$$

$$=\frac{0-8+0}{0-2+0}$$

$$=4$$

12 $\displaystyle\sum_{n=1}^{\infty}\left(3na_n+2a_n-\frac{3n^2+1}{2n+1}\right)$이 수렴하므로

$$\lim_{n\to\infty}\left(3na_n+2a_n-\frac{3n^2+1}{2n+1}\right)=0$$

$$b_n=3na_n+2a_n-\frac{3n^2+1}{2n+1}$$

$$=(3n+2)a_n-\frac{3n^2+1}{2n+1}$$

이라 하면

$$\lim_{n\to\infty}b_n=0$$

이때 $\displaystyle\frac{b_n}{3n+2}=a_n-\frac{3n^2+1}{(3n+2)(2n+1)}$이므로

$$a_n=\frac{b_n}{3n+2}+\frac{3n^2+1}{(3n+2)(2n+1)}$$

$$=\frac{b_n}{3n+2}+\frac{3n^2+1}{6n^2+7n+2}$$

즉

$$\lim_{n\to\infty}a_n=\lim_{n\to\infty}\left(\frac{b_n}{3n+2}+\frac{3n^2+1}{6n^2+7n+2}\right)$$

$$=\lim_{n\to\infty}\frac{b_n}{3n+2}+\lim_{n\to\infty}\frac{3n^2+1}{6n^2+7n+2}$$

$$=\lim_{n\to\infty}\frac{b_n}{3n+2}+\lim_{n\to\infty}\frac{3+\frac{1}{n^2}}{6+\frac{7}{n}+\frac{2}{n^2}}$$

$$=0+\frac{3+0}{6+0+0}$$

$$=\frac{1}{2}$$

$$\therefore \lim_{n\to\infty}(4a_n{}^2+4a_n+3)$$

$$=4(\lim_{n\to\infty}a_n)^2+4\lim_{n\to\infty}a_n+3$$

$$=4\times\left(\frac{1}{2}\right)^2+4\times\frac{1}{2}+3$$

$$=6$$

13 ㄱ. $\sum_{n=1}^{\infty} a_n$이 수렴하므로 $\lim_{n\to\infty} a_n=0$

이때

$\sum_{k=1}^{n}(a_k-a_{k+1})$

$=(a_1-a_2)+(a_2-a_3)+\cdots+(a_n-a_{n+1})$

$=a_1-a_{n+1}$

이므로

$$\sum_{n=1}^{\infty}(a_n-a_{n+1})=\lim_{n\to\infty}\sum_{k=1}^{n}(a_k-a_{k+1})$$
$$=\lim_{n\to\infty}(a_1-a_{n+1})$$
$$=a_1$$

이때 $a_1\neq0$이면 $\sum_{n=1}^{\infty}(a_n-a_{n+1})=a_1\neq0$

ㄴ. $\sum_{n=1}^{\infty}a_n=\alpha$, $\sum_{n=1}^{\infty}b_n=\beta$라 하면

$$\sum_{n=1}^{\infty}\frac{a_n+b_n}{2}=\frac{1}{2}\left(\sum_{n=1}^{\infty}a_n+\sum_{n=1}^{\infty}b_n\right)=\frac{1}{2}(\alpha+\beta)$$

이므로 $\sum_{n=1}^{\infty}\frac{a_n+b_n}{2}$도 수렴한다.

ㄷ. $\{a_n\}$: 1, 0, 1, 0, 1, 0, $\cdots$

$\{b_n\}$: 0, 1, 0, 1, 0, 1, $\cdots$

이면 $\sum_{n=1}^{\infty}a_nb_n=0$으로 수렴하고 $\lim_{n\to\infty}b_n\neq0$이지만

$\lim_{n\to\infty}a_n\neq0$이다.

따라서 옳은 것은 ㄴ이다.

14 $$\sum_{n=1}^{\infty}\left\{\left(\frac{1}{2}\right)^n+\left(\frac{2}{3}\right)^n\right\}=\sum_{n=1}^{\infty}\left(\frac{1}{2}\right)^n+\sum_{n=1}^{\infty}\left(\frac{2}{3}\right)^n$$
$$=\frac{\frac{1}{2}}{1-\frac{1}{2}}+\frac{\frac{2}{3}}{1-\frac{2}{3}}$$
$$=1+2=3$$

15 $-1<a<0<b<1$이므로

$\sum_{n=1}^{\infty}a^{n-1}$, $\sum_{n=1}^{\infty}b^{n-1}$은 모두 수렴한다.

$\sum_{n=1}^{\infty}(ab)^{n-1}=\frac{4}{5}$에서 $\frac{1}{1-ab}=\frac{4}{5}$

$\therefore ab=-\frac{1}{4}$ ……㉠

$\sum_{n=1}^{\infty}(a^{n-1}+b^{n-1})=\frac{8}{3}$에서

$$\sum_{n=1}^{\infty}a^{n-1}+\sum_{n=1}^{\infty}b^{n-1}=\frac{1}{1-a}+\frac{1}{1-b}=\frac{8}{3}$$

$\frac{2-(a+b)}{ab-(a+b)+1}=\frac{8}{3}$, $5(a+b)=8ab+2$

$5(a+b)=8\times\left(-\frac{1}{4}\right)+2=0$ ($\because$ ㉠) $\therefore a=-b$

㉠에 $a=-b$를 대입하면

$-a^2=-\frac{1}{4}$ $\therefore a=-\frac{1}{2}$ ($\because -1<a<0$)

따라서 $b=\frac{1}{2}$이므로

$$\sum_{n=1}^{\infty}(a^{2n-1}+b^{2n-1})=\sum_{n=1}^{\infty}a^{2n-1}+\sum_{n=1}^{\infty}b^{2n-1}$$
$$=\frac{a}{1-a^2}+\frac{b}{1-b^2}$$
$$=\frac{-\frac{1}{2}}{1-\frac{1}{4}}+\frac{\frac{1}{2}}{1-\frac{1}{4}}$$
$$=0$$

다른 풀이

$a=-b$, 즉 $b=-a$이므로

$$\sum_{n=1}^{\infty}(a^{2n-1}+b^{2n-1})=\sum_{n=1}^{\infty}(a^{2n-1}-a^{2n-1})$$
$$=0$$

16 다음 그림과 같이 호 AC와 호 BD의 교점을 H라 하자.

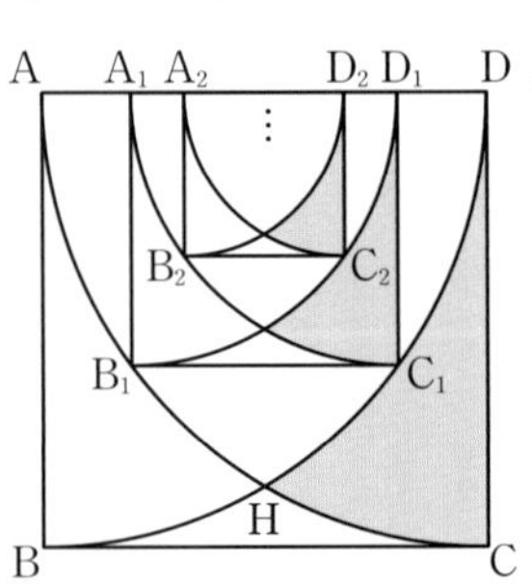

$S_1=$(삼각형 AHD의 넓이)$+$(부채꼴 DHC의 넓이)

$-$(부채꼴 AHD의 넓이)

$$=\frac{\sqrt{3}}{4}\times2^2+\frac{1}{2}\times2^2\times\frac{\pi}{6}-\frac{1}{2}\times2^2\times\frac{\pi}{3}$$
$$=\sqrt{3}-\frac{\pi}{3}$$

$\overline{A_1D_1}=\overline{A_1B_1}=x$라 하면

$\overline{AA_1}=\overline{D_1D}=\frac{1}{2}\times(2-x)=1-\frac{1}{2}x$

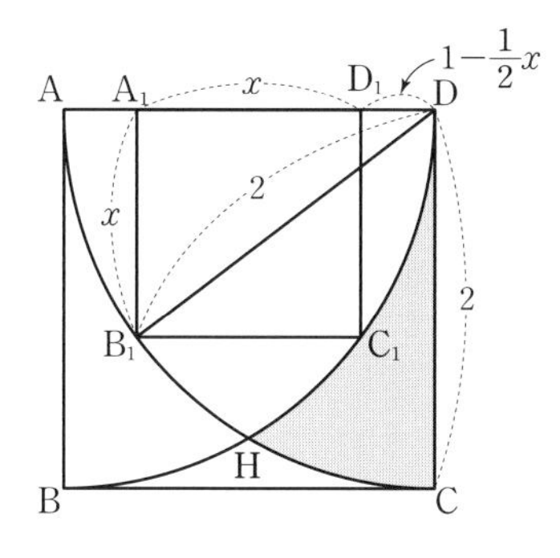

직각삼각형 A_1B_1D에서

$\left(x+1-\frac{1}{2}x\right)^2+x^2=2^2$, $\left(1+\frac{x}{2}\right)^2+x^2=4$

$\frac{5}{4}x^2+x-3=0$, $(x+2)(5x-6)=0$

$\therefore x=\frac{6}{5}$ ($\because x>0$)

이때 사각형 ABCD와 사각형 $A_1B_1C_1D_1$의 닮음비는

$\overline{AB}:\overline{A_1B_1}=2:\frac{6}{5}$이므로

$S_1:S_2=2^2:\left(\frac{6}{5}\right)^2=4:\frac{36}{25}=1:\frac{9}{25}$

따라서 $\sum_{n=1}^{\infty}S_n$은 첫째항이 $\sqrt{3}-\frac{\pi}{3}$이고 공비가 $\frac{9}{25}$인 등비급수이므로

$$\sum_{n=1}^{\infty}S_n=\frac{\sqrt{3}-\frac{\pi}{3}}{1-\frac{9}{25}}=\frac{25\sqrt{3}}{16}-\frac{25}{48}\pi$$

오답 피하기

$\overline{AB}=\overline{AH}=\overline{DH}=\overline{CD}=\overline{AD}=2$이므로

삼각형 AHD는 한 변의 길이가 2인 정삼각형이다.

즉 $\angle DAH=\angle ADH=\frac{\pi}{3}$

또 사각형 ABCD는 정사각형이므로

$\angle BAH=\angle HDC=\frac{\pi}{2}-\frac{\pi}{3}=\frac{\pi}{6}$

1·2등급 확보 전략 2회

68~71쪽

01 ④	02 ⑤	03 ①	04 ⑤
05 ③	06 ④	07 ⑤	08 ④
09 ②	10 ①	11 ②	12 ③
13 ④	14 ⑤	15 ⑤	16 ③

01 $x\to\infty$일 때, $\left(\frac{1}{2^x}+\frac{1}{3^x}\right)\to 0$이므로

$\lim_{x\to\infty}(1+2^x)\ln\left(1+\frac{1}{2^x}+\frac{1}{3^x}\right)$

$=\lim_{x\to\infty}\frac{\ln\left(1+\frac{1}{2^x}+\frac{1}{3^x}\right)}{\frac{1}{2^x}+\frac{1}{3^x}}\times(1+2^x)\left(\frac{1}{2^x}+\frac{1}{3^x}\right)$

$=\lim_{x\to\infty}\frac{\ln\left(1+\frac{1}{2^x}+\frac{1}{3^x}\right)}{\frac{1}{2^x}+\frac{1}{3^x}}\times\lim_{x\to\infty}\left\{1+\frac{1}{2^x}+\frac{1}{3^x}+\left(\frac{2}{3}\right)^x\right\}$

$=1\times1=1$

02 $\frac{1}{f(x)}=t$라 하면 $\lim_{x\to\infty}f(x)=0$이므로

$x\to\infty$일 때, $t\to\infty$

$\therefore \lim_{x\to\infty}\{1+f(x)\}^{\frac{2}{f(x)}}=\lim_{t\to\infty}\left(1+\frac{1}{t}\right)^{2t}$

$=\lim_{t\to\infty}\left\{\left(1+\frac{1}{t}\right)^t\right\}^2=e^2$

03 함수 $f(x)$가 $x=0$에서 연속이므로 $\lim_{x\to0}f(x)=f(0)$

$\lim_{x\to0}\frac{e^{2x}+a}{x}=f(0)$에서 $x\to0$일 때, (분모)$\to0$이므로 (분자)$\to0$이다.

즉 $\lim_{x\to0}(e^{2x}+a)=0$이므로 $1+a=0$ $\quad\therefore a=-1$

이때

$f(0)=\lim_{x\to0}\frac{e^{2x}-1}{x}$

$=\lim_{x\to0}\frac{e^{2x}-1}{2x}\times2$

$=1\times2=2$

이므로 $b=2$

따라서 $a=-1$, $b=2$이므로

$a-b=-1-2=-3$

04 (i) $-1<x<0$일 때

$$\frac{\ln(1+x)}{x} \geq \frac{f(x)}{x} \geq \frac{e^x-1}{x}$$

이때

$$\lim_{x\to 0-}\frac{\ln(1+x)}{x}=1,\ \lim_{x\to 0-}\frac{e^x-1}{x}=1$$

이므로 함수의 극한의 대소 관계에 의하여

$$\lim_{x\to 0-}\frac{f(x)}{x}=1$$

(ii) $x>0$일 때

$$\frac{\ln(1+x)}{x} \leq \frac{f(x)}{x} \leq \frac{e^x-1}{x}$$

이때

$$\lim_{x\to 0+}\frac{\ln(1+x)}{x}=1,\ \lim_{x\to 0+}\frac{e^x-1}{x}=1$$

이므로 함수의 극한의 대소 관계에 의하여

$$\lim_{x\to 0+}\frac{f(x)}{x}=1$$

(i), (ii)에서 $\lim_{x\to 0}\frac{f(x)}{x}=1$

$$\therefore \lim_{x\to 0}\frac{f(2x)}{x}=\lim_{x\to 0}\frac{f(2x)}{2x}\times 2 =1\times 2=2$$

05 (i) $0<x<1$일 때

$$\begin{aligned} f(x)&=\lim_{n\to\infty}\frac{1}{n}\ln(x^n+x^{2n}) \\ &=\lim_{n\to\infty}\frac{1}{n}\ln x^n(1+x^n) \\ &=\lim_{n\to\infty}\frac{1}{n}\ln x^n+\lim_{n\to\infty}\frac{1}{n}\ln(1+x^n) \\ &=\ln x \end{aligned}$$

(ii) $x=1$일 때

$$f(1)=\lim_{n\to\infty}\frac{\ln 2}{n}=0$$

(iii) $x>1$일 때

$$\begin{aligned} f(x)&=\lim_{n\to\infty}\frac{1}{n}\ln(x^n+x^{2n}) \\ &=\lim_{n\to\infty}\frac{1}{n}\ln x^{2n}(x^{-n}+1) \\ &=\lim_{n\to\infty}\frac{2n\ln x}{n}+\lim_{n\to\infty}\frac{1}{n}\ln(x^{-n}+1) \\ &=2\ln x \end{aligned}$$

(i)~(iii)에서 $f(x)=\begin{cases} \ln x & (0<x<1) \\ 0 & (x=1) \\ 2\ln x & (x>1) \end{cases}$

$$\begin{aligned} \therefore f\left(\frac{1}{4}\right)+f(1)+f(2)&=\ln\frac{1}{4}+0+2\ln 2 \\ &=-2\ln 2+2\ln 2 \\ &=0 \end{aligned}$$

06 $$\begin{aligned} a_n&=\lim_{x\to 0}\frac{\ln(1+nx)}{x} \\ &=\lim_{x\to 0}\frac{\ln(1+nx)}{nx}\times n \\ &=1\times n \\ &=n \end{aligned}$$

$$\therefore \sum_{n=1}^{10}a_n=\sum_{n=1}^{10}n=\frac{10\times 11}{2}=55$$

07 $f(x)=100x^3e^x$에서

$f'(x)=300x^2e^x+100x^3e^x=100x^2(3+x)e^x$

$\therefore f'(1)=400e$

08 $f(x)=e^x(x^2+4x+a)$에서

$$\begin{aligned} f'(x)&=e^x(x^2+4x+a)+e^x(2x+4) \\ &=e^x(x^2+6x+a+4) \end{aligned}$$

이때 $e^x>0$이므로 $f'(x)\geq 0$이려면 모든 실수 x에 대하여 $x^2+6x+a+4\geq 0$이어야 한다.

이차방정식 $x^2+6x+a+4=0$의 판별식을 D라 하면

$$\frac{D}{4}=3^2-(a+4)=5-a\leq 0$$

$\therefore a\geq 5$

따라서 상수 a의 최솟값은 5이다.

오답 피하기

모든 실수 x에 대하여 $x^2+6x+a+4\geq 0$이려면
이차방정식 $x^2+6x+a+4=0$이 중근 또는 허근을 가져야 한다.

09 $\sin\alpha+\cos\beta=\frac{\sqrt{3}}{2}$, $\cos\alpha+\sin\beta=\frac{\sqrt{2}}{2}$의 양변을 각각 제곱하면

$\sin^2\alpha+2\sin\alpha\cos\beta+\cos^2\beta=\frac{3}{4}$ ······㉠

$\cos^2\alpha+2\cos\alpha\sin\beta+\sin^2\beta=\frac{1}{2}$ ······㉡

㉠+㉡을 하면

$2+2(\sin\alpha\cos\beta+\cos\alpha\sin\beta)=\frac{5}{4}$

$\sin\alpha\cos\beta+\cos\alpha\sin\beta=-\frac{3}{8}$

$\therefore \sin(\alpha+\beta)=-\frac{3}{8}$

10 이차방정식 $x^2-x+a=0$의 두 근이 $\tan\alpha$, $\tan\beta$이므로 이차방정식의 근과 계수의 관계에 의하여

$\tan\alpha+\tan\beta=1$, $\tan\alpha\tan\beta=a$

이때

$\tan(\alpha+\beta)=\frac{\tan\alpha+\tan\beta}{1-\tan\alpha\tan\beta}$

$=\frac{1}{1-a}$

$=\frac{1}{3}$

이므로 $1-a=3$

$\therefore a=-2$

11 $\lim_{x\to0}\frac{\sin(\tan 2x)}{3x}$

$=\lim_{x\to0}\frac{\sin(\tan 2x)}{\tan 2x}\times\frac{\tan 2x}{2x}\times\frac{2}{3}$

$=1\times1\times\frac{2}{3}$

$=\frac{2}{3}$

12 $\lim_{x\to0}\frac{a-\cos x}{bx\sin 2x}=4$에서 $x\to0$일 때, (분모)$\to0$이므로 (분자)$\to0$이다.

즉 $\lim_{x\to0}(a-\cos x)=0$이므로 $a-1=0$ $\therefore a=1$

이때

$\lim_{x\to0}\frac{a-\cos x}{bx\sin 2x}$

$=\lim_{x\to0}\frac{1-\cos x}{bx\sin 2x}$

$=\lim_{x\to0}\frac{(1-\cos x)(1+\cos x)}{bx\sin 2x(1+\cos x)}$

$=\lim_{x\to0}\frac{\sin^2 x}{bx\sin 2x(1+\cos x)}$

$=\lim_{x\to0}\frac{\sin^2 x}{x^2}\times\frac{2x}{\sin 2x}\times\frac{1}{1+\cos x}\times\frac{1}{2b}$

$=1\times1\times\frac{1}{2}\times\frac{1}{2b}$

$=\frac{1}{4b}=4$

이므로 $b=\frac{1}{16}$

따라서 $a=1$, $b=\frac{1}{16}$이므로

$\frac{a}{b}=\frac{1}{\frac{1}{16}}=16$

13 $\overline{OA}=\overline{OP}=1$이므로 $\angle APO=\angle PAO=\theta$

$\therefore \angle POQ=2\theta$

점 P가 원 $x^2+y^2=1$의 접점이므로

$\angle QPO=\frac{\pi}{2}$에서 $\overline{PQ}=\tan 2\theta$

이때 삼각형 POQ의 넓이가 $\frac{2}{3}$이므로

$\triangle POQ=\frac{1}{2}\times\overline{OP}\times\overline{PQ}$

$=\frac{1}{2}\tan 2\theta$

$=\frac{1}{2}\times\frac{2\tan\theta}{1-\tan^2\theta}$

$=\frac{\tan\theta}{1-\tan^2\theta}$

$=\frac{2}{3}$

$2-2\tan^2\theta=3\tan\theta$

$2\tan^2\theta+3\tan\theta-2=0$

$(2\tan\theta-1)(\tan\theta+2)=0$

$\therefore \tan\theta=\frac{1}{2}\left(\because 0<\theta<\frac{\pi}{2}\right)$

따라서 $\sec^2\theta=1+\tan^2\theta=1+\left(\frac{1}{2}\right)^2=\frac{5}{4}$이므로

$\cos^2\theta=\frac{1}{\sec^2\theta}=\frac{4}{5}$

14 함수 $f(x)$가 $x=0$에서 연속이므로 $\lim_{x\to0}f(x)=f(0)$

$\lim_{x\to0}\frac{e^{2x}+\sin x+a}{x}=f(0)$에서 $x\to0$일 때,

(분모)$\to0$이므로 (분자)$\to0$이다.

즉 $\lim_{x\to0}(e^{2x}+\sin x+a)=0$이므로

$1+a=0 \qquad \therefore a=-1$

이때

$$f(0)=\lim_{x\to0}\frac{e^{2x}+\sin x-1}{x}$$
$$=\lim_{x\to0}\frac{e^{2x}-1}{2x}\times2+\lim_{x\to0}\frac{\sin x}{x}$$
$$=1\times2+1=3$$

이므로 $b=3$

따라서 $a=-1$, $b=3$이므로

$a+b=-1+3=2$

15 $f(x)=e^x\sin x$에서

$f'(x)=e^x\sin x+e^x\cos x$ ……㉠

$$\therefore \lim_{h\to0}\frac{f(2h)-f(-h)}{2h}$$
$$=\lim_{h\to0}\frac{f(2h)-f(0)+f(0)-f(-h)}{2h}$$
$$=\lim_{h\to0}\frac{f(2h)-f(0)}{2h}+\lim_{h\to0}\frac{f(-h)-f(0)}{-2h}$$
$$=\lim_{h\to0}\frac{f(2h)-f(0)}{2h}+\frac{1}{2}\lim_{h\to0}\frac{f(-h)-f(0)}{-h}$$
$$=f'(0)+\frac{1}{2}f'(0)=\frac{3}{2}f'(0)$$
$$=\frac{3}{2}\times1\ (\because ㉠)$$
$$=\frac{3}{2}$$

다른 풀이

$$\lim_{h\to0}\frac{f(2h)-f(-h)}{2h}$$
$$=\lim_{h\to0}\frac{e^{2h}\sin 2h-e^{-h}\sin(-h)}{2h}$$
$$=\lim_{h\to0}\frac{e^{2h}\sin 2h+e^{-h}\sin h}{2h}$$
$$=\lim_{h\to0}\frac{e^{2h}\sin 2h}{2h}+\lim_{h\to0}\frac{e^{-h}\sin h}{2h}$$
$$=e^0\times1+e^0\times\frac{1}{2}=1+\frac{1}{2}=\frac{3}{2}$$

16 $\lim_{x\to\pi}\frac{3f(x)-1}{x-\pi}=5$에서 $x\to\pi$일 때, (분모)$\to0$이므로 (분자)$\to0$이다.

즉 $\lim_{x\to\pi}\{3f(x)-1\}=0$이므로

$3f(\pi)-1=0 \qquad \therefore f(\pi)=\frac{1}{3}$ ……㉠

이때

$$\lim_{x\to\pi}\frac{3f(x)-1}{x-\pi}=\lim_{x\to\pi}\frac{3f(x)-3f(\pi)}{x-\pi}\ (\because ㉠)$$
$$=3\lim_{x\to\pi}\frac{f(x)-f(\pi)}{x-\pi}$$
$$=3f'(\pi)=5$$

이므로 $f'(\pi)=\frac{5}{3}$

$g(x)=-3f(x)\cos x$에서

$g'(x)=-3f'(x)\cos x+3f(x)\sin x$

$\therefore g'(\pi)=-3f'(\pi)\cos\pi+3f(\pi)\sin\pi$

$$=-3\times\frac{5}{3}\times(-1)=5$$

미적분 (후편)

WEEK **1**

여러 가지 미분법

DAY
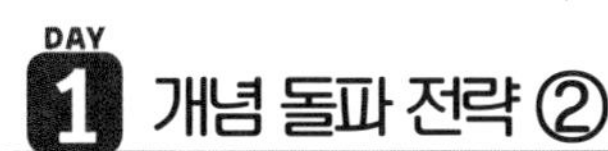

12~13쪽

1 ①　2 ②　3 ①　4 ③　5 ②　6 ②

1 $f(x)=\frac{x}{x+1}$에서

$f'(x)=\frac{1\times(x+1)-x\times1}{(x+1)^2}=\frac{1}{(x+1)^2}$

$\therefore f'(1)=\frac{1}{(1+1)^2}=\frac{1}{4}$

2 함수 $f(x)$가 모든 실수 x에서 미분가능하므로 $x=1$에서 미분가능하고, 연속이다.

즉 $\lim_{x\to1-}e^{ax}=\lim_{x\to1+}(\ln x+b)=f(1)$이므로

$e^a=b$　　　　……㉠

또 $f'(1)$이 존재하므로

$f'(x)=\begin{cases} ae^{ax} & (x<1) \\ \frac{1}{x} & (x>1) \end{cases}$

에서 $\lim_{x\to1-}ae^{ax}=\lim_{x\to1+}\frac{1}{x}$

$ae^a=1$　　$\therefore a=\frac{1}{e^a}$　　……㉡

㉠, ㉡에서 $ab=\frac{1}{e^a}\times e^a=1$

3 $x=2\cos t$, $y=3\sin t$에서

$\frac{dx}{dt}=-2\sin t$, $\frac{dy}{dt}=3\cos t$이므로

$\frac{dy}{dx}=\frac{\frac{dy}{dt}}{\frac{dx}{dt}}=\frac{3\cos t}{-2\sin t}$

따라서 $t=\frac{\pi}{4}$일 때, $\frac{dy}{dx}$의 값은

$\frac{3\cos\frac{\pi}{4}}{-2\sin\frac{\pi}{4}}=\frac{3\times\frac{\sqrt{2}}{2}}{-2\times\frac{\sqrt{2}}{2}}=-\frac{3}{2}$

4 $f(x)=e^x-x+2$에서

$f'(x)=e^x-1$

$f'(x)=0$에서 $e^x-1=0$　　$\therefore x=0$

함수 $f(x)$의 증가와 감소를 표로 나타내면 다음과 같다.

x	-1	$\cdots$	0	$\cdots$	2
$f'(x)$		$-$	0	$+$	
$f(x)$	$e^{-1}+3$	↘	3	↗	e^2

따라서 $-1\le x\le2$에서 함수 $f(x)$는 $x=0$일 때 극소이면서 최소이므로 최솟값 3을 갖는다.

5 $\ln x=x+a$에서 $\ln x-x=a$

$f(x)=\ln x-x$라 하면

$f'(x)=\frac{1}{x}-1$

$f'(x)=0$에서 $\frac{1}{x}=1$　　$\therefore x=1$

함수 $f(x)$의 증가와 감소를 표로 나타내면 다음과 같다.

x	0	$\cdots$	1	$\cdots$
$f'(x)$		$+$	0	$-$
$f(x)$		↗	-1	↘

즉 $x>0$에서 함수 $f(x)$는 $x=1$일 때 극대이면서 최대이고, $\lim_{x\to0+}f(x)=-\infty$, $\lim_{x\to\infty}f(x)=-\infty$이므로 함수 $y=f(x)$의 그래프는 다음과 같다.

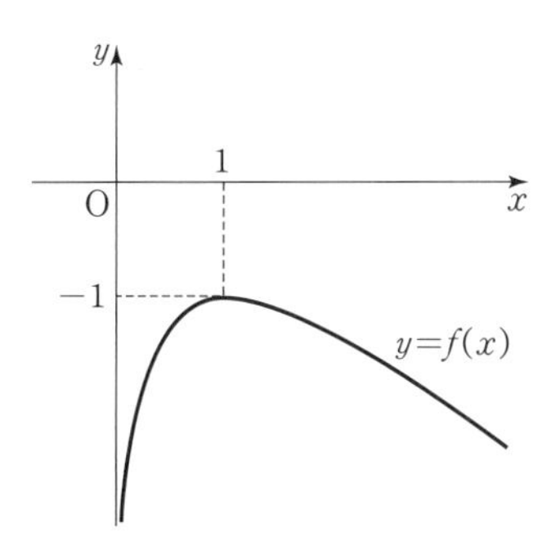

따라서 $\ln x=x+a$가 오직 하나의 실근을 가지려면 함수 $y=f(x)$의 그래프와 직선 $y=a$가 한 점에서 만나야 하므로 $a=-1$

6 $x=\sin t$, $y=t$에서

$\frac{dx}{dt}=\cos t$, $\frac{dy}{dt}=1$이므로

점 P의 시각 t에서의 속도는 $(\cos t,\ 1)$

따라서 시각 $t=\frac{\pi}{2}$에서의 점 P의 속도는 $(0,\ 1)$이므로

이때의 속력은

$\sqrt{0^2+1^2}=1$

DAY **2** 필수 체크 전략 ① | 14~17쪽

1-1 ③	1-2 ①	2-1 ②	3-1 ④
4-1 ②	5-1 ⑤	6-1 ①	
7-1 ①	7-2 ③	8-1 ①	

1-1 $f(x)=\frac{2x}{x^2+1}$에서

$$f'(x)=\frac{2\times(x^2+1)-2x\times 2x}{(x^2+1)^2}=\frac{-2x^2+2}{(x^2+1)^2}$$

$$\therefore \lim_{x\to1}\frac{f(x)-f(1)}{x^2-1}=\lim_{x\to1}\frac{f(x)-f(1)}{(x+1)(x-1)}$$
$$=\frac{1}{2}\lim_{x\to1}\frac{f(x)-f(1)}{x-1}$$
$$=\frac{1}{2}f'(1)=\frac{1}{2}\times0=0$$

다른 풀이

$$\lim_{x\to1}\frac{f(x)-f(1)}{x^2-1}=\lim_{x\to1}\frac{\frac{2x}{x^2+1}-1}{x^2-1}$$
$$=\lim_{x\to1}\frac{2x-(x^2+1)}{(x^2+1)(x^2-1)}$$
$$=\lim_{x\to1}\frac{-(x-1)^2}{(x^2+1)(x^2-1)}$$
$$=\lim_{x\to1}\frac{-(x-1)}{(x^2+1)(x+1)}=0$$

1-2 두 곡선 $y=f(x)$, $y=g(x)$가 $x=2$인 점에서 서로 접하므로

$f(2)=g(2)$, $f'(2)=g'(2)$ ······㉠

이때 $h(x)=\frac{f(x)}{g(x)}$에서

$$h'(x)=\frac{f'(x)g(x)-f(x)g'(x)}{\{g(x)\}^2}$$

$$\therefore h'(2)=\frac{f'(2)g(2)-f(2)g'(2)}{\{g(2)\}^2}$$
$$=\frac{f'(2)g(2)-f'(2)g(2)}{\{g(2)\}^2}\ (\because ㉠)$$
$$=0$$

2-1 $f(2x+1)=e^{x+1}$의 양변을 x에 대하여 미분하면

$f'(2x+1)\times2=e^{x+1}$

위의 식에 $x=1$을 대입하면

$f'(3)\times2=e^2$

$\therefore f'(3)=\frac{e^2}{2}$

3-1 $x=t-\sin t$, $y=1-\cos t$에서

$\frac{dx}{dt}=1-\cos t$, $\frac{dy}{dt}=\sin t$이므로

$$\frac{dy}{dx}=\frac{\frac{dy}{dt}}{\frac{dx}{dt}}=\frac{\sin t}{1-\cos t}$$

이때 $t=\alpha$에서의 접선의 기울기가 $\sqrt{3}$이므로

$\frac{\sin\alpha}{1-\cos\alpha}=\sqrt{3}$, $\sin\alpha=\sqrt{3}(1-\cos\alpha)$

위의 식의 양변을 제곱하면

$\sin^2\alpha=3(1-2\cos\alpha+\cos^2\alpha)$

$1-\cos^2\alpha=3-6\cos\alpha+3\cos^2\alpha$

$4\cos^2\alpha-6\cos\alpha+2=0$

$(2\cos\alpha-1)(\cos\alpha-1)=0$

즉 $\cos\alpha=\frac{1}{2}$ 또는 $\cos\alpha=1$

$\therefore \alpha=\frac{\pi}{3}\ (\because 0<\alpha<\pi)$

4-1 점 $(1,\ -1)$은 곡선 $ax(e^{-y}+1)+by(e^x+1)=0$ 위의 점이므로

$a(e+1)-b(e+1)=0$, $(a-b)(e+1)=0$ $\therefore b=a$

$ax(e^{-y}+1)+ay(e^{x}+1)=0$의 양변을 x에 대하여 미분하면

$a(e^{-y}+1)+ax(-e^{-y})\frac{dy}{dx}+a\frac{dy}{dx}(e^{x}+1)+aye^{x}=0$

이므로

$\frac{dy}{dx}=\frac{a(e^{-y}+ye^{x}+1)}{a(xe^{-y}-e^{x}-1)}=\frac{e^{-y}+ye^{x}+1}{xe^{-y}-e^{x}-1}$ ($\because a\neq 0$)

따라서 점 $(1, -1)$에서의 $\frac{dy}{dx}$의 값은

$\frac{e-e+1}{e-e-1}=-1$

5-1 $f(2)=2$에서 $g(2)=2$이므로 $f(2)g(2)=4$

이때 $f'(2)=\frac{1}{2}$이므로

$g'(2)=\frac{1}{f'(g(2))}=\frac{1}{f'(2)}=\frac{1}{\frac{1}{2}}=2$

$\therefore \lim_{x\to 2}\frac{f(x)g(x)-4}{x-2}=\lim_{x\to 2}\frac{f(x)g(x)-f(2)g(2)}{x-2}$

$=f'(2)g(2)+f(2)g'(2)$

$=\frac{1}{2}\times 2+2\times 2=5$

6-1 $f(x)=xe^{-x}$에서

$f'(x)=e^{-x}-xe^{-x}=(1-x)e^{-x}$

$f''(x)=-e^{-x}+(1-x)(-e^{-x})$

$=(x-2)e^{-x}$

$\therefore \lim_{h\to 0}\frac{f'(-1+2h)-f'(-1-h)}{h}$

$=\lim_{h\to 0}\frac{f'(-1+2h)-f'(-1)-f'(-1-h)+f'(-1)}{h}$

$=\lim_{h\to 0}\left\{\frac{f'(-1+2h)-f'(-1)}{2h}\times 2+\frac{f'(-1-h)-f'(-1)}{-h}\right\}$

$=2f''(-1)+f''(-1)$

$=3f''(-1)$

$=3\times(-3e)=-9e$

7-1 두 직선 $y=-\frac{1}{2}x+3$, $y=px+q$가 서로 수직이므로

$\left(-\frac{1}{2}\right)\times p=-1 \qquad \therefore p=2$

$f(x)=x\ln x-x$라 하면

$f'(x)=\ln x+x\times\frac{1}{x}-1=\ln x$

이때 접점의 x좌표를 k라 하면

$f'(k)=\ln k=2 \qquad \therefore k=e^2$

즉 접점의 좌표는 (e^2, e^2)이므로 접선의 방정식은

$y-e^2=2(x-e^2) \qquad \therefore y=2x-e^2$

따라서 $p=2$, $q=-e^2$이므로

$pq=2\times(-e^2)=-2e^2$

LECTURE 서로 수직인 두 직선

두 직선 $y=m_1x+n_1$, $y=m_2x+n_2$가 서로 수직이면
$m_1m_2=-1$

7-2 $f(x)=(\ln x)^2$이라 하면

$f'(x)=2\ln x\times\frac{1}{x}=\frac{2\ln x}{x}$

이때 $b=f(a)=(\ln a)^2$이므로

점 $(a, (\ln a)^2)$에서의 접선의 방정식은

$y-(\ln a)^2=\frac{2\ln a}{a}(x-a)$

$\therefore y=\frac{2\ln a}{a}x+(\ln a)^2-2\ln a$

이 접선이 점 $(0, -1)$을 지나므로

$-1=(\ln a)^2-2\ln a$, $(\ln a)^2-2\ln a+1=0$

$(\ln a-1)^2=0$, $\ln a=1 \qquad \therefore a=e$

따라서 $a=e$, $b=(\ln e)^2=1$이므로

$a+b=e+1$

8-1 $f(x)=\ln(2x+3)$, $g(x)=a-\ln x$라 하면

$f'(x)=\frac{2}{2x+3}$, $g'(x)=-\frac{1}{x}$

두 곡선 $y=f(x)$, $y=g(x)$의 교점의 x좌표를 k라 하면

$f(k)=g(k)$에서 $\ln(2k+3)=a-\ln k$ ……㉠

또 두 접선이 서로 수직이므로

$f'(k)g'(k)=-1$에서 $\frac{2}{2k+3}\times\left(-\frac{1}{k}\right)=-1$

$2k^2+3k-2=0$, $(2k-1)(k+2)=0$

$\therefore k=\frac{1}{2}$ ($\because k>0$)

㉠에 $k=\frac{1}{2}$을 대입하면

$\ln 4=a-\ln\frac{1}{2} \qquad \therefore a=\ln 2$

DAY 2 필수 체크 전략 ②

18~19쪽

01 ③	02 ⑤	03 ④	04 ④
05 ②	06 4	07 ③	08 ①

01 $f(x)=\dfrac{3-2x}{\sqrt{x^2+1}}$에서

$$f'(x)=\dfrac{-2\times\sqrt{x^2+1}-(3-2x)\times\dfrac{2x}{2\sqrt{x^2+1}}}{(\sqrt{x^2+1})^2}$$

$$=-\dfrac{3x+2}{(x^2+1)\sqrt{x^2+1}}$$

$$\therefore f'(-1)=-\dfrac{-3+2}{2\sqrt{2}}=\dfrac{\sqrt{2}}{4}$$

02 $f(x)=\tan x$에서 $f'(x)=\sec^2 x$

$\dfrac{2}{n}=h$라 하면 $n\to\infty$일 때, $h\to0$이므로

$$\lim_{n\to\infty}n\left\{f\left(\dfrac{\pi}{3}+\dfrac{2}{n}\right)-\sqrt{3}\right\}$$

$$=\lim_{h\to0}\dfrac{2\left\{f\left(\dfrac{\pi}{3}+h\right)-f\left(\dfrac{\pi}{3}\right)\right\}}{h}$$

$$=2f'\left(\dfrac{\pi}{3}\right)=2\sec^2\dfrac{\pi}{3}$$

$$=\dfrac{2}{\cos^2\dfrac{\pi}{3}}$$

$$=\dfrac{2}{\dfrac{1}{4}}=8$$

$f(x)=\tan x$에서 $f\left(\dfrac{\pi}{3}\right)=\sqrt{3}$이야.

03 $f(x)=\sin 2x$에서 $f'(x)=2\cos 2x$

이때 $f_2(x)=f(f(x))$에서 $f_2'(x)=f'(f(x))\times f'(x)$

이므로

$$f_2'(0)=f'(f(0))\times f'(0)$$
$$=f'(0)\times f'(0)$$
$$=2\times2=4$$

또 $f_3(x)=f(f_2(x))$에서 $f_3'(x)=f'(f_2(x))\times f_2'(x)$

$$\therefore f_3'(0)=f'(f_2(0))\times f_2'(0)$$
$$=f'(0)\times4$$
$$=2\times4=8$$

04 $f(x)=\ln\sqrt{x^2+1}$에서

$$f'(x)=\dfrac{(\sqrt{x^2+1})'}{\sqrt{x^2+1}}$$

$$=\dfrac{1}{\sqrt{x^2+1}}\times\dfrac{2x}{2\sqrt{x^2+1}}=\dfrac{x}{x^2+1}$$

$$\therefore f'(1)=\dfrac{1}{1^2+1}=\dfrac{1}{2}$$

다른 풀이

$f(x)=\ln\sqrt{x^2+1}=\ln(x^2+1)^{\frac{1}{2}}=\dfrac{1}{2}\ln(x^2+1)$이므로

$$f'(x)=\dfrac{1}{2}\times\dfrac{2x}{x^2+1}=\dfrac{x}{x^2+1}$$

05 $f(1)=2$에서 $g(2)=1$

$f'(1)=3$에서 $g'(2)=\dfrac{1}{f'(g(2))}=\dfrac{1}{f'(1)}=\dfrac{1}{3}$

$$\therefore h'(2)=e^{g(2)}\times g'(2)=\dfrac{e}{3}$$

06 $f(x)=\dfrac{\ln x}{x}$에서

$$f'(x)=\dfrac{\dfrac{1}{x}\times x-\ln x}{x^2}=\dfrac{1-\ln x}{x^2}$$

$$f''(x)=\dfrac{-\dfrac{1}{x}\times x^2-(1-\ln x)\times2x}{x^4}=\dfrac{2\ln x-3}{x^3}$$

$ax^2f''(x)+bxf'(x)+f(x)=0$에서

$$ax^2\times\dfrac{2\ln x-3}{x^3}+bx\times\dfrac{1-\ln x}{x^2}+\dfrac{\ln x}{x}=0$$

$a(2\ln x-3)+b(1-\ln x)+\ln x=0$ ($\because x>0$)

$(2a-b+1)\ln x+(-3a+b)=0$

이때 $x>0$인 모든 실수 x에 대하여 등식이 성립하므로

$2a-b+1=0$, $-3a+b=0$

두 식을 연립하여 풀면

$a=1$, $b=3$

$\therefore a+b=1+3=4$

07 $x^2+3y^2=xy+3$의 양변을 x에 대하여 미분하면

$2x+6y\frac{dy}{dx}=y+x\frac{dy}{dx}$이므로

$\frac{dy}{dx}=\frac{2x-y}{x-6y}$

즉 점 $(1, 1)$에서의 접선의 방정식은

$y-1=-\frac{1}{5}(x-1)$ $\quad\therefore y=-\frac{1}{5}x+\frac{6}{5}$

따라서 점 $(1, 1)$에서의 접선과 x축 및 y축으로 둘러싸인 도형의 넓이는

$\frac{1}{2}\times6\times\frac{6}{5}=\frac{18}{5}$

오답 피하기

$\frac{dy}{dx}=\frac{2x-y}{x-6y}$이므로 곡선 $x^2+3y^2=xy+3$ 위의 점 $(1, 1)$에서의 접선의 기울기는 $-\frac{1}{5}$이다.

08 $f(x)=e^{x^2-x}$, $g(x)=x^2+ax+b$라 하면

$f'(x)=(2x-1)e^{x^2-x}$, $g'(x)=2x+a$

이때 두 곡선 $y=f(x)$, $y=g(x)$가 y축 위의 점에서 서로 접하므로 $f(0)=g(0)$, $f'(0)=g'(0)$

$f(0)=g(0)$에서 $b=1$

$f'(0)=g'(0)$에서 $a=-1$

$\therefore a+b=-1+1=0$

DAY

3 필수 체크 전략 ①

20~23쪽

1-1 ④	2-1 ②	3-1 ⑤	4-1 ④
5-1 ③	6-1 ②	7-1 ③	8-1 5

1-1 $f(x)=(-2x+1)e^x$에서

$f'(x)=-2e^x+(-2x+1)e^x=(-2x-1)e^x$

$f'(x)=0$에서 $e^x>0$이므로 $-2x-1=0$

$\therefore x=-\frac{1}{2}$

함수 $f(x)$의 증가와 감소를 표로 나타내면 다음과 같다.

x	$\cdots$	$-\frac{1}{2}$	$\cdots$
$f'(x)$	$+$	0	$-$
$f(x)$	$\nearrow$	$2e^{-\frac{1}{2}}$	$\searrow$

즉 함수 $f(x)$는 $x=-\frac{1}{2}$에서 극댓값 $2e^{-\frac{1}{2}}$을 가지므로

$\alpha=-\frac{1}{2}$, $\beta=2e^{-\frac{1}{2}}$

$\therefore \alpha\beta=-\frac{1}{2}\times2e^{-\frac{1}{2}}=-e^{-\frac{1}{2}}$

2-1 $f(x)=\ln(x^2+a)-x$에서

$f'(x)=\frac{2x}{x^2+a}-1=-\frac{x^2-2x+a}{x^2+a}$

이때 함수 $f(x)$가 극값을 가지려면 이차방정식 $x^2-2x+a=0$이 서로 다른 두 실근을 가져야 하므로 이차방정식 $x^2-2x+a=0$의 판별식을 D라 하면

$\frac{D}{4}=1-a>0$ $\quad\therefore a<1$

따라서 정수 a의 최댓값은 0이다.

3-1 $f(x)=xe^x$이라 하면

$f'(x)=e^x+xe^x=(1+x)e^x$

$f''(x)=e^x+(1+x)e^x=(2+x)e^x$

$f''(x)=0$에서 $e^x>0$이므로 $x+2=0$ $\quad\therefore x=-2$

$x<-2$일 때 $f''(x)<0$, $x>-2$일 때 $f''(x)>0$

즉 $x=-2$의 좌우에서 $f''(x)$의 부호가 바뀌므로 변곡점의 좌표는 $(-2, -2e^{-2})$이다.

이때 점 $(-2, -2e^{-2})$에서의 접선의 방정식은

$y=-e^{-2}x-4e^{-2}$

따라서 $a=-e^{-2}$, $b=-4e^{-2}$이므로

$\frac{b}{a}=\frac{-4e^{-2}}{-e^{-2}}=4$

4-1 $\sin x=t$라 하면 $-1\le t\le1$

$g(t)=e^{2t}-e^t+1$이라 하면

$g'(t)=2e^{2t}-e^t=e^t(2e^t-1)$

$g'(t)=0$에서 $e^t>0$이므로 $2e^t-1=0$

$e^t=\frac{1}{2}$ $\quad\therefore t=\ln\frac{1}{2}=-\ln2$

함수 $g(t)$의 증가와 감소를 표로 나타내면 다음과 같다.

t	-1	$\cdots$	$-\ln 2$	$\cdots$	1
$g'(t)$		$-$	0	$+$	
$g(t)$	$e^{-2}-e^{-1}+1$	↘	$\frac{3}{4}$	↗	e^2-e+1

즉 $-1\le t\le 1$에서 함수 $g(t)$는 $t=-\ln 2$일 때 극소이면서 최소이므로 최솟값 $\frac{3}{4}$을 갖는다.

따라서 함수 $f(x)$의 최솟값은 $\frac{3}{4}$이다.

오답 피하기

$$g(-\ln 2)=e^{-2\ln 2}-e^{-\ln 2}+1$$
$$=e^{\ln\frac{1}{4}}-e^{\ln\frac{1}{2}}+1$$
$$=\frac{1}{4}-\frac{1}{2}+1=\frac{3}{4}$$

5-1 두 점 A, B를 지나는 직선의 방정식은 $y=x-2$

곡선 $y=e^x$ 위를 움직이는 점 P의 좌표를 $(t,\ e^t)$이라 하면 점 P와 직선 AB 사이의 거리는

$$\frac{|t-e^t-2|}{\sqrt{1^2+(-1)^2}}=\frac{\sqrt{2}}{2}|t-e^t-2|$$

이때 $\overline{AB}=\sqrt{2^2+2^2}=2\sqrt{2}$이므로

삼각형 PAB의 넓이는

$$\frac{1}{2}\times 2\sqrt{2}\times\frac{\sqrt{2}}{2}|t-e^t-2|=|t-e^t-2|$$

$f(t)=t-e^t-2$라 하면 $f'(t)=1-e^t$

$f'(t)=0$에서 $1-e^t=0$

$\therefore t=0$

함수 $f(t)$의 증가와 감소를 표로 나타내면 다음과 같다.

t	$\cdots$	0	$\cdots$
$f'(t)$	$+$	0	$-$
$f(t)$	↗	-3	↘

즉 함수 $f(t)$는 $t=0$일 때 최댓값이 -3이므로 삼각형 PAB의 넓이의 최솟값은 $|f(0)|=|-3|=3$이다.

따라서 삼각형 PAB의 넓이가 최소일 때, 점 P의 x좌표는 0이다.

다른 풀이

점 P와 직선 AB 사이의 거리가 최소일 때 삼각형 PAB의 넓이가 최소이므로 점 P에서의 접선이 직선 AB와 평행하면 된다.

$y=e^x$에서 $y'=e^x$

이때 직선 AB의 기울기가 1이므로

$e^x=1\qquad\therefore x=0$

따라서 삼각형 PAB의 넓이가 최소일 때, 점 P의 x좌표는 0이다.

6-1 $e^x>0$이므로 $x^2-ke^x=0$에서 $\frac{x^2}{e^x}=k$

$f(x)=\frac{x^2}{e^x}=x^2e^{-x}$이라 하면

$f'(x)=2xe^{-x}-x^2e^{-x}=xe^{-x}(2-x)$

$f'(x)=0$에서 $e^{-x}>0$이므로 $x(2-x)=0$

$\therefore x=0$ 또는 $x=2$

함수 $f(x)$의 증가와 감소를 표로 나타내면 다음과 같다.

x	$\cdots$	0	$\cdots$	2	$\cdots$
$f'(x)$	$-$	0	$+$	0	$-$
$f(x)$	↘	0	↗	$\frac{4}{e^2}$	↘

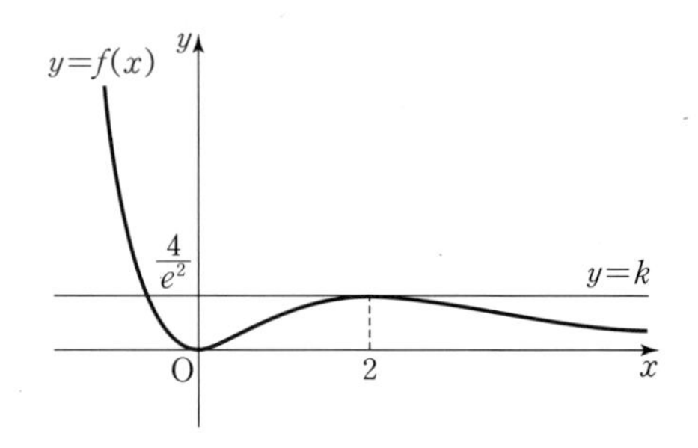

즉 위 그림과 같이 방정식 $x^2-ke^x=0$이 서로 다른 두 실근을 가지려면 함수 $y=f(x)$의 그래프와 직선 $y=k$가 서로 다른 두 점에서 만나야 하므로

$k=\frac{4}{e^2}$

7-1 $f(x)=x^2-a\ln x$라 하면

$f'(x)=2x-\frac{a}{x}=\frac{2x^2-a}{x}$

$f'(x)=0$에서 $x>0$이므로 $2x^2-a=0$

$\therefore x=\sqrt{\frac{a}{2}}$

함수 $f(x)$의 증가와 감소를 표로 나타내면 다음과 같다.

x	0	$\cdots$	$\sqrt{\frac{a}{2}}$	$\cdots$
$f'(x)$		$-$	0	$+$
$f(x)$		↘	$\frac{a}{2}-\frac{a}{2}\ln\frac{a}{2}$	↗

즉 $x>0$에서 함수 $f(x)$는 $x=\sqrt{\frac{a}{2}}$일 때 극소이면서 최소이므로 최솟값 $\frac{a}{2}-\frac{a}{2}\ln\frac{a}{2}$를 갖는다.

이때 $x>0$에서 $x^2\ge a\ln x$가 항상 성립하려면 $f(x)\ge 0$이어야 하므로

$$f\left(\sqrt{\frac{a}{2}}\right)=\frac{a}{2}-\frac{a}{2}\ln\frac{a}{2}\ge 0$$

$\frac{a}{2}\left(1-\ln\frac{a}{2}\right)\geq 0$, $\ln\frac{a}{2}\leq 1$ $\quad\therefore 0<a\leq 2e$

따라서 양수 a의 최댓값은 $2e$이다.

8-1 $x=2t^2-t$, $y=2e^{2t-2}$에서

$\frac{dx}{dt}=4t-1$, $\frac{dy}{dt}=4e^{2t-2}$이므로

점 P의 시각 t에서의 속도는 $(4t-1,\ 4e^{2t-2})$

따라서 시각 $t=1$에서의 점 P의 속도는 $(3,\ 4)$이므로

이때의 속력은

$\sqrt{3^2+4^2}=5$

DAY 3 필수 체크 전략 ②

24~25쪽

01 ⑤	02 ⑤	03 ④	04 ②
05 ②	06 ③	07 ①	08 ⑤

01 $f(x)=x+a\sin x$에서

$f'(x)=1+a\cos x$

함수 $f(x)$가 $x=p$, $x=q$에서 극값을 가지므로

$f'(p)=0$, $f'(q)=0$

즉 $1+a\cos x=0$에서 방정식 $\cos x=-\frac{1}{a}$의 두 근이 p, q이고, 함수 $y=\cos x$의 그래프는 직선 $x=\pi$에 대하여 대칭이므로

$p+q=2\pi$ $\quad\therefore q=2\pi-p$

$\therefore f(p)+f(q)=(p+a\sin p)+(q+a\sin q)$

$=2\pi+a\sin p+a\sin(2\pi-p)$

$=2\pi$

오답 피하기

$a>1$이므로 $0\leq x\leq 2\pi$에서

방정식 $\cos x=-\frac{1}{a}$은

서로 다른 두 실근을 갖는다.

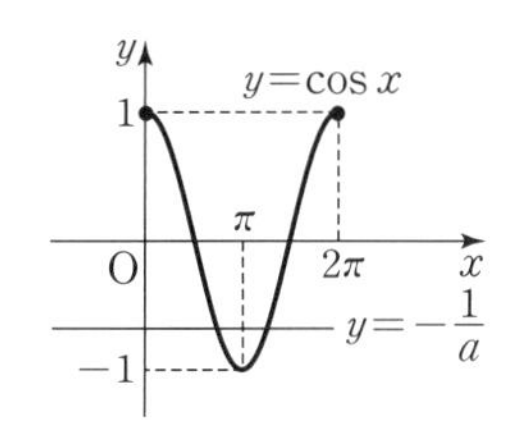

02 $f(x)=e^x+ke^{-x}$에서

$f'(x)=e^x-ke^{-x}=\frac{e^{2x}-k}{e^x}$

$f'(x)=0$에서 $e^x>0$이므로 $e^{2x}-k=0$

$(e^x+\sqrt{k})(e^x-\sqrt{k})=0$, $e^x=\sqrt{k}$

$\therefore x=\frac{1}{2}\ln k$

함수 $f(x)$의 증가와 감소를 표로 나타내면 다음과 같다.

x	$\cdots$	$\frac{1}{2}\ln k$	$\cdots$
$f'(x)$	$-$	0	$+$
$f(x)$	↘	$2\sqrt{k}$	↗

즉 함수 $f(x)$는 $x=\frac{1}{2}\ln k$일 때 극솟값 $2\sqrt{k}$를 가지므로 $0<x<1$에서 함수 $f(x)$가 극값을 갖지 않으려면 $\frac{1}{2}\ln k\geq 1$이어야 한다.

즉 $\ln k\geq 2$이므로 $k\geq e^2$

따라서 실수 k의 최솟값은 e^2이다.

03 $f(x)=x^2+px+q\ln x$에서 $x>0$이고

$f'(x)=2x+p+\frac{q}{x}$, $f''(x)=2-\frac{q}{x^2}$

$x=1$에서 극대이므로

$f'(1)=0$에서 $2+p+q=0$, $p+q=-2$ ……㉠

변곡점의 x좌표가 2이므로

$f''(2)=0$에서 $2-\frac{q}{4}=0$ $\quad\therefore q=8$

$q=8$을 ㉠에 대입하여 풀면

$p=-10$

즉 $f(x)=x^2-10x+8\ln x$이므로

$f'(x)=2x-10+\frac{8}{x}$

$=\frac{2x^2-10x+8}{x}$

$=\frac{2(x-1)(x-4)}{x}$

$f'(x)=0$에서 $x=1$ 또는 $x=4$

함수 $f(x)$의 증가와 감소를 표로 나타내면 다음과 같다.

x	0	$\cdots$	1	$\cdots$	4	$\cdots$
$f'(x)$		$+$	0	$-$	0	$+$
$f(x)$		↗	-9	↘	$16\ln 2-24$	↗

즉 함수 $f(x)$의 극솟값은 $16\ln 2-24$이다.

따라서 $a=16$, $b=-24$이므로

$a-b=16-(-24)=40$

04 $f(t)=\overline{\mathrm{AP}}=\sqrt{(t-1)^2+e^{2t}}$에서

$g(t)=\{f(t)\}^2$이라 하면

모든 실수 t에 대하여 $f(t)\geq 0$이므로 $g(t)$가 최소일 때, $f(t)$도 최소이다.

$g(t)=(t-1)^2+e^{2t}$에서

$g'(t)=2(t-1)+2e^{2t}=2(e^{2t}+t-1)$

$g'(t)=0$에서 $t=0$

함수 $g(t)$의 증가와 감소를 표로 나타내면 다음과 같다.

t	$\cdots$	0	$\cdots$
$g'(t)$	$-$	0	$+$
$g(t)$	↘	2	↗

즉 함수 $g(t)$는 $t=0$에서 극소이면서 최소이므로 최솟값 2를 갖는다.

따라서 함수 $f(t)$의 최솟값은 $\sqrt{2}$이다.

05 방정식 $\ln x=kx^2$이 오직 한 개의 실근을 가지려면 오른쪽 그림과 같이 두 곡선 $y=\ln x$, $y=kx^2$이 한 점에서 만나야 한다.

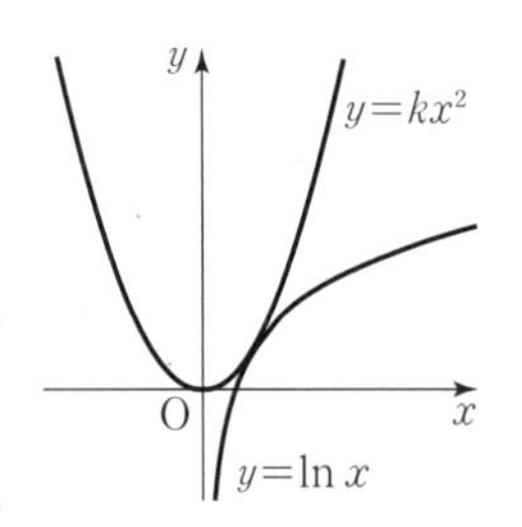

$f(x)=\ln x$, $g(x)=kx^2$이라 하면

$f'(x)=\frac{1}{x}$, $g'(x)=2kx$

두 곡선의 접점의 x좌표를 t라 하면

$f(t)=g(t)$에서 $\ln t=kt^2$ ……㉠

$f'(t)=g'(t)$에서 $\frac{1}{t}=2kt$ ……㉡

㉡에서 $k=\frac{1}{2t^2}$을 ㉠에 대입하면

$\ln t=\frac{1}{2t^2}\times t^2=\frac{1}{2}$ $\qquad\therefore t=e^{\frac{1}{2}}$

$\therefore k=\frac{1}{2e}$

06 $f(x)=\sin 2x+2\sin x-a$라 하면

$f'(x)=2\cos 2x+2\cos x$

$f'(x)=0$에서 $2\cos 2x+2\cos x=0$

$2(2\cos^2 x-1)+2\cos x=0$

$2(2\cos x-1)(\cos x+1)=0$

$0<x<\pi$에서 $\cos x+1>0$이므로

$\cos x=\frac{1}{2}$

$\therefore x=\frac{\pi}{3}$ ($\because 0<x<\pi$)

함수 $f(x)$의 증가와 감소를 표로 나타내면 다음과 같다.

x	0	$\cdots$	$\frac{\pi}{3}$	$\cdots$	π
$f'(x)$		$+$	0	$-$	
$f(x)$		↗	$\frac{3\sqrt{3}}{2}-a$	↘	

즉 $0<x<\pi$에서 함수 $f(x)$는 $x=\frac{\pi}{3}$일 때 극대이면서 최대이므로 최댓값 $\frac{3\sqrt{3}}{2}-a$를 갖는다.

이때 $0<x<\pi$에서 부등식 $\sin 2x+2\sin x\leq a$가 항상 성립하려면 $f(x)\leq 0$이어야 하므로

$f\left(\frac{\pi}{3}\right)=\frac{3\sqrt{3}}{2}-a\leq 0$ $\qquad\therefore a\geq\frac{3\sqrt{3}}{2}$

따라서 실수 a의 최솟값은 $\frac{3\sqrt{3}}{2}$이다.

07 $x=e^t\cos t$, $y=e^t\sin t$에서

$\frac{dx}{dt}=e^t\cos t-e^t\sin t$, $\frac{dy}{dt}=e^t\sin t+e^t\cos t$이므로

점 P의 시각 t에서의 속도는

$(e^t\cos t-e^t\sin t,\ e^t\sin t+e^t\cos t)$

점 P의 속력은

$\sqrt{e^{2t}(\cos t-\sin t)^2+e^{2t}(\sin t+\cos t)^2}=\sqrt{2e^{2t}}=\sqrt{2}e^t$

따라서 점 P의 속력이 8일 때의 시각 t는

$\sqrt{2}e^t=8$에서 $e^t=\frac{8}{\sqrt{2}}=4\sqrt{2}$

$\therefore t=\ln 4\sqrt{2}$

08 $x=t-\sin t$, $y=1-2\cos t$에서

$\frac{dx}{dt}=1-\cos t$, $\frac{dy}{dt}=2\sin t$

$\frac{d^2x}{dt^2}=\sin t$, $\frac{d^2y}{dt^2}=2\cos t$

점 P의 시각 t에서의 가속도는 $(\sin t,\ 2\cos t)$

따라서 시각 $t=\pi$에서의 점 P의 가속도는 $(0,\ -2)$이므로 이때의 가속도의 크기는

$\sqrt{0^2+(-2)^2}=2$

누구나 합격 전략

26~27쪽

01 ②	02 ④	03 ④	04 ③
05 ①	06 ②	07 ④	08 ⑤

01 함수 $f(x)$가 모든 실수 x에서 미분가능하므로 $x=0$에서 미분가능하고, 연속이다.

즉 $\lim_{x\to 0-}\sin x=\lim_{x\to 0+}(e^{px}+q)=f(0)$이므로

$1+q=0 \qquad \therefore q=-1$

또 $f'(0)$이 존재하므로

$f'(x)=\begin{cases}\cos x & (x<0)\\ pe^{px} & (x>0)\end{cases}$에서

$\lim_{x\to 0-}\cos x=\lim_{x\to 0+}pe^{px}$

$1=pe^{0} \qquad \therefore p=1$

$\therefore p^2+q^2=1^2+(-1)^2=2$

02 $x=t^2+t+1$, $y=t^2+2t$에서

$\frac{dx}{dt}=2t+1$, $\frac{dy}{dt}=2t+2$이므로

$$\frac{dy}{dx}=\frac{\frac{dy}{dt}}{\frac{dx}{dt}}=\frac{2t+2}{2t+1}$$

따라서 $t=1$일 때 $\frac{dy}{dx}$의 값은

$\frac{4}{3}$

03 $x^3+2ye^x+y^3=3$의 양변을 x에 대하여 미분하면

$3x^2+2e^x\frac{dy}{dx}+2ye^x+3y^2\frac{dy}{dx}=0$이므로

$\frac{dy}{dx}=\frac{-2ye^x-3x^2}{2e^x+3y^2}$

따라서 점 $(0, 1)$에서의 접선의 기울기는

$-\frac{2}{5}$

04 $g(x)=\frac{1}{f(x)}$이라 하면

$g'(x)=-\frac{f'(x)}{\{f(x)\}^2}$

이때 $f(1)=2$, $f'(1)=1$이므로

$g(1)=\frac{1}{2}$, $g'(1)=-\frac{f'(1)}{\{f(1)\}^2}=-\frac{1}{4}$

즉 $x=1$에서의 접선의 기울기는 $-\frac{1}{4}$이므로

곡선 $y=g(x)$ 위의 점 $\left(1, \frac{1}{2}\right)$에서의 접선의 방정식은

$y-\frac{1}{2}=-\frac{1}{4}(x-1) \qquad \therefore y=-\frac{1}{4}x+\frac{3}{4}$

따라서 구하는 y절편은 $\frac{3}{4}$이다.

05 $f(x)=e^{ax}$, $g(x)=\log_a x$라 하면

$f'(x)=ae^{ax}$, $g'(x)=\frac{1}{x\ln a}$

두 곡선 $y=f(x)$, $y=g(x)$가 $x=2$에서 접하므로

$f(2)=g(2)$에서 $e^{2a}=\log_a 2=\frac{\ln 2}{\ln a}$

$f'(2)=g'(2)$에서 $ae^{2a}=\frac{1}{2\ln a}$ $\qquad \cdots\cdots$㉠

㉠에 $e^{2a}=\frac{\ln 2}{\ln a}$를 대입하면

$a\times\frac{\ln 2}{\ln a}=\frac{1}{2\ln a} \qquad \therefore a=\frac{1}{2\ln 2}$

06 $f(x)=\sin x+\cos x$에서

$f'(x)=\cos x-\sin x$

이때 $x=a$에서 극값을 가지므로

$f'(a)=0$

$\cos a-\sin a=0$, $\tan a=1$

$\therefore a=\frac{\pi}{4}\ (\because 0\le a\le\pi)$

07 $f(x)=\frac{\ln x}{x}$라 하면

$$f'(x)=\frac{\frac{1}{x}\times x-\ln x}{x^2}=\frac{1-\ln x}{x^2}$$

$$f''(x)=\frac{-\frac{1}{x}\times x^2-(1-\ln x)\times 2x}{x^4}=\frac{2\ln x-3}{x^3}$$

이때 변곡점의 좌표가 (p, q)이므로

$f''(p)=\frac{2\ln p-3}{p^3}=0$에서 $2\ln p-3=0 \qquad \therefore p=e^{\frac{3}{2}}$

또 $q=f(p)$에서 $q=\frac{\ln e^{\frac{3}{2}}}{e^{\frac{3}{2}}}=\frac{3}{2}e^{-\frac{3}{2}}$

$\therefore pq=e^{\frac{3}{2}}\times\frac{3}{2}e^{-\frac{3}{2}}=\frac{3}{2}$

08 $x=2\sin t$, $y=t-\cos t$에서

$\frac{dx}{dt}=2\cos t$, $\frac{dy}{dt}=1+\sin t$이므로

점 P의 시각 t에서의 속도는 $(2\cos t,\ 1+\sin t)$

따라서 시각 $t=\pi$에서의 점 P의 속도는 $(-2,\ 1)$이므로 이때의 속력은

$\sqrt{(-2)^2+1^2}=\sqrt{5}$

창의·융합·코딩 전략 ① | 28~29쪽

1 ② 2 ③ 3 ② 4 ⑤

1 $f(t)=\frac{3t}{19+t^3}$에서

$f'(t)=\frac{3\times(19+t^3)-3t\times 3t^2}{(19+t^3)^2}=\frac{-6t^3+57}{(19+t^3)^2}$

따라서 2시간 후 이 환자의 혈류 속의 주사액 A의 농도 $f(t)$의 순간변화율은

$f'(2)=\frac{1}{81}$

2 $h(t)=3\cos\left(\frac{\pi}{6}t-\frac{\pi}{2}\right)+4$에서

$h'(t)=-3\sin\left(\frac{\pi}{6}t-\frac{\pi}{2}\right)\times\frac{\pi}{6}=-\frac{\pi}{2}\sin\left(\frac{\pi}{6}t-\frac{\pi}{2}\right)$

따라서 시각 $t=10$일 때, 해수면의 높이 $h(t)$의 순간변화율은

$h'(10)=-\frac{\pi}{2}\sin\frac{7}{6}\pi=-\frac{\pi}{2}\times\left(-\frac{1}{2}\right)=\frac{\pi}{4}$

다른 풀이

$h(t)=3\cos\left(\frac{\pi}{6}t-\frac{\pi}{2}\right)+4=3\sin\frac{\pi}{6}t+4$이므로

$h'(t)=3\cos\frac{\pi}{6}t\times\frac{\pi}{6}=\frac{\pi}{2}\cos\frac{\pi}{6}t$

$\therefore h'(10)=\frac{\pi}{2}\cos\frac{5}{3}\pi=\frac{\pi}{2}\times\frac{1}{2}=\frac{\pi}{4}$

3 $x=10t$, $y=10t-5t^3$에서

$\frac{dx}{dt}=10$, $\frac{dy}{dt}=10-15t^2$이므로

$\frac{dy}{dx}=\frac{\frac{dy}{dt}}{\frac{dx}{dt}}=\frac{10-15t^2}{10}=1-\frac{3}{2}t^2$

따라서 물 로켓을 발사한 지 1초가 지났을 때, $\frac{dy}{dx}$의 값은

$-\frac{1}{2}$

4 $\frac{x}{3-x}=e^{3t-39}$의 양변에 자연로그를 취하면

$\ln x-\ln(3-x)=3t-39$

양변을 t에 대하여 미분하면

$\frac{1}{x}\times\frac{dx}{dt}-\frac{-1}{3-x}\times\frac{dx}{dt}=3$

$\left(\frac{1}{x}+\frac{1}{3-x}\right)\frac{dx}{dt}=3 \qquad \therefore \frac{dx}{dt}=x(3-x)$

$\frac{x}{3-x}=e^{3t-39}$에 $t=13$을 대입하면

$\frac{x}{3-x}=1$, $3-x=x \qquad \therefore x=\frac{3}{2}$

따라서 반응이 시작된 지 13초 후의 물질의 양 x의 순간변화율 $\frac{dx}{dt}$의 값은

$\frac{3}{2}\times\left(3-\frac{3}{2}\right)=\frac{9}{4}$

창의·융합·코딩 전략 ② | 30~31쪽

5 ② 6 ① 7 ③ 8 37

5 $\tan\theta=\frac{7.7-1.7}{x}=\frac{6}{x}$에서 $x=\frac{6}{\tan\theta}$

양변을 θ에 대하여 미분하면

$\frac{dx}{d\theta}=-\frac{6\sec^2\theta}{\tan^2\theta} \qquad \therefore \frac{d\theta}{dx}=\frac{1}{\frac{dx}{d\theta}}=-\frac{\tan^2\theta}{6\sec^2\theta}$

$\tan\theta=\frac{6}{x}$에 $x=2$를 대입하면

$\tan\theta=3$

따라서 $x=2$일 때 $\frac{d\theta}{dx}$의 값은

$$-\frac{\tan^2\theta}{6\sec^2\theta}=-\frac{\tan^2\theta}{6(1+\tan^2\theta)}$$
$$=-\frac{3^2}{6(1+3^2)}$$
$$=-\frac{3}{20}$$

6 $f(x)=x\ln 2x$라 하면

$f'(x)=\ln 2x+x\times\frac{2}{2x}=\ln 2x+1$

이때 접점 B의 x좌표를 t라 하면 점 B에서의 접선의 방정식은

$y-t\ln 2t=(\ln 2t+1)(x-t)$

$\therefore y=(\ln 2t+1)x-t$

이 접선이 점 $A\left(0, -\frac{1}{2}\right)$을 지나므로

$-\frac{1}{2}=-t \qquad \therefore t=\frac{1}{2}$

즉 점 $B\left(0, \frac{1}{2}\right)$을 지나고 직선 $y=x-\frac{1}{2}$과 수직인 직선의 방정식은

$y=-\left(x-\frac{1}{2}\right) \qquad \therefore y=-x+\frac{1}{2}$

이 직선과 y축이 만나는 점 C의 좌표는

$\left(0, \frac{1}{2}\right)$

따라서 삼각형 ABC의 넓이는

$\frac{1}{2}\times\left(\frac{1}{2}+\frac{1}{2}\right)\times\frac{1}{2}=\frac{1}{4}$

7 점 O에서 $\overline{CD}$에 내린 수선의 발을 H라 하면

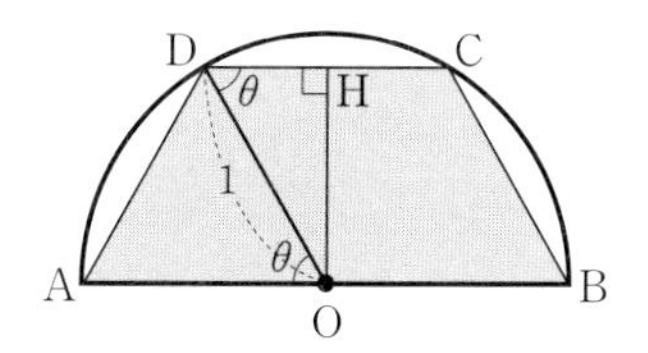

$\overline{DH}=\frac{1}{2}\overline{CD}=\cos\theta$

$\overline{OH}=\sin\theta$

(사다리꼴 ABCD의 넓이)

$=\frac{1}{2}(\overline{AB}+\overline{CD})\times\overline{OH}$

$=\frac{1}{2}(2+2\cos\theta)\times\sin\theta$

$=(1+\cos\theta)\sin\theta$

$f(\theta)=(1+\cos\theta)\sin\theta$라 하면

$f'(\theta)=-\sin\theta\times\sin\theta+(1+\cos\theta)\times\cos\theta$

$=-\sin^2\theta+\cos^2\theta+\cos\theta$

$=2\cos^2\theta+\cos\theta-1$

$f'(\theta)=0$에서 $2\cos^2\theta+\cos\theta-1=0$

$(2\cos\theta-1)(\cos\theta+1)=0$

$0<\theta<\frac{\pi}{2}$에서 $0<\cos\theta<1$이므로 $\cos\theta=\frac{1}{2}$

$\therefore \theta=\frac{\pi}{3}\left(\because 0<\theta<\frac{\pi}{2}\right)$

함수 $f(\theta)$의 증가와 감소를 표로 나타내면 다음과 같다.

θ	0	$\cdots$	$\frac{\pi}{3}$	$\cdots$	$\frac{\pi}{2}$
$f'(\theta)$		$+$	0	$-$	
$f(\theta)$		↗	$\frac{3\sqrt{3}}{4}$	↘	

즉 $0<\theta<\frac{\pi}{2}$에서 함수 $f(\theta)$는 $\theta=\frac{\pi}{3}$일 때 극대이면서 최대이므로 최댓값 $\frac{3\sqrt{3}}{4}$을 갖는다.

따라서 $a=\frac{\pi}{3}$, $b=\frac{3\sqrt{3}}{4}$이므로

$$\frac{ab}{\pi}=\frac{\frac{\pi}{3}\times\frac{3\sqrt{3}}{4}}{\pi}=\frac{\sqrt{3}}{4}$$

8 섬 P에서 Q 지점까지의 거리를 x km $(0<x<7)$라 하면

Q 지점과 섬 A 사이의 거리는 $\sqrt{x^2+16}$ km

Q 지점과 마을 사이의 거리는 $(7-x)$ km

2개의 다리를 건설하는 데 드는 비용을 $f(x)$억 원이라 하면

$f(x)=5\sqrt{x^2+16}+3(7-x)$

$f'(x)=\frac{5\times 2x}{2\sqrt{x^2+16}}-3=\frac{5x-3\sqrt{x^2+16}}{\sqrt{x^2+16}}$

$f'(x)=0$에서 $\frac{5x-3\sqrt{x^2+16}}{\sqrt{x^2+16}}=0$

$5x-3\sqrt{x^2+16}=0$, $25x^2=9x^2+144$

$x^2=9 \qquad \therefore x=3\ (\because 0<x<7)$

함수 $f(x)$의 증가와 감소를 표로 나타내면 다음과 같다.

x	0	$\cdots$	3	$\cdots$	7
$f'(x)$		$-$	0	$+$	
$f(x)$		↘	37	↗	

즉 $0<x<7$에서 함수 $f(x)$는 $x=3$일 때 극소이면서 최소이므로 최솟값 37을 갖는다.

따라서 2개의 다리를 건설하는 데 드는 최소 비용은 37억 원이다.

미적분 (후편)

WEEK **2**

여러 가지 적분법

DAY 1 개념 돌파 전략 ②

38~39쪽

1 ⑤　2 ③　3 ②　4 ⑤　5 ②　6 ④

1 $f(x)=\int\frac{x}{\sqrt{x}+1}dx-\int\frac{1}{\sqrt{x}+1}dx$

$=\int\left(\frac{x}{\sqrt{x}+1}-\frac{1}{\sqrt{x}+1}\right)dx$

$=\int\frac{x-1}{\sqrt{x}+1}dx$

$=\int\frac{(\sqrt{x}+1)(\sqrt{x}-1)}{\sqrt{x}+1}dx$

$=\int(\sqrt{x}-1)dx$

$=\int(x^{\frac{1}{2}}-1)dx$

$=\frac{2}{3}x\sqrt{x}-x+C$

이때 $f(1)=\frac{5}{3}$에서

$\frac{2}{3}-1+C=\frac{5}{3}$　　$\therefore C=2$

따라서 $f(x)=\frac{2}{3}x\sqrt{x}-x+2$이므로

$f(9)=18-9+2=11$

LECTURE 부정적분의 성질

두 함수 $f(x)$, $g(x)$에 대하여

① $\int kf(x)dx=k\int f(x)dx$ (단, k는 0이 아닌 상수)

② $\int\{f(x)+g(x)\}dx=\int f(x)dx+\int g(x)dx$

③ $\int\{f(x)-g(x)\}dx=\int f(x)dx-\int g(x)dx$

2 $f(x)=\int f'(x)dx=\int(\sin x-\cos x)dx$

$=-\cos x-\sin x+C$

이때 $f(0)=2$에서

$-1+C=2$　　$\therefore C=3$

따라서 $f(x)=-\cos x-\sin x+3$이므로

$f\left(\frac{\pi}{4}\right)=-\cos\frac{\pi}{4}-\sin\frac{\pi}{4}+3$

$=-\frac{\sqrt{2}}{2}-\frac{\sqrt{2}}{2}+3$

$=3-\sqrt{2}$

3 $x^2+x=t$라 하면 $2x+1=\frac{dt}{dx}$이고

$x=0$일 때 $t=0$, $x=1$일 때 $t=2$이므로

$\int_0^1(2x+1)e^{x^2+x}dx=\int_0^2 e^t dt$

$=\left[e^t\right]_0^2$

$=e^2-1$

4 $u(t)=t+1$, $v'(t)=e^t$이라 하면

$u'(t)=1$, $v(t)=e^t$이므로

$f(1)=\int_0^1(t+1)e^t dt$

$=\left[(t+1)e^t\right]_0^1-\int_0^1 e^t dt$

$=2e-1-\left[e^t\right]_0^1=e$

5 곡선 $y=\frac{1}{x+1}$과 y축의 교점의 좌표는 $(0, 1)$

따라서 구하는 넓이는

$\int_0^2\frac{1}{x+1}dx=\left[\ln(x+1)\right]_0^2=\ln 3$

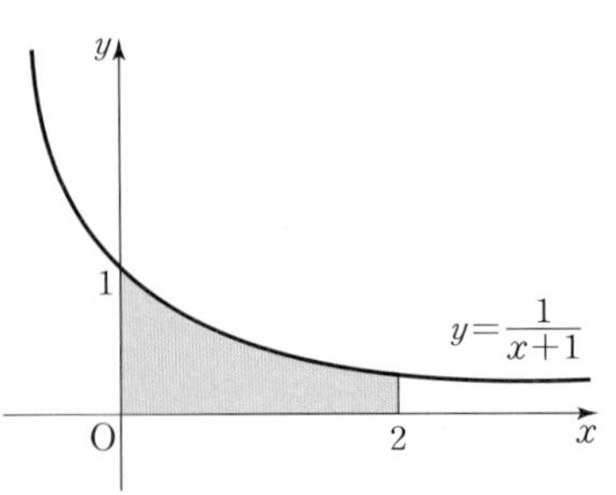

6 시각 $t=1$에서 점 P의 위치 x는

$$x=0+\int_0^1 v(t)dt=\int_0^1 3\sqrt{t}\,dt=\left[2t^{\frac{3}{2}}\right]_0^1=2$$

오답 피하기

$$\int_0^1 3\sqrt{t}\,dt=3\int_0^1 \sqrt{t}\,dt=3\left[\frac{2}{3}t^{\frac{3}{2}}\right]_0^1=3\times\frac{2}{3}=2$$

DAY 2 필수 체크 전략 ①

40~43쪽

1-1 ⑤	2-1 ⑤	3-1 ③	4-1 ③
5-1 ③	6-1 ①	7-1 ④	8-1 ③

1-1 $f'(x)=\sin 2x$이므로

$$f(x)=\int f'(x)dx=\int \sin 2x\,dx=-\frac{1}{2}\cos 2x+C$$

이때 $f(0)=0$에서

$$-\frac{1}{2}+C=0 \qquad \therefore C=\frac{1}{2}$$

따라서 $f(x)=-\frac{1}{2}\cos 2x+\frac{1}{2}$이므로

$$f\left(\frac{\pi}{4}\right)=-\frac{1}{2}\cos\frac{\pi}{2}+\frac{1}{2}=\frac{1}{2}$$

LECTURE 치환적분법: $\sin ax$

0이 아닌 실수 a에 대하여 부정적분 $\int \sin ax\,dx$는

⇨ $ax=t$라 하면 $a=\frac{dt}{dx}$이므로

$$\int \sin ax\,dx=\frac{1}{a}\int \sin t\,dt$$
$$=-\frac{1}{a}\cos t+C$$
$$=-\frac{1}{a}\cos ax+C$$

2-1 $xf'(x)+f(x)=(x+1)e^x$의 양변을 x에 대하여 적분하면

$$\int \{xf'(x)+f(x)\}dx=\int (x+1)e^x\,dx$$

$\{xf(x)\}'=f(x)+xf'(x)$이므로

$$xf(x)=\int (x+1)e^x\,dx$$

이때 $u(x)=x+1$, $v'(x)=e^x$이라 하면

$u'(x)=1$, $v(x)=e^x$이므로

$$xf(x)=\int (x+1)e^x\,dx$$
$$=(x+1)e^x-\int e^x\,dx$$
$$=(x+1)e^x-e^x+C$$
$$=xe^x+C$$

$f(0)=1$에서 $C=0$

따라서 $xf(x)=xe^x$이므로

$f(1)=e$

3-1 $\int_0^3 \frac{1}{(x+1)(x+2)}dx$

$$=\int_0^3\left(\frac{1}{x+1}-\frac{1}{x+2}\right)dx$$
$$=\Big[\ln(x+1)-\ln(x+2)\Big]_0^3$$
$$=3\ln 2-\ln 5$$
$$=\ln\frac{8}{5}$$

따라서 $p=5$, $q=8$이므로

$p+q=5+8=13$

4-1 $\ln x=t$라 하면 $\frac{1}{x}=\frac{dt}{dx}$이고

$x=e$일 때 $t=1$, $x=e^2$일 때 $t=2$이므로

$$\int_e^{e^2}\frac{1}{x\ln x}dx=\int_1^2\frac{1}{t}dt$$
$$=\Big[\ln t\Big]_1^2$$
$$=\ln 2$$

따라서 $a=\ln 2$이므로

$e^a=e^{\ln 2}=2$

5-1 $\int_{\frac{\pi}{4}}^{\frac{\pi}{3}} \frac{1}{\sin x\cos x}dx-\int_{\frac{\pi}{4}}^{\frac{\pi}{3}}\frac{\cos x}{\sin x}dx$

$=\int_{\frac{\pi}{4}}^{\frac{\pi}{3}}\left(\frac{\sin^2 x+\cos^2 x}{\sin x\cos x}-\frac{\cos x}{\sin x}\right)dx$

$=\int_{\frac{\pi}{4}}^{\frac{\pi}{3}}\left(\frac{\sin x}{\cos x}+\frac{\cos x}{\sin x}-\frac{\cos x}{\sin x}\right)dx$

$=\int_{\frac{\pi}{4}}^{\frac{\pi}{3}}\frac{\sin x}{\cos x}dx$

$\cos x=t$라 하면 $-\sin x=\frac{dt}{dx}$이고

$x=\frac{\pi}{4}$일 때 $t=\frac{\sqrt{2}}{2}$, $x=\frac{\pi}{3}$일 때 $t=\frac{1}{2}$이므로

$\int_{\frac{\pi}{4}}^{\frac{\pi}{3}}\frac{\sin x}{\cos x}dx=\int_{\frac{\sqrt{2}}{2}}^{\frac{1}{2}}\left(-\frac{1}{t}\right)dt$

$=\left[-\ln|t|\right]_{\frac{\sqrt{2}}{2}}^{\frac{1}{2}}$

$=-\ln\frac{1}{2}+\ln\frac{\sqrt{2}}{2}$

$=\ln\sqrt{2}=\frac{1}{2}\ln 2$

$\therefore a=\frac{1}{2}$

6-1 $f(1-x)=\sin\pi x-f(x)$의 양변을 x에 대하여 적분하면

$\int_0^1 f(1-x)dx=\int_0^1\{\sin\pi x-f(x)\}dx$

$=\int_0^1\sin\pi x\,dx-\int_0^1 f(x)dx$

$=\left[-\frac{1}{\pi}\cos\pi x\right]_0^1-\int_0^1 f(x)dx$

$=\frac{2}{\pi}-\int_0^1 f(x)dx$ ……㉠

한편,

$1-x=t$라 하면 $-1=\frac{dt}{dx}$이고

$x=0$일 때 $t=1$, $x=1$일 때 $t=0$이므로

$\int_0^1 f(1-x)dx=\int_1^0 f(t)(-dt)=\int_0^1 f(t)dt$

즉 $\int_0^1 f(1-x)dx=\int_0^1 f(x)dx$

㉠에서

$\int_0^1 f(x)dx=\frac{2}{\pi}-\int_0^1 f(x)dx$

$2\int_0^1 f(x)dx=\frac{2}{\pi}$ $\quad\therefore \int_0^1 f(x)dx=\frac{1}{\pi}$

7-1 $\int_1^2(2x-\ln x)dx=\int_1^2 2x\,dx-\int_1^2\ln x\,dx$

$=\left[x^2\right]_1^2-\int_1^2\ln x\,dx$

$=3-\int_1^2\ln x\,dx$

이때 $f(x)=\ln x$, $g'(x)=1$이라 하면

$f'(x)=\frac{1}{x}$, $g(x)=x$이므로

$\int_1^2\ln x\,dx=\left[x\ln x\right]_1^2-\int_1^2 1\,dx$

$=2\ln 2-\left[x\right]_1^2$

$=2\ln 2-1$

$\therefore \int_1^2(2x-\ln x)dx=3-\int_1^2\ln x\,dx$

$=3-(2\ln 2-1)$

$=4-2\ln 2$

8-1 양변에 $x=0$을 대입하면

$0=e^0-a+\int_0^0 tf'(t)dt$

$1-a=0$ $\quad\therefore a=1$

$xf(x)=e^x-1+\int_0^x tf'(t)dt$의 양변을 x에 대하여 미분하면

$f(x)+xf'(x)=e^x+xf'(x)$ $\quad\therefore f(x)=e^x$

$\therefore f(a)=f(1)=e^1=e$

DAY

2 필수 체크 전략 ②

44~45쪽

01 ⑤	02 ②	03 ①	04 ②
05 ②	06 ②	07 2	08 4

01 $\tan x=t$라 하면 $\sec^2 x=\frac{dt}{dx}$이므로

$f(x)=\int\tan x\sec^2 x\,dx=\int t\,dt=\frac{1}{2}t^2+C$

$=\frac{1}{2}\tan^2 x+C$

이때 $f(0)=4$에서 $C=4$

따라서 $f(x)=\frac{1}{2}\tan^2 x+4$이므로

$f\left(\frac{\pi}{4}\right)=\frac{1}{2}\tan^2\frac{\pi}{4}+4=\frac{1}{2}+4=\frac{9}{2}$

02 $f(x)=\int ax\ln x\,dx$의 양변을 x에 대하여 미분하면

$f'(x)=ax\ln x$

이때 $f'(e^3)=3e^3$에서 $ae^3\ln e^3=3e^3$

$3ae^3=3e^3 \qquad \therefore a=1$

함수 $f(x)=\int x\ln x\,dx$에서

$u(x)=\ln x$, $v'(x)=x$라 하면

$u'(x)=\frac{1}{x}$, $v(x)=\frac{1}{2}x^2$이므로

$$f(x)=\int x\ln x\,dx$$
$$=\frac{1}{2}x^2\ln x-\int\frac{1}{2}x\,dx$$
$$=\frac{1}{2}x^2\ln x-\frac{1}{4}x^2+C$$

이때 $f\left(\frac{1}{e}\right)=-\frac{3}{4e^2}$에서

$-\frac{1}{2e^2}-\frac{1}{4e^2}+C=-\frac{3}{4e^2} \qquad \therefore C=0$

따라서 $f(x)=\frac{1}{2}x^2\ln x-\frac{1}{4}x^2$이므로

$f(e)=\frac{1}{2}e^2-\frac{1}{4}e^2=\frac{1}{4}e^2$

03 $\sin\theta=t$라 하면 $\cos\theta=\frac{dt}{d\theta}$이고

$\theta=\frac{\pi}{6}$일 때 $t=\frac{1}{2}$, $\theta=\frac{\pi}{2}$일 때 $t=1$이므로

$$\int_{\frac{\pi}{6}}^{\frac{\pi}{2}}\frac{2\cos\theta}{\sin^2\theta-2\sin\theta}\,d\theta$$
$$=\int_{\frac{1}{2}}^{1}\frac{2}{t^2-2t}\,dt$$
$$=\int_{\frac{1}{2}}^{1}\frac{2}{t(t-2)}\,dt$$
$$=\int_{\frac{1}{2}}^{1}\left(\frac{1}{t-2}-\frac{1}{t}\right)dt$$
$$=\Big[\ln|t-2|-\ln|t|\Big]_{\frac{1}{2}}^{1}$$
$$=\left[\ln\left|\frac{t-2}{t}\right|\right]_{\frac{1}{2}}^{1}$$
$$=-\ln 3$$
$$=\ln\frac{1}{3}$$

따라서 $p=3$, $q=1$이므로

$p+q=3+1=4$

04 $\sqrt{x}=t$라 하면 $\frac{1}{2\sqrt{x}}=\frac{dt}{dx}$이고

$x=4$일 때 $t=2$, $x=9$일 때 $t=3$이므로

$$\int_4^9\frac{f(\sqrt{x})}{\sqrt{x}}\,dx=\int_2^3 2f(t)dt$$
$$=2\int_2^3 f(t)dt$$
$$=2\times1=2$$

05 $f(x)=x-\frac{\pi}{2}$, $g'(x)=\cos x$라 하면

$f'(x)=1$, $g(x)=\sin x$이므로

$$\int_{\frac{\pi}{2}}^{\pi}\left(x-\frac{\pi}{2}\right)\cos x\,dx$$
$$=\left[\left(x-\frac{\pi}{2}\right)\sin x\right]_{\frac{\pi}{2}}^{\pi}-\int_{\frac{\pi}{2}}^{\pi}\sin x\,dx$$
$$=-\int_{\frac{\pi}{2}}^{\pi}\sin x\,dx$$
$$=\Big[\cos x\Big]_{\frac{\pi}{2}}^{\pi}=-1$$

다른 풀이

$x-\frac{\pi}{2}=t$라 하면 $1=\frac{dt}{dx}$이고

$x=\frac{\pi}{2}$일 때 $t=0$, $x=\pi$일 때 $t=\frac{\pi}{2}$이므로

$$\int_{\frac{\pi}{2}}^{\pi}\left(x-\frac{\pi}{2}\right)\cos x\,dx$$
$$=\int_0^{\frac{\pi}{2}}t\cos\left(\frac{\pi}{2}+t\right)dt$$
$$=\int_0^{\frac{\pi}{2}}(-t\sin t)dt$$
$$=\Big[t\cos t\Big]_0^{\frac{\pi}{2}}-\int_0^{\frac{\pi}{2}}\cos t\,dt$$
$$=0-\Big[\sin t\Big]_0^{\frac{\pi}{2}}=-1$$

$\cos\left(\frac{\pi}{2}+t\right)=-\sin t$야.

06 $\int_0^1(e^x+6ax)^2dx$

$$=\int_0^1(e^{2x}+12axe^x+36a^2x^2)dx$$
$$=\int_0^1(e^{2x}+36a^2x^2)dx+12a\int_0^1 xe^x\,dx$$
$$=\left[\frac{1}{2}e^{2x}+12a^2x^3\right]_0^1+12a\int_0^1 xe^x\,dx$$
$$=\frac{1}{2}e^2+12a^2-\frac{1}{2}+12a\int_0^1 xe^x\,dx$$

이때 $f(x)=x$, $g'(x)=e^x$이라 하면
$f'(x)=1$, $g(x)=e^x$이므로

$$12a\int_0^1 xe^x\,dx$$
$$=12a\left(\left[xe^x\right]_0^1-\int_0^1 e^x\,dx\right)$$
$$=12a\left(e-\left[e^x\right]_0^1\right)$$
$$=12a$$

$$\therefore \int_0^1 (e^x+6ax)^2dx$$
$$=\frac{1}{2}e^2+12a^2-\frac{1}{2}+12a\int_0^1 xe^x\,dx$$
$$=\frac{1}{2}e^2+12a^2-\frac{1}{2}+12a$$
$$=12\left(a+\frac{1}{2}\right)^2+\frac{1}{2}e^2-\frac{7}{2}$$

따라서 주어진 정적분의 값이 최소가 되도록 하는 실수 a의 값은 $-\frac{1}{2}$이다.

07 $\int_0^3 g(x)dx=\int_0^3 g(y)dy$이므로

$g(y)=x$라 하면 $y=f(x)$, $\frac{dy}{dx}=f'(x)$이고

$y=0$일 때 $x=f^{-1}(0)=0$, $y=3$일 때 $x=f^{-1}(3)=1$ 이므로

$$\int_0^3 g(x)dx=\int_0^3 g(y)dy=\int_0^1 xf'(x)dx$$
$$=\left[xf(x)\right]_0^1-\int_0^1 f(x)dx$$
$$=f(1)-\int_0^1 f(x)dx$$
$$=3-1$$
$$=2$$

08 모든 실수 x에 대하여 $f(x)+f(-x)=0$이므로 함수 $y=f(x)$의 그래프는 원점에 대하여 대칭이다.
또 $f(x)+f(-x)=0$의 양변을 x에 대하여 미분하면 $f'(x)-f'(-x)=0$, 즉 $f'(-x)=f'(x)$이므로 도함수 $y=f'(x)$의 그래프는 y축에 대하여 대칭이다.

$$\therefore \int_{-3}^3 f'(x)(2-\sin x)dx$$
$$=\int_{-3}^3 2f'(x)dx-\int_{-3}^3 f'(x)\sin x\,dx$$
$$=2\int_{-3}^3 f'(x)dx=4\int_0^3 f'(x)dx$$
$$=4\left[f(x)\right]_0^3$$
$$=4\{f(3)-f(0)\}$$
$$=4(1-0)=4\ (\because f(0)=0)$$

오답 피하기

$f(x)+f(-x)=0$에 $x=0$을 대입하면
$f(0)+f(0)=0$, $2f(0)=0$
$\therefore f(0)=0$

LECTURE $\int_{-a}^a f(x)dx$ 꼴의 정적분

$\int_{-a}^a f(x)dx$ 꼴의 정적분의 계산은 먼저 $f(x)$가 우함수인지 기함수인지를 파악한 후 다음을 이용한다.
① $f(x)$가 기함수이면 $\int_{-a}^a f(x)dx=0$
② $f(x)$가 우함수이면 $\int_{-a}^a f(x)dx=2\int_0^a f(x)dx$

DAY 3 필수 체크 전략 ①

46~49쪽

1-1 ③	2-1 ④	3-1 ②	4-1 ③
5-1 $\frac{5}{3}$	6-1 3	7-1 ④	8-1 ①

1-1 $\int_0^\pi f(t)dt=k$ ······㉠

라 하면 $f(x)=\cos x+k$
이를 ㉠에 대입하면

$$\int_0^\pi (\cos t+k)dt=\left[\sin t+kt\right]_0^\pi=\pi k=k$$

이므로 $k(\pi-1)=0$ $\therefore k=0$
따라서 $f(x)=\cos x$이므로
$f(0)=1$

2-1 $xf(x)=x^2\sin x+\int_0^x f(t)dt$의 양변을 x에 대하여 미분하면

$f(x)+xf'(x)=2x\sin x+x^2\cos x+f(x)$

$xf'(x)=2x\sin x+x^2\cos x$

$\therefore f'(x)=2\sin x+x\cos x\ (\because x\neq0)$

이때

$$f(x)=\int f'(x)dx$$
$$=\int(2\sin x+x\cos x)dx$$
$$=2\int\sin x\,dx+\int x\cos x\,dx$$
$$=-2\cos x+x\sin x-\int\sin x\,dx$$
$$=-2\cos x+x\sin x+\cos x+C$$
$$=x\sin x-\cos x+C$$

이고 $f(0)=0$이므로

$-1+C=0\qquad\therefore C=1$

따라서 $f(x)=x\sin x-\cos x+1$이므로

$f\left(\frac{\pi}{2}\right)=\frac{\pi}{2}+1$

3-1 $\lim_{n\to\infty}\sum_{k=1}^{n}\frac{k\pi}{n^2}f\left(\frac{k\pi}{2n}\right)$

$$=\frac{4}{\pi}\lim_{n\to\infty}\sum_{k=1}^{n}\frac{k\pi}{2n}f\left(\frac{k\pi}{2n}\right)\frac{\pi}{2n}$$
$$=\frac{4}{\pi}\int_0^{\frac{\pi}{2}}xf(x)dx$$
$$=\frac{4}{\pi}\int_0^{\frac{\pi}{2}}x\sin x\,dx$$
$$=\frac{4}{\pi}\left\{\Big[-x\cos x\Big]_0^{\frac{\pi}{2}}-\int_0^{\frac{\pi}{2}}(-\cos x)dx\right\}$$
$$=\frac{4}{\pi}\int_0^{\frac{\pi}{2}}\cos x\,dx$$
$$=\frac{4}{\pi}\Big[\sin x\Big]_0^{\frac{\pi}{2}}$$
$$=\frac{4}{\pi}$$

오답 피하기

$\frac{k\pi}{2n}=x$라 하면 $\frac{\pi}{2n}=dx$이므로

$$\lim_{n\to\infty}\sum_{k=1}^{n}\frac{k\pi}{n^2}f\left(\frac{k\pi}{2n}\right)=\lim_{n\to\infty}\frac{4}{\pi}\sum_{k=1}^{n}\frac{k\pi}{2n}f\left(\frac{k\pi}{2n}\right)\frac{\pi}{2n}$$
$$=\frac{4}{\pi}\int_0^{\frac{\pi}{2}}xf(x)dx$$

4-1 곡선 $y=x+x\cos x$와 직선 $y=x$의 교점의 x좌표는

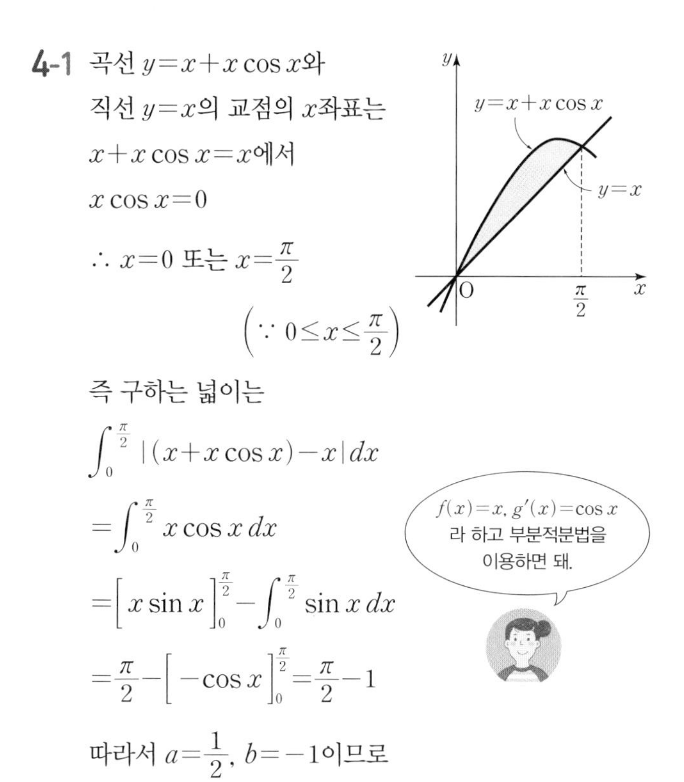

$x+x\cos x=x$에서

$x\cos x=0$

$\therefore x=0$ 또는 $x=\frac{\pi}{2}$

$\left(\because 0\le x\le\frac{\pi}{2}\right)$

즉 구하는 넓이는

$$\int_0^{\frac{\pi}{2}}|(x+x\cos x)-x|dx$$
$$=\int_0^{\frac{\pi}{2}}x\cos x\,dx$$
$$=\Big[x\sin x\Big]_0^{\frac{\pi}{2}}-\int_0^{\frac{\pi}{2}}\sin x\,dx$$
$$=\frac{\pi}{2}-\Big[-\cos x\Big]_0^{\frac{\pi}{2}}=\frac{\pi}{2}-1$$

따라서 $a=\frac{1}{2}$, $b=-1$이므로

$4a-b=4\times\frac{1}{2}-(-1)=3$

5-1 다음 그림과 같이 구하는 넓이는 곡선 $y=\frac{1}{2e}x^2$과 x축 및 직선 $x=\sqrt{e}$로 둘러싸인 도형의 넓이에서 곡선 $y=\ln x$와 x축 및 직선 $x=\sqrt{e}$로 둘러싸인 도형의 넓이를 뺀 것과 같다.

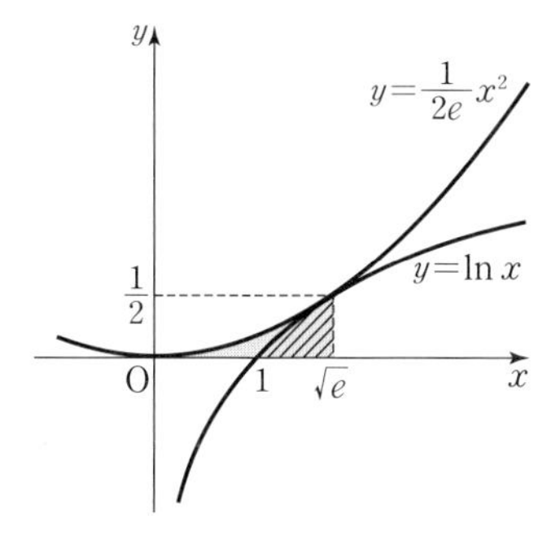

즉 구하는 넓이는

$$\int_0^{\sqrt{e}}\frac{1}{2e}x^2dx-\int_1^{\sqrt{e}}\ln x\,dx$$
$$=\Big[\frac{1}{6e}x^3\Big]_0^{\sqrt{e}}-\left(\Big[x\ln x\Big]_1^{\sqrt{e}}-\int_1^{\sqrt{e}}1\,dx\right)$$
$$=\frac{1}{6}\sqrt{e}-\left(\frac{1}{2}\sqrt{e}-\Big[x\Big]_1^{\sqrt{e}}\right)$$
$$=\frac{1}{6}\sqrt{e}-\frac{1}{2}\sqrt{e}+\sqrt{e}-1$$
$$=\frac{2}{3}\sqrt{e}-1$$

따라서 $p=\frac{2}{3}$, $q=-1$이므로

$p-q=\frac{2}{3}-(-1)=\frac{5}{3}$

6-1 점 $(x, 0)$ $(0\le x\le\pi)$을 지나고 x축에 수직인 평면으로 자른 단면의 넓이를 $S(x)$라 하면

$S(x)=\frac{\sqrt{3}}{4}\times(2\sin x)^2=\sqrt{3}\sin^2 x$

따라서 구하는 입체도형의 부피 V는

$$V=\int_0^{\pi} S(x)dx$$
$$=\int_0^{\pi}\sqrt{3}\sin^2 x\,dx$$
$$=\int_0^{\pi}\frac{\sqrt{3}(1-\cos 2x)}{2}dx$$
$$=\frac{\sqrt{3}}{2}\int_0^{\pi}(1-\cos 2x)dx$$
$$=\frac{\sqrt{3}}{2}\left[x-\frac{1}{2}\sin 2x\right]_0^{\pi}$$
$$=\frac{\sqrt{3}}{2}\pi$$

$\therefore \frac{4V^2}{\pi^2}=\frac{4}{\pi^2}\times\left(\frac{\sqrt{3}}{2}\pi\right)^2=3$

오답 피하기

$\cos 2x=\cos(x+x)$
$=\cos x\cos x-\sin x\sin x$
$=\cos^2 x-\sin^2 x$
$=1-2\sin^2 x$ $(\because \sin^2 x+\cos^2 x=1)$

$\therefore \sin^2 x=\frac{1-\cos 2x}{2}$

LECTURE 코사인함수의 덧셈정리

(1) $\cos(\alpha+\beta)=\cos\alpha\cos\beta-\sin\alpha\sin\beta$
(2) $\cos(\alpha-\beta)=\cos\alpha\cos\beta+\sin\alpha\sin\beta$

7-1 $\frac{dx}{dt}=-\sin t+\sin t+t\cos t=t\cos t$

$\frac{dy}{dt}=\cos t-\cos t+t\sin t=t\sin t$

이므로 시각 $t=0$에서 $t=\pi$까지 점 P가 움직인 거리는

$$\int_0^{\pi}\sqrt{\left(\frac{dx}{dt}\right)^2+\left(\frac{dy}{dt}\right)^2}dt$$
$$=\int_0^{\pi}\sqrt{(t\cos t)^2+(t\sin t)^2}dt$$
$$=\int_0^{\pi}\sqrt{t^2(\cos^2 t+\sin^2 t)}dt$$
$$=\int_0^{\pi}t\,dt=\left[\frac{t^2}{2}\right]_0^{\pi}$$
$$=\frac{\pi^2}{2}$$

8-1 $y=\ln\sec x$에서

$y'=\frac{(\sec x)'}{\sec x}=\frac{\sec x\tan x}{\sec x}=\tan x$이므로

구하는 길이는

$$\int_0^{\frac{\pi}{3}}\sqrt{1+\tan^2 x}\,dx$$
$$=\int_0^{\frac{\pi}{3}}\sqrt{\sec^2 x}\,dx=\int_0^{\frac{\pi}{3}}\sec x\,dx$$
$$=\int_0^{\frac{\pi}{3}}\frac{1}{\cos x}dx=\int_0^{\frac{\pi}{3}}\frac{\cos x}{1-\sin^2 x}dx$$

이때 $\sin x=t$라 하면 $\cos x=\frac{dt}{dx}$이고

$x=0$일 때 $t=0$, $x=\frac{\pi}{3}$일 때 $t=\frac{\sqrt{3}}{2}$이므로

$$\int_0^{\frac{\pi}{3}}\sqrt{1+\tan^2 x}\,dx$$
$$=\int_0^{\frac{\pi}{3}}\frac{\cos x}{1-\sin^2 x}dx=\int_0^{\frac{\sqrt{3}}{2}}\frac{1}{1-t^2}dt$$
$$=\frac{1}{2}\int_0^{\frac{\sqrt{3}}{2}}\left(\frac{1}{1-t}+\frac{1}{1+t}\right)dt$$
$$=\frac{1}{2}\Big[-\ln|1-t|+\ln|1+t|\Big]_0^{\frac{\sqrt{3}}{2}}$$
$$=\frac{1}{2}\left[\ln\left|\frac{1+t}{1-t}\right|\right]_0^{\frac{\sqrt{3}}{2}}=\frac{1}{2}\ln\frac{2+\sqrt{3}}{2-\sqrt{3}}$$
$$=\frac{1}{2}\ln(2+\sqrt{3})^2$$
$$=\ln(2+\sqrt{3})$$

따라서 $a=2$, $b=3$이므로

$a+b=2+3=5$

LECTURE 삼각함수 사이의 관계

(1) $\sin^2\theta+\cos^2\theta=1$
(2) $1+\tan^2\theta=\sec^2\theta$

DAY

3 필수 체크 전략 ②

50~51쪽

01 ③	02 ①	03 3	04 $\frac{\pi}{2}-1$
05 ②	06 ④	07 ②	08 $\sqrt{2}$

01 양변에 $x=0$을 대입하면

$f(0)=0+2\int_0^0 f(t)dt$이므로 $f(0)=0$

$f(x)=3x+2\int_0^x f(t)dt$의 양변을 x에 대하여 미분하면

$f'(x)=3+2f(x)$ ······㉠

또 $g(x)=e^{-2x}f(x)$의 양변을 x에 대하여 미분하면

$$g'(x)=-2e^{-2x}f(x)+e^{-2x}f'(x)$$
$$=e^{-2x}\{-2f(x)+f'(x)\}$$
$$=e^{-2x}\{-2f(x)+3+2f(x)\}\ (\because ㉠)$$
$$=3e^{-2x}$$

이때

$$g(x)=\int g'(x)dx=\int 3e^{-2x}dx=-\frac{3}{2}e^{-2x}+C$$

이고 $g(0)=f(0)=0$이므로

$-\frac{3}{2}+C=0 \quad \therefore C=\frac{3}{2}$

즉 $g(x)=-\frac{3}{2}e^{-2x}+\frac{3}{2}$이므로

$$g(-1)=-\frac{3}{2}e^2+\frac{3}{2}$$

따라서 $p=-\frac{3}{2}$, $q=\frac{3}{2}$이므로

$$p+q=-\frac{3}{2}+\frac{3}{2}=0$$

02 $g(x)=\ln(e^x+1)$, $G'(x)=g(x)$라 하면

$$\lim_{x\to1}\frac{1}{x^3-1}\int_{f(1)}^{f(x)}\ln(e^x+1)dx$$
$$=\frac{1}{3}\lim_{x\to1}\frac{1}{x-1}\int_{f(1)}^{f(x)}g(x)dx$$
$$=\frac{1}{3}\lim_{x\to1}\frac{G(f(x))-G(f(1))}{x-1}$$
$$=\frac{1}{3}G'(f(1))f'(1)$$
$$=\frac{1}{3}g(f(1))f'(1)$$
$$=\frac{1}{3}\times g(1)\times 2\ (\because f(1)=1,\ f'(1)=2)$$
$$=\frac{2}{3}\ln(e+1)$$

합성함수의 미분법을 잊지 않았지?

03
$$\lim_{n\to\infty}\sum_{k=1}^{n}f'\left(\frac{2k}{n}\right)\frac{4k}{n^2}=\lim_{n\to\infty}\sum_{k=1}^{n}f'\left(\frac{2k}{n}\right)\times\frac{2k}{n}\times\frac{2}{n}$$
$$=\int_0^2 xf'(x)dx$$
$$=\Big[xf(x)\Big]_0^2-\int_0^2 f(x)dx$$
$$=2f(2)-\int_0^2 f(x)dx$$
$$=2\times4-5$$
$$=3$$

04 곡선 $y=\sin x$와 x축 및 직선 $x=k$로 둘러싸인 도형의 넓이를 A, 곡선 $y=\sin x$와 두 직선 $x=k$, $y=1$로 둘러싸인 도형의 넓이를 B라 하면

$$A=\int_0^k \sin x\,dx$$
$$=\Big[-\cos x\Big]_0^k$$
$$=-\cos k+1$$
$$B=\int_k^{\frac{\pi}{2}}(1-\sin x)dx$$
$$=\Big[x+\cos x\Big]_k^{\frac{\pi}{2}}$$
$$=\frac{\pi}{2}-k-\cos k$$

이때 $A=B$이므로

$$-\cos k+1=\frac{\pi}{2}-k-\cos k \qquad \therefore k=\frac{\pi}{2}-1$$

05 곡선 $y=\frac{4}{x}$와 x축 및 두 직선 $x=1$, $x=4$로 둘러싸인 도형의 넓이는

$$\int_1^4 \frac{4}{x}dx=4\Big[\ln|x|\Big]_1^4=4\ln4=8\ln2$$

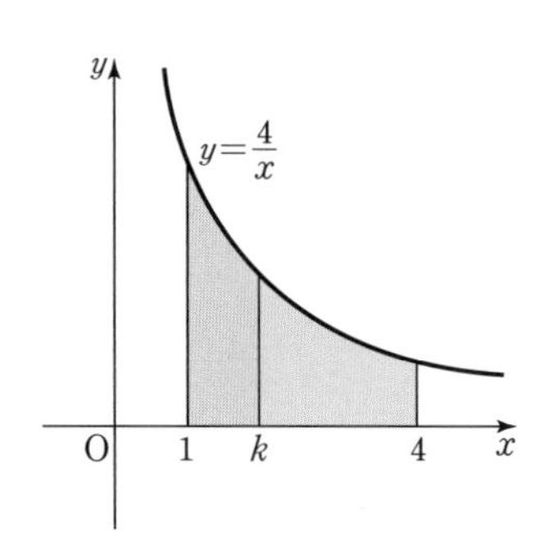

이때 곡선 $y=\frac{4}{x}$와 x축 및 두 직선 $x=1$, $x=k$로 둘러싸인 도형의 넓이는

$$\int_1^k \frac{4}{x}\,dx=4\Big[\ln|x|\Big]_1^k$$
$$=4\ln k$$

이므로

$$4\ln k=\frac{1}{2}\times 8\ln 2$$

$\ln k=\ln 2 \qquad \therefore k=2$

다른 풀이

곡선 $y=\frac{4}{x}$와 x축 및 두 직선 $x=k$, $x=4$로 둘러싸인 도형의 넓이는

$$\int_k^4 \frac{4}{x}\,dx=4\Big[\ln|x|\Big]_k^4=8\ln 2-4\ln k$$

이므로 $8\ln 2-4\ln k=4\ln 2$

$\ln k=\ln 2 \qquad \therefore k=2$

LECTURE 두 곡선 사이의 넓이의 활용: 이등분

다음 그림과 같이 곡선 $y=f(x)$와 x축으로 둘러싸인 도형의 넓이 S를 곡선 $y=g(x)$가 이등분하면

⇨ $\int_0^a \{f(x)-g(x)\}dx=\frac{1}{2}S$

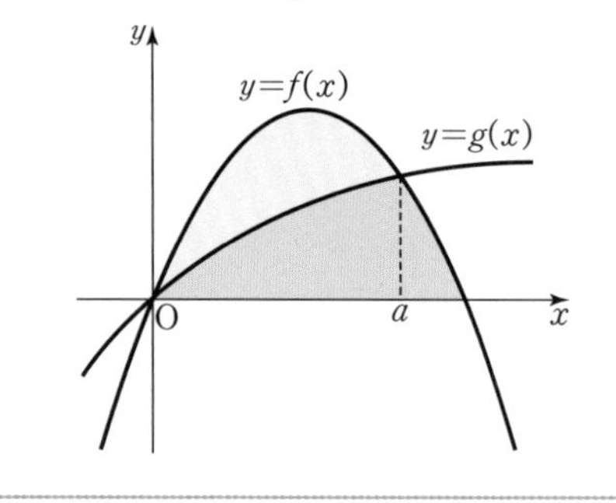

06 물의 깊이가 x $(0\le x\le \ln 8)$일 때의 수면의 넓이를 $S(x)$라 하면

$$S(x)=\pi e^{2x}$$

물의 깊이가 $\ln 2$일 때 물병에 담긴 물의 부피 V는

$$V=\int_0^{\ln 2} S(x)dx=\int_0^{\ln 2}\pi e^{2x}\,dx$$
$$=\Big[\frac{\pi}{2}e^{2x}\Big]_0^{\ln 2}=\frac{3}{2}\pi$$

따라서 물의 깊이가 $\ln 8$일 때 물병에 담긴 물의 부피는

$$\int_0^{\ln 8} S(x)dx=\int_0^{\ln 8}\pi e^{2x}\,dx$$
$$=\Big[\frac{\pi}{2}e^{2x}\Big]_0^{\ln 8}$$
$$=\frac{63}{2}\pi=21V$$

07 $\frac{dx}{dt}=-3\sin t+3\sin 3t$

$\frac{dy}{dt}=3\cos t-3\cos 3t$

이므로 시각 $t=0$에서 $t=\frac{\pi}{3}$까지 점 P가 움직인 거리는

$$\int_0^{\frac{\pi}{3}}\sqrt{\left(\frac{dx}{dt}\right)^2+\left(\frac{dy}{dt}\right)^2}\,dt$$
$$=\int_0^{\frac{\pi}{3}}\sqrt{(-3\sin t+3\sin 3t)^2+(3\cos t-3\cos 3t)^2}\,dt$$
$$=\int_0^{\frac{\pi}{3}}\sqrt{18-18(\cos 3t\cos t+\sin 3t\sin t)}\,dt$$
$$=\int_0^{\frac{\pi}{3}}\sqrt{18-18\cos 2t}\,dt=\int_0^{\frac{\pi}{3}}\sqrt{36\sin^2 t}\,dt$$
$$=\int_0^{\frac{\pi}{3}}6|\sin t|\,dt=\int_0^{\frac{\pi}{3}}6\sin t\,dt$$
$$=\Big[-6\cos t\Big]_0^{\frac{\pi}{3}}=3$$

08 $\int_0^1\sqrt{1+\{f'(x)\}^2}\,dx$는 $0\le x\le 1$에서 곡선 $y=f(x)$의 길이이므로 그 길이가 최소인 경우는 원점 O와 점 $(1,\ 1)$을 선분으로 연결할 때이다.

따라서 구하는 최솟값은

$$\sqrt{1^2+1^2}=\sqrt{2}$$

누구나 합격 전략

52~53쪽

01 ③	02 ④	03 ①	04 ⑤
05 ②	06 ⑤	07 ④	08 ⑤

01 $f(x)=\int e^{x+1}\,dx=e^{x+1}+C$

이때 $f(-1)=2$에서

$1+C=2 \qquad \therefore C=1$

즉 $f(x)=e^{x+1}+1$이므로

$f(0)=e+1$

따라서 $a=1,\ b=1$이므로

$a+b=1+1=2$

02 $\int_{-\frac{\pi}{4}}^{\frac{\pi}{4}}(\sin x+\cos 2x)dx$

$=\int_{-\frac{\pi}{4}}^{\frac{\pi}{4}}\sin x\,dx+\int_{-\frac{\pi}{4}}^{\frac{\pi}{4}}\cos 2x\,dx$

$=0+2\int_{0}^{\frac{\pi}{4}}\cos 2x\,dx$

$=2\left[\frac{1}{2}\sin 2x\right]_0^{\frac{\pi}{4}}$

$=1$

다른 풀이

$\int_{-\frac{\pi}{4}}^{\frac{\pi}{4}}(\sin x+\cos 2x)dx=\left[-\cos x+\frac{1}{2}\sin 2x\right]_{-\frac{\pi}{4}}^{\frac{\pi}{4}}=1$

03 $x^2+x+2=t$라 하면 $2x+1=\frac{dt}{dx}$이고

$x=-1$일 때 $t=2$, $x=1$일 때 $t=4$이므로

$\int_{-1}^{1}(2x+1)(x^2+x+2)^2dx=\int_2^4 t^2\,dt$

$=\left[\frac{1}{3}t^3\right]_2^4$

$=\frac{56}{3}$

04 $\int_1^x f(t)dt=xe^x+x^2-x-e$의 양변을 x에 대하여 미분하면

$f(x)=e^x+xe^x+2x-1$

$\therefore f(1)=2e+1$

05 $\lim_{n\to\infty}\sum_{k=1}^{n}\left(\frac{2k}{n}\right)^2\frac{1}{n}=\int_0^1(2x)^2\,dx=\int_0^1 4x^2\,dx$이므로

$a^2=4 \qquad \therefore a=2\ (\because a>0)$

06 $0\le x\le\frac{\pi}{2}$에서 함수 $y=\sin 2x$의 그래프는 다음과 같다.

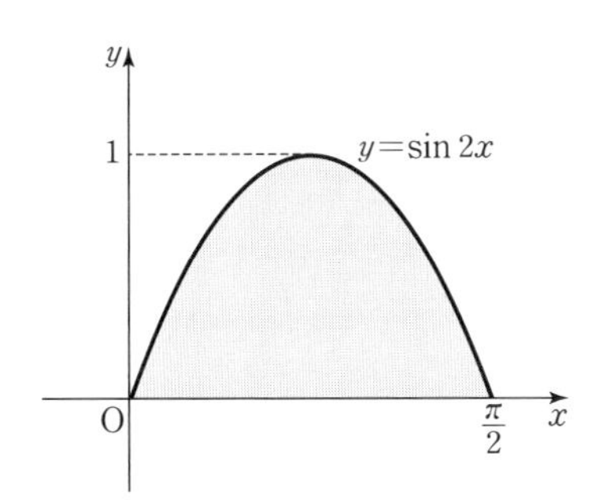

따라서 구하는 넓이는

$\int_0^{\frac{\pi}{2}}\sin 2x\,dx=\left[-\frac{1}{2}\cos 2x\right]_0^{\frac{\pi}{2}}=1$

07 밑면으로부터의 높이가 x인 곳에서 밑면과 평행한 평면으로 자른 단면의 넓이를 $S(x)$라 하면

$S(x)=e^x+2x$

따라서 입체도형의 높이가 2일 때, 부피는

$\int_0^2 S(x)dx=\int_0^2(e^x+2x)dx$

$=\left[e^x+x^2\right]_0^2$

$=e^2+3$

08 시각 $t=\frac{\pi}{2}$에서 점 P의 위치 x는

$x=0+\int_0^{\frac{\pi}{2}}v(t)\,dt$

$=\int_0^{\frac{\pi}{2}}\cos t\,dt$

$=\left[\sin t\right]_0^{\frac{\pi}{2}}=1$

창의·융합·코딩 전략 ①

54~55쪽

1 ③ 2 ④ 3 ③ 4 ②

1 $h'(t)=\frac{5}{t+2}$이므로

$h(t)=\int h'(t)dt$

$=\int \frac{5}{t+2}dt$

$=5\ln|t+2|+C$

이때 $h(0)=0$에서

$5\ln 2+C=0 \qquad \therefore C=-5\ln 2$

따라서 $h(t)=5\ln|t+2|-5\ln 2$이므로 이 물통에 6분 동안 물을 넣었을 때, 수면의 높이는

$h(6)=5\ln 8-5\ln 2=5\ln 4=10\ln 2$

2 $h'(x)=20\cos x$이므로

$h(x)=\int h'(x)dx=\int 20\cos x\,dx=20\sin x+C$

이때 $h(0)=20$에서 $C=20$

따라서 $h(x)=20\sin x+20$이므로 점 P가 기준선으로부터 $\frac{11}{6}\pi$만큼 회전하였을 때, 지면으로부터 점 P의 높이는

$h\left(\frac{11}{6}\pi\right)=20\sin\frac{11}{6}\pi+20$

$=20\times\left(-\frac{1}{2}\right)+20$

$=10$

3 $4x+1=t$라 하면 $4=\frac{dt}{dx}$이고

$x=0$일 때 $t=1$, $x=\frac{1}{2}$일 때 $t=3$이므로

$\int_0^{\frac{1}{2}} 8\sqrt{x}f(4x+1)dx$

$=\int_1^3 \sqrt{t-1}f(t)dt$

$=\int_1^2 \sqrt{t-1}(2t-1)dt+\int_2^3 3\sqrt{t-1}\,dt$

$=\int_1^2 \sqrt{t-1}(2t-1)dt+\left[2(t-1)^{\frac{3}{2}}\right]_2^3$

$=\int_1^2 \sqrt{t-1}(2t-1)dt+4\sqrt{2}-2$

이때 $\sqrt{t-1}=s$라 하면 $t-1=s^2$, $1=2s\frac{ds}{dt}$이고

$t=1$일 때 $s=0$, $t=2$일 때 $s=1$이므로

$\int_1^2 \sqrt{t-1}(2t-1)dt=\int_0^1 s(2s^2+1)2s\,ds$

$=2\int_0^1 (2s^4+s^2)ds$

$=2\left[\frac{2}{5}s^5+\frac{1}{3}s^3\right]_0^1$

$=\frac{22}{15}$

$\therefore \int_0^{\frac{1}{2}} 8\sqrt{x}f(4x+1)dx$

$=\int_1^2 \sqrt{t-1}(2t-1)dt+4\sqrt{2}-2$

$=\frac{22}{15}+4\sqrt{2}-2$

$=4\sqrt{2}-\frac{8}{15}$

따라서 $p=-\frac{8}{15}$, $q=4$이므로

$30(p+q)=30\times\left(-\frac{8}{15}+4\right)=104$

4 $f(x)=100-\int_0^x 4e^{-\frac{t}{25}}dt$의 양변을 x에 대하여 미분하면

$f'(x)=-4e^{-\frac{x}{25}}$

이므로 100초 후의 장구 소리의 순간변화율은

$f'(100)=-4e^{-\frac{100}{25}}=-4e^{-4}$

100초 후의 장구 소리의 크기는

$f(100)=100-\int_0^{100} 4e^{-\frac{t}{25}}dt$

$=100-\left[-100e^{-\frac{t}{25}}\right]_0^{100}$

$=100+100(e^{-4}-1)$

$=100e^{-4}$

따라서 $a=-4e^{-4}$, $b=100e^{-4}$이므로

$\frac{b}{a}=\frac{100e^{-4}}{-4e^{-4}}=-25$

창의·융합·코딩 전략 ②

56~57쪽

5 ② 6 ③ 7 ① 8 ⑤

5 $\ln x=t$라 하면 $\frac{1}{x}=\frac{dt}{dx}$이고

$x=k$일 때 $t=\ln k$, $x=e^2$일 때 $t=2$이므로

$$\int_k^{e^2}\frac{\ln x}{2x}dx=\int_{\ln k}^{2}\frac{t}{2}dt=\left[\frac{t^2}{4}\right]_{\ln k}^{2}$$

$$=1-\frac{(\ln k)^2}{4}$$

즉 $\int_k^{e^2}\frac{\ln x}{2x}dx=0$에서

$1-\frac{(\ln k)^2}{4}=0$, $(\ln k)^2=4$

이때 $0<k<1$이므로

$\ln k=-2$ $\quad\therefore k=e^{-2}$

6 바닥으로부터 물의 높이가 x cm일 때의 수면의 넓이를 $S(x)$ cm^{2}라 하면

$S(x)=4x\sqrt{x^2+9}$

물의 높이가 4 cm일 때 물의 부피 V cm^{3}는

$$V=\int_0^4 S(x)dx$$

$$=\int_0^4 4x\sqrt{x^2+9}\,dx$$

이때

$x^2+9=t$라 하면 $2x=\frac{dt}{dx}$이고

$x=0$일 때 $t=9$, $x=4$일 때 $t=25$이므로

$$V=\int_0^4 4x\sqrt{x^2+9}\,dx$$

$$=\int_9^{25}2\sqrt{t}\,dt$$

$$=\left[\frac{4}{3}t^{\frac{3}{2}}\right]_9^{25}$$

$$=\frac{392}{3}$$

7 $\frac{dx}{dt}=\frac{1}{2}$, $\frac{dy}{dt}=\frac{e^t-e^{-t}}{4}$

이므로 이륙하여 1분 동안 비행한 거리는

$$\int_0^1\sqrt{\left(\frac{dx}{dt}\right)^2+\left(\frac{dy}{dt}\right)^2}\,dt$$

$$=\int_0^1\sqrt{\left(\frac{1}{2}\right)^2+\left(\frac{e^t-e^{-t}}{4}\right)^2}\,dt$$

$$=\int_0^1\sqrt{\left(\frac{e^t+e^{-t}}{4}\right)^2}\,dt$$

$$=\int_0^1\frac{e^t+e^{-t}}{4}dt$$

$$=\left[\frac{e^t-e^{-t}}{4}\right]_0^1$$

$$=\frac{e-e^{-1}}{4}$$

8 $\frac{dx}{d\theta}=3\cos^2\theta(-\sin\theta)=-3\cos^2\theta\sin\theta$

$\frac{dy}{d\theta}=3\sin^2\theta\cos\theta$

이므로 구하는 밧줄의 길이는

$$\int_0^{\frac{\pi}{2}}\sqrt{\left(\frac{dx}{d\theta}\right)^2+\left(\frac{dy}{d\theta}\right)^2}\,d\theta$$

$$=\int_0^{\frac{\pi}{2}}\sqrt{(-3\cos^2\theta\sin\theta)^2+(3\sin^2\theta\cos\theta)^2}\,d\theta$$

$$=\int_0^{\frac{\pi}{2}}\sqrt{9\sin^2\theta\cos^2\theta(\cos^2\theta+\sin^2\theta)}\,d\theta$$

$$=\int_0^{\frac{\pi}{2}}\sqrt{9\sin^2\theta\cos^2\theta}\,d\theta$$

$$=\int_0^{\frac{\pi}{2}}3\sin\theta\cos\theta\,d\theta$$

$$=\int_0^{\frac{\pi}{2}}\frac{3}{2}\sin2\theta\,d\theta$$

$$=\left[-\frac{3}{4}\cos2\theta\right]_0^{\frac{\pi}{2}}=\frac{3}{2}$$

$0\le\theta\le\frac{\pi}{2}$에서
$\sin\theta\ge0$, $\cos\theta\ge0$이므로
$3\sin\theta\cos\theta\ge0$이야.

후편 마무리 전략

신유형·신경향 전략

60~63쪽

01 $-4\ln 2$	02 1	03 3π	04 7.25
05 30 ℃	06 $\frac{1}{2}$	07 $\frac{3}{4}$ cm³	08 4

01 $T_0=100$, $T_1=20$일 때, $T(10)=60$이므로

$20+(100-20)e^{-10k}=60$

$80e^{-10k}=40$

$10k=\ln 2 \qquad \therefore k=\frac{\ln 2}{10}$

즉 $T(t)=T_1+(T_0-T_1)e^{-\frac{\ln 2}{10}t}$에서

$T'(t)=(T_0-T_1)e^{-\frac{\ln 2}{10}t}\times\left(-\frac{\ln 2}{10}\right)$

따라서 10분 후 물의 온도의 순간변화율은

$T'(10)=(100-20)e^{-\frac{\ln 2}{10}\times 10}\times\left(-\frac{\ln 2}{10}\right)$

$=80\times\frac{1}{2}\times\left(-\frac{\ln 2}{10}\right)$

$=-4\ln 2$

02 $g(x)=\sin^2 a\pi x$, $h(x)=a\pi\ln x+b$라 하면

$g'(x)=2\sin a\pi x\times\cos a\pi x\times a\pi$

$=2a\pi\sin a\pi x\cos a\pi x$

$=a\pi\sin 2a\pi x$

$h'(x)=\frac{a\pi}{x}$

함수 $f(x)$가 모든 실수 x에서 미분가능하므로

$g(1)=h(1)$에서

$\sin^2 a\pi=b \qquad \cdots\cdots ㉠$

$g'(1)=h'(1)$에서

$a\pi\sin 2a\pi=a\pi$, $\sin 2a\pi=1$

이때 $0<a<\frac{1}{2}$에서 $0<2a\pi<\pi$이므로

$2a\pi=\frac{\pi}{2} \qquad \therefore a=\frac{1}{4}$

㉠에 $a=\frac{1}{4}$을 대입하면

$b=\sin^2\frac{\pi}{4}=\frac{1}{2}$

$\therefore 8ab=8\times\frac{1}{4}\times\frac{1}{2}=1$

03 이 대관람차가 한 바퀴 회전하는 데 16분이 걸리므로

$\frac{d\theta}{dt}=\frac{2\pi}{16}=\frac{\pi}{8}$

한편, $f(\theta)=48$에서 $30-30\cos\theta=48$

$30\cos\theta=-18 \qquad \therefore \cos\theta=-\frac{3}{5}$

$\sin\theta=\sqrt{1-\cos^2\theta}$

$=\sqrt{1-\left(-\frac{3}{5}\right)^2}=\frac{4}{5}$ ($\because \sin\theta>0$)

따라서 곤돌라의 높이가 48 m가 되었을 때, 시간 t에 대한 지웅이가 탑승한 곤돌라의 높이의 순간변화율은

$\frac{d}{dt}f(\theta)=f'(\theta)\times\frac{d\theta}{dt}$

$=30\sin\theta\times\frac{\pi}{8}$

$=30\times\frac{4}{5}\times\frac{\pi}{8}$

$=3\pi$

04 $f(t)=8.5-\frac{10t}{t^2+16}$에서

$f'(t)=\frac{-10\times(t^2+16)+10t\times 2t}{(t^2+16)^2}$

$=\frac{10(t^2-16)}{(t^2+16)^2}$

$f'(t)=0$에서 $\frac{10(t^2-16)}{(t^2+16)^2}=0$

$10(t^2-16)=0$, $(t+4)(t-4)=0$

$\therefore t=4$ ($\because t\ge 0$)

함수 $f(t)$의 증가와 감소를 표로 나타내면 다음과 같다.

t	0	$\cdots$	4	$\cdots$
$f'(t)$		$-$	0	$+$
$f(t)$	8.5	↘	7.25	↗

$t\ge 0$에서 함수 $f(t)$는 $t=4$일 때 극소이면서 최소이므로 최솟값 7.25를 갖는다.

따라서 입 안의 pH의 최솟값은 7.25이다.

05 $f'(t)=k\{f(t)-20\}$에서 $\frac{f'(t)}{f(t)-20}=k$이므로

$\int\frac{\{f(t)-20\}'}{f(t)-20}dt=\int\frac{f'(t)}{f(t)-20}dt=\int k\,dt$

$f(t)-20=s$라 하면 $f'(t)\frac{dt}{ds}=1$이므로

$$\int \frac{f'(t)}{f(t)-20}\,dt=\int \frac{1}{s}\,ds=\ln s+C_1 \ (C_1\text{은 적분상수})$$
$$=\ln\{f(t)-20\}+C_1$$

또 $\int k\,dt=kt+C_2$ (C_2는 적분상수)

이므로

$\ln\{f(t)-20\}=kt+C$ (단, $C=C_2-C_1$)

이때 $f(0)=60$이므로

$\ln\{f(0)-20\}=k\times 0+C \qquad \therefore C=\ln 40$

또 $f(1)=40$이므로

$\ln\{f(1)-20\}=k+\ln 40$

$\therefore k=\ln\frac{1}{2}$

즉 $\ln\{f(t)-20\}=\left(\ln\frac{1}{2}\right)t+\ln 40$에서

$$\frac{\ln\frac{f(t)-20}{40}}{\ln\frac{1}{2}}=t,\ \log_{\frac{1}{2}}\frac{f(t)-20}{40}=t$$

$$\frac{f(t)-20}{40}=\left(\frac{1}{2}\right)^t$$

$$\therefore f(t)=20+40\left(\frac{1}{2}\right)^t$$

따라서 2분 후 물체의 온도는

$$f(2)=20+40\times\left(\frac{1}{2}\right)^2=30\ (℃)$$

06 $u(t)=\cos t$, $v'(t)=e^{-t}$이라 하면

$u'(t)=-\sin t$, $v(t)=-e^{-t}$이므로

$$\int e^{-t}\cos t\,dt=-e^{-t}\cos t-\int e^{-t}\sin t\,dt$$
$$=-e^{-t}\cos t+e^{-t}\sin t-\int e^{-t}\cos t\,dt$$

$$\therefore f(t)=\int e^{-t}\cos t\,dt$$
$$=\frac{e^{-t}(\sin t-\cos t)}{2}+C$$

이때 $f(0)=0$이므로

$$\frac{e^{-0}(\sin 0-\cos 0)}{2}+C=0 \qquad \therefore C=\frac{1}{2}$$

따라서 시각 $t=\frac{\pi}{4}$에서의 추의 중심의 위치는

$$f\left(\frac{\pi}{4}\right)=\frac{e^{-\frac{\pi}{4}}\left(\sin\frac{\pi}{4}-\cos\frac{\pi}{4}\right)}{2}+\frac{1}{2}=\frac{1}{2}$$

07 물의 깊이가 x cm일 때, 그릇에 담긴 물의 부피를 $V(x)$라 하면

$$V(x)=\int_0^x \sin 2t\,dt=\left[-\frac{1}{2}\cos 2t\right]_0^x$$
$$=-\frac{1}{2}\cos 2x+\frac{1}{2}$$

따라서 물의 깊이가 $\frac{\pi}{3}$ cm일 때, 이 그릇에 담긴 물의 부피는

$$V\left(\frac{\pi}{3}\right)=-\frac{1}{2}\cos\frac{2}{3}\pi+\frac{1}{2}$$
$$=-\frac{1}{2}\times\left(-\frac{1}{2}\right)+\frac{1}{2}$$
$$=\frac{3}{4}\ (\text{cm}^3)$$

08 $x=t-\frac{1}{2}\sin 2t$, $y=13-\frac{1}{2}\cos 2t$에서

$\frac{dx}{dt}=1-\cos 2t$, $\frac{dy}{dt}=\sin 2t$이므로

점 P의 시각 t에서의 속력은

$$\sqrt{(1-\cos 2t)^2+\sin^2 2t}$$
$$=\sqrt{\cos^2 2t-2\cos 2t+1+\sin^2 2t}$$
$$=\sqrt{2-2\cos 2t}$$
$$=\sqrt{4\sin^2 t}$$
$$=2|\sin t|$$

즉 점 P의 속력이 0이 되는 시각은

$2|\sin t|=0$에서 $t=\pi,\ 2\pi,\ 3\pi,\ \cdots$

따라서 시각 $t=0$에서 $t=\pi$까지 점 P가 움직인 거리는

$$\int_0^{\pi} 2|\sin t|\,dt=\int_0^{\pi} 2\sin t\,dt$$
$$=\left[-2\cos t\right]_0^{\pi}$$
$$=4$$

1·2등급 확보 전략 1회

64~67쪽

01 ①	02 ④	03 ⑤	04 ②
05 ③	06 ②	07 ①	08 ②
09 ②	10 ①	11 ④	12 ⑤
13 ①	14 ②	15 ②	16 ④

01 $f(x)=x\ln(2x-1)$에서

$f'(x)=\ln(2x-1)+x\times\dfrac{2}{2x-1}$이므로

$f'\left(\dfrac{e+1}{2}\right)=\ln e+\dfrac{e+1}{2}\times\dfrac{2}{e}$

$=2+e^{-1}$

따라서 $p=2$, $q=1$이므로

$p+q=2+1=3$

02 $x=e^{2t}+e^t$, $y=1-e^{-t}$에서

$\dfrac{dx}{dt}=2e^{2t}+e^t$, $\dfrac{dy}{dt}=e^{-t}$이므로

$$\frac{dy}{dx}=\frac{\frac{dy}{dt}}{\frac{dx}{dt}}=\frac{e^{-t}}{2e^{2t}+e^t}$$

따라서 $t=0$일 때, 곡선 위의 점에서의

접선의 기울기는 $\dfrac{1}{3}$

03 $x^2-3y^2=6$의 양변을 x에 대하여 미분하면

$2x-6y\dfrac{dy}{dx}=0$이므로 $\dfrac{dy}{dx}=\dfrac{x}{3y}$

이때 점 (p, q)에서의 접선의 기울기가 1이므로

$\dfrac{p}{3q}=1$ $\quad\therefore p=3q$ $\quad$ ……㉠

또 점 (p, q)는 곡선 $x^2-3y^2=6$ 위의 점이므로

$p^2-3q^2=6$, $9q^2-3q^2=6$ ($\because$ ㉠)

$\therefore q^2=1$

㉠에서 $p^2=9q^2$이므로 $p^2=9$

$\therefore p^2+q^2=9+1=10$

04 $g(x)=f(e^x)$에서 $g'(x)=f'(e^x)\times e^x$이므로

$g'(1)=f'(e)\times e=\dfrac{1}{e}\times e=1$

또 $g(1)=f(e)=3$이고 함수 $g(x)$의 역함수가 $h(x)$이므로 $h(3)=1$

$\therefore h'(3)=\dfrac{1}{g'(h(3))}=\dfrac{1}{g'(1)}=1$

05 $f(x)=\sin^2 x$에서 $f'(x)=2\sin x\cos x=\sin 2x$

두 점 $(\alpha, f(\alpha))$, $(\beta, f(\beta))$에서의 접선이 서로 수직이므로

$\sin 2\alpha\times\sin 2\beta=-1$

이때 $|\sin 2\alpha|\le 1$, $|\sin 2\beta|\le 1$이므로

$|\sin 2\alpha|=1$, $|\sin 2\beta|=1$

$0<\alpha<\dfrac{\pi}{2}<\beta<\pi$에서 $0<2\alpha<\pi<2\beta<2\pi$이므로

$2\alpha=\dfrac{\pi}{2}$, $2\beta=\dfrac{3}{2}\pi$

따라서 $\alpha=\dfrac{\pi}{4}$, $\beta=\dfrac{3}{4}\pi$이므로

$\sin\alpha\sin\beta=\sin\dfrac{\pi}{4}\times\sin\dfrac{3}{4}\pi$

$=\dfrac{\sqrt{2}}{2}\times\dfrac{\sqrt{2}}{2}=\dfrac{1}{2}$

06 $f(x)=\sin x^2$에서

$f'(x)=2x\cos x^2$

$f''(x)=2\cos x^2-4x^2\sin x^2$

$\therefore \displaystyle\lim_{x\to\sqrt{\pi}}\frac{f'(x)-f'(\sqrt{\pi})}{x^2-\pi}$

$=\displaystyle\lim_{x\to\sqrt{\pi}}\frac{f'(x)-f'(\sqrt{\pi})}{(x-\sqrt{\pi})(x+\sqrt{\pi})}$

$=\displaystyle\lim_{x\to\sqrt{\pi}}\frac{f'(x)-f'(\sqrt{\pi})}{x-\sqrt{\pi}}\times\frac{1}{x+\sqrt{\pi}}$

$=f''(\sqrt{\pi})\times\dfrac{1}{2\sqrt{\pi}}$

$=(2\cos\pi-4\pi\sin\pi)\times\dfrac{1}{2\sqrt{\pi}}$

$=(-2)\times\dfrac{1}{2\sqrt{\pi}}$

$=-\dfrac{1}{\sqrt{\pi}}$

07 $x=t^2+3t$, $y=2t^2-t+1$에서

$\frac{dx}{dt}=2t+3$, $\frac{dy}{dt}=4t-1$이므로

$$\frac{dy}{dx}=\frac{\frac{dy}{dt}}{\frac{dx}{dt}}=\frac{4t-1}{2t+3}$$

$t=1$일 때 $x=4$, $y=2$, $\frac{dy}{dx}=\frac{3}{5}$이므로 접선의 방정식은

$y-2=\frac{3}{5}(x-4)$

$\therefore y=\frac{3}{5}x-\frac{2}{5}$

즉 접선과 x축 및 y축으로 둘러싸인 도형의 넓이는

$\frac{1}{2}\times\frac{2}{3}\times\frac{2}{5}=\frac{2}{15}$

따라서 $p=15$, $q=2$이므로

$p+q=15+2=17$

08 곡선 $y=g(x)$ 위의 점 $(a,\ b)$에서의 접선의 기울기가 $\frac{1}{2}$이므로

$g(a)=b$, $g'(a)=\frac{1}{2}$

이때 $g(a)=b$에서 $f(b)=a$이므로

$$f'(b)=\frac{1}{g'(f(b))}=\frac{1}{g'(a)}=2$$

한편, $f(x)=\tan x$에서 $f'(x)=\sec^2 x$이므로

$f'(b)=\sec^2 b=1+\tan^2 b=2$

$\tan^2 b=1$

$\therefore b=\frac{\pi}{4}\left(\because 0<b<\frac{\pi}{2}\right)$

$g(a)=b$에서 $f(b)=a$이므로

$a=\tan\frac{\pi}{4}=1$

곡선 $y=g(x)$ 위의 점 $\left(1,\ \frac{\pi}{4}\right)$에서의 접선의 방정식은

$y-\frac{\pi}{4}=\frac{1}{2}(x-1)$

$\therefore y=\frac{1}{2}x+\frac{\pi}{4}-\frac{1}{2}$

따라서 구하는 y절편은 $\frac{\pi}{4}-\frac{1}{2}$이다.

09 $f(x)=e^x\cos x$에서

$f'(x)=e^x\cos x-e^x\sin x=e^x(\cos x-\sin x)$

$f'(x)=0$에서 $e^x>0$이므로 $\cos x-\sin x=0$

$\tan x=1\qquad \therefore x=\frac{\pi}{4}\left(\because -\frac{\pi}{2}<x<\frac{\pi}{2}\right)$

함수 $f(x)$의 증가와 감소를 표로 나타내면 다음과 같다.

x	$-\frac{\pi}{2}$	$\cdots$	$\frac{\pi}{4}$	$\cdots$	$\frac{\pi}{2}$
$f'(x)$		$+$	0	$-$	
$f(x)$		↗	$\frac{\sqrt{2}}{2}e^{\frac{\pi}{4}}$	↘	

즉 함수 $f(x)$는 $x=\frac{\pi}{4}$에서 극댓값 $\frac{\sqrt{2}}{2}e^{\frac{\pi}{4}}$을 갖는다.

10 $f(x)=\ln x+\frac{a}{x}-x$에서

$$f'(x)=\frac{1}{x}-\frac{a}{x^2}-1=-\frac{x^2-x+a}{x^2}$$

이때 $x>0$에서 함수 $f(x)$가 극댓값과 극솟값을 모두 가지려면 이차방정식 $x^2-x+a=0$이 서로 다른 두 양의 실근을 가져야 하므로 이차방정식 $x^2-x+a=0$의 판별식을 D라 하면

$D=1-4a>0\qquad \therefore a<\frac{1}{4}$

또 이차방정식의 근과 계수의 관계에 의하여 $a>0$

$\therefore 0<a<\frac{1}{4}$

11 $f(x)=\frac{x}{\ln x}$라 하면

$$f'(x)=\frac{1\times\ln x-x\times\frac{1}{x}}{(\ln x)^2}=\frac{\ln x-1}{(\ln x)^2}$$

$$f''(x)=\frac{\frac{1}{x}\times(\ln x)^2-(\ln x-1)\times 2\ln x\times\frac{1}{x}}{(\ln x)^4}=\frac{2-\ln x}{x(\ln x)^3}$$

이때 변곡점의 좌표가 $(a,\ b)$이므로

$f''(a)=\frac{2-\ln a}{a(\ln a)^3}=0$에서

$2-\ln a=0\qquad \therefore a=e^2$

또 $b=f(a)$에서 $b=\frac{e^2}{\ln e^2}=\frac{e^2}{2}$

$\therefore \frac{a}{b}=\frac{e^2}{\frac{e^2}{2}}=2$

12 $f(x)=x+\sqrt{4-x^2}$에서 $4-x^2\geq 0$이므로

$-2\leq x\leq 2$

$f'(x)=1+\frac{1}{2\sqrt{4-x^2}}\times(-2x)$

$=\frac{\sqrt{4-x^2}-x}{\sqrt{4-x^2}}$

$f'(x)=\frac{\sqrt{4-x^2}-x}{\sqrt{4-x^2}}=0$에서

$\sqrt{4-x^2}-x=0 \qquad \therefore x=\sqrt{2}\ (\because x=\sqrt{4-x^2}\geq 0)$

함수 $f(x)$의 증가와 감소를 표로 나타내면 다음과 같다.

x	-2	$\cdots$	$\sqrt{2}$	$\cdots$	2
$f'(x)$		$+$	0	$-$	
$f(x)$	-2	↗	$2\sqrt{2}$	↘	2

즉 $-2\leq x\leq 2$에서 함수 $f(x)$는 $x=-2$일 때 최솟값 -2, $x=\sqrt{2}$일 때 극대이면서 최대이므로 최댓값 $2\sqrt{2}$를 갖는다.

따라서 $a=-2$, $b=2\sqrt{2}$이므로

$a+b\sqrt{2}=-2+2\sqrt{2}\times\sqrt{2}=2$

13 $\ln x=kx$에서 $\ln x-kx=0$

$f(x)=\ln x-kx$라 하면 $f'(x)=\frac{1}{x}-k$

$f'(x)=0$에서 $x=\frac{1}{k}\ (\because x>0)$

함수 $f(x)$의 증가와 감소를 표로 나타내면 다음과 같다.

x	0	$\cdots$	$\frac{1}{k}$	$\cdots$
$f'(x)$		$+$	0	$-$
$f(x)$		↗	$\ln\frac{1}{k}-1$	↘

즉 방정식 $\ln x=kx$가 실근을 가지려면 함수 $y=f(x)$의 그래프와 x축이 적어도 한 점에서 만나야 하므로

$\ln\frac{1}{k}-1\geq 0,\ \frac{1}{k}\geq e \qquad \therefore k\leq\frac{1}{e}$

따라서 실수 k의 최댓값은 $\frac{1}{e}$이다.

다른 풀이

방정식 $\ln x=kx$가 실근을 가지려면 다음 그림과 같이 곡선 $y=\ln x$와 직선 $y=kx$가 적어도 한 점에서 만나야 한다.

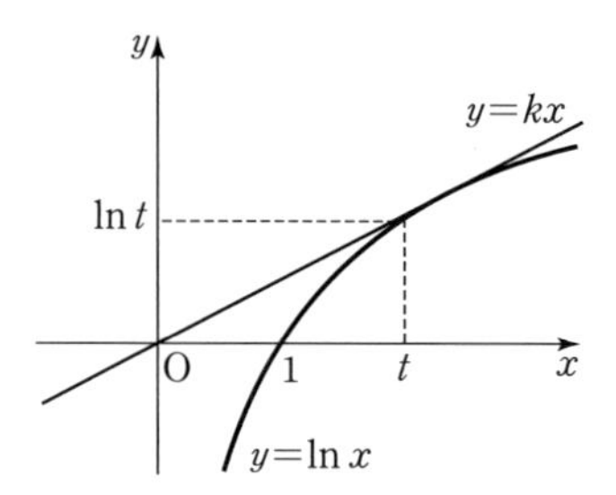

$y=\ln x$에서 $y'=\frac{1}{x}$이고

원점에서 곡선 $y=\ln x$에 그은 접선의 접점의 좌표를 $(t,\ \ln t)$라 하면 접선의 방정식은

$y-\ln t=\frac{1}{t}(x-t) \qquad \therefore y=\frac{1}{t}x+\ln t-1 \qquad \cdots\cdots ㉠$

이때 접선 ㉠이 원점 $(0,\ 0)$을 지나므로

$\ln t=1 \qquad \therefore t=e$

즉 접선의 기울기는 $\frac{1}{e}$

따라서 곡선 $y=\ln x$와 직선 $y=kx$가 적어도 한 점에서 만나려면 $k\leq\frac{1}{e}$

14 $0<x<\frac{\pi}{4}$에서 부등식 $px<\sin 2x<qx$가 성립하려면 다음 그림과 같이 점 $\left(\frac{\pi}{4},\ 1\right)$에 대하여 직선 $y=px$는 원점과 점 $\left(\frac{\pi}{4},\ 1\right)$을 지나는 직선과 같거나 아래쪽에 위치해야 하고, 직선 $y=qx$는 곡선 $y=\sin 2x$의 원점에서의 접선과 같거나 위쪽에 위치해야 한다.

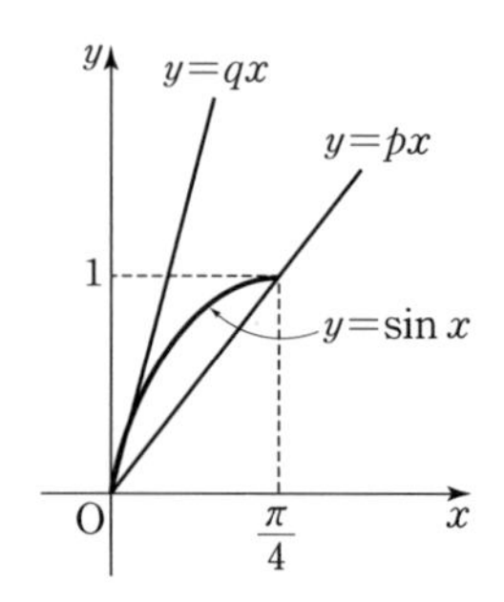

즉 $p\leq\frac{1-0}{\frac{\pi}{4}-0}=\frac{4}{\pi}$

$f(x)=\sin 2x$라 하면

$f'(x)=2\cos 2x$에서 $q\geq f'(0)=2$

따라서 $a=\frac{4}{\pi}$, $b=2$이므로

$ab=\frac{4}{\pi}\times 2=\frac{8}{\pi}$

15 점 P의 시각 t에서의 속도를 $v(t)$라 하면

$v(t)=f'(t)=(4t-11)e^t+(2t^2-11t+14)e^t$

$=(2t^2-7t+3)e^t$

점 P가 운동 방향을 바꿀 때의 속도는 0이므로

$v(t)=0$에서 $(2t^2-7t+3)e^t=0$

$2t^2-7t+3=0$ ($\because e^t>0$)

$(2t-1)(t-3)=0 \quad \therefore t=\frac{1}{2}$ 또는 $t=3$

즉 $t=\frac{1}{2}$, $t=3$의 좌우에서 $v(t)$의 부호가 바뀌므로

점 P는 운동 방향을 2번 바꾼다.

16 $x=\cos 3t+3\cos t$, $y=\sin 3t-3\sin t$에서

$\frac{dx}{dt}=-3\sin 3t-3\sin t$, $\frac{dy}{dt}=3\cos 3t-3\cos t$

이므로 점 P의 시각 t에서의 속도는

$(-3\sin 3t-3\sin t,\ 3\cos 3t-3\cos t)$

이때 시각 t에서의 점 P의 속력은

$\sqrt{(-3\sin 3t-3\sin t)^2+(3\cos 3t-3\cos t)^2}$

$=\sqrt{18-18(\cos 3t\cos t-\sin 3t\sin t)}$

$=\sqrt{18-18\cos 4t}$

따라서 $-1\le\cos 4t\le 1$이므로

점 P의 속력의 최댓값은 $\sqrt{18-18\times(-1)}=6$

1·2등급 확보 전략 2회

68~71쪽

01 ④	02 ②	03 ①	04 ②
05 ④	06 ②	07 ③	08 ②
09 ⑤	10 ④	11 ③	12 ①
13 ④	14 ③	15 ②	16 ③

01 $f'(x)=e^x-1=0$에서 $x=0$

함수 $f(x)$의 증가와 감소를 표로 나타내면 다음과 같다.

x	$\cdots$	0	$\cdots$
$f'(x)$	$-$	0	$+$
$f(x)$	↘	$f(0)$	↗

즉 함수 $f(x)$는 $x=0$에서 극솟값을 갖는다.

이때 $f(x)=\int(e^x-1)dx=e^x-x+C$이고 극솟값이 5이므로 $f(0)=5$

$1+C=5 \quad \therefore C=4$

따라서 $f(x)=e^x-x+4$이므로

$f(1)=e+3$

02 $f(x)f'(x)=e^{2x}+xe^x$의 양변을 x에 대하여 적분하면

$\int f(x)f'(x)dx=\int(e^{2x}+xe^x)dx$

$\frac{1}{2}\{f(x)\}^2=\frac{1}{2}e^{2x}+xe^x-\int e^x\,dx$

$\frac{1}{2}\{f(x)\}^2=\frac{1}{2}e^{2x}+xe^x-e^x+C$

이때 $f(0)=0$이므로

$0=\frac{1}{2}-1+C \quad \therefore C=\frac{1}{2}$

즉 $\{f(x)\}^2=e^{2x}+(2x-2)e^x+1$

따라서 $\{f(1)\}^2=e^2+1$이므로

$p=1$, $q=0$, $r=1$

$\therefore p+q+2r=1+0+2\times 1=3$

오답 피하기

$f(x)=t$라 하면 $f'(x)=\frac{dt}{dx}$이므로

$\int f(x)f'(x)dx=\int t\,dt=\frac{1}{2}t^2+C$

$=\frac{1}{2}\{f(x)\}^2+C$

03 $\int_0^1 \frac{e^{2x}-1}{e^x+1}dx=\int_0^1 \frac{(e^x-1)(e^x+1)}{e^x+1}dx$

$=\int_0^1 (e^x-1)dx$

$=\left[e^x-x\right]_0^1$

$=e-2$

04 $\int_0^{\ln 2} \frac{1}{e^x+1}dx=\int_0^{\ln 2} \frac{(e^x+1)-e^x}{e^x+1}dx$

$=\int_0^{\ln 2}\left(1-\frac{e^x}{e^x+1}\right)dx$

$=\int_0^{\ln 2} 1\,dx-\int_0^{\ln 2}\frac{e^x}{e^x+1}dx$

$=\left[x\right]_0^{\ln 2}-\int_0^{\ln 2}\frac{e^x}{e^x+1}dx$

$=\ln 2-\int_0^{\ln 2}\frac{e^x}{e^x+1}dx$

이때 $e^x+1=t$라 하면 $e^x=\frac{dt}{dx}$이고

$x=0$일 때 $t=2$, $x=\ln 2$일 때 $t=3$이므로

$\int_0^{\ln 2}\frac{e^x}{e^x+1}dx=\int_2^3 \frac{1}{t}dt$

$=\left[\ln|t|\right]_2^3$

$=\ln\frac{3}{2}$

$\therefore \int_0^{\ln 2}\frac{1}{e^x+1}dx=\ln 2-\int_0^{\ln 2}\frac{e^x}{e^x+1}dx$

$=\ln 2-\ln\frac{3}{2}$

$=\ln\frac{4}{3}$

따라서 $p=3$, $q=4$이므로

$p+q=3+4=7$

05 $\tan x=t$라 하면 $\sec^2 x=\frac{dt}{dx}$이고

$x=0$일 때 $t=0$, $x=\frac{\pi}{4}$일 때 $t=1$이므로

$\int_0^{\frac{\pi}{4}}\frac{e^{\tan x}}{\cos^2 x}dx=\int_0^{\frac{\pi}{4}} e^{\tan x}\sec^2 x\,dx$

$=\int_0^1 e^t\,dt$

$=\left[e^t\right]_0^1$

$=e-1$

따라서 $p=1$, $q=-1$이므로

$p^2+q^2=1^2+(-1)^2=2$

06 $f(x)=ax+b$, $g'(x)=e^x$이라 하면

$f'(x)=a$, $g(x)=e^x$이므로

$\int_0^1 (ax+b)e^x\,dx=\left[(ax+b)e^x\right]_0^1-\int_0^1 ae^x\,dx$

$=(a+b)e-b-\left[ae^x\right]_0^1$

$=(a+b)e-b-(ae-a)$

$=b(e-1)+a$

$=0$

따라서 $a=b(1-e)$이므로

$\frac{a}{b}=1-e$

07 양변에 $x=1$을 대입하면

$\int_1^1 f(t)dt=p-1$

$0=p-1 \qquad \therefore p=1$

$\int_1^x f(t)dt=x^2-\sqrt{x}$의 양변을 x에 대하여 미분하면

$f(x)=2x-\frac{1}{2\sqrt{x}}$

$\therefore f(1)=2-\frac{1}{2}=\frac{3}{2}$

08 $I=\int_{-1}^1 \frac{1}{1+f(x)}dx=\int_{-1}^1\frac{1}{1+f(-x)}dx$

$=\int_{-1}^1 \frac{f(x)}{f(x)\{1+f(-x)\}}dx$

$=\int_{-1}^1\frac{f(x)}{f(x)+1}dx$ ($\because f(x)f(-x)=1$)

이므로

$$2I=\int_{-1}^{1}\frac{1}{1+f(x)}dx+\int_{-1}^{1}\frac{f(x)}{f(x)+1}dx$$
$$=\int_{-1}^{1}\frac{1+f(x)}{1+f(x)}dx$$
$$=\int_{-1}^{1}1\,dx=2$$
$\therefore I=1$
$$J=\int_{-1}^{1}g(x)dx=\int_{-1}^{1}g(-x)dx$$
$$=\int_{-1}^{1}\{x^2-g(x)\}dx\ (\because g(x)+g(-x)=x^2)$$
$$=\int_{-1}^{1}x^2\,dx-\int_{-1}^{1}g(x)dx$$
$$=\frac{2}{3}-J$$
이므로 $2J=\frac{2}{3}$ $\quad\therefore J=\frac{1}{3}$

$\therefore 2I+3J=2\times1+3\times\frac{1}{3}=3$

오답 피하기

$x=-t$라 하면 $\frac{dx}{dt}=-1$이고

$x=-1$일 때 $t=1$, $x=1$일 때 $t=-1$이므로
$$\int_{-1}^{1}\frac{1}{1+f(x)}dx=\int_{1}^{-1}\frac{-1}{1+f(-t)}dt$$
$$=\int_{-1}^{1}\frac{1}{1+f(-t)}dt$$
또 $x=-s$라 하면 $\frac{dx}{ds}=-1$이고

$x=-1$일 때 $s=1$, $x=1$일 때 $s=-1$이므로
$$\int_{-1}^{1}g(x)dx=\int_{1}^{-1}\{-g(-s)\}ds$$
$$=\int_{-1}^{1}g(-s)ds$$

09 $\int_{0}^{\frac{\pi}{2}}f(t)\cos t\,dt=k$ $\quad\cdots\cdots$㉠

라 하면 $f(x)=2\sin x-k$

이를 ㉠에 대입하면
$$\int_{0}^{\frac{\pi}{2}}(2\sin t-k)\cos t\,dt$$
$$=\int_{0}^{\frac{\pi}{2}}(2\sin t\cos t-k\cos t)dt$$
$$=\int_{0}^{\frac{\pi}{2}}(\sin 2t-k\cos t)dt$$
$$=\left[-\frac{1}{2}\cos 2t-k\sin t\right]_{0}^{\frac{\pi}{2}}$$
$$=1-k=k$$
이므로 $2k=1$ $\quad\therefore k=\frac{1}{2}$

따라서 $f(x)=2\sin x-\frac{1}{2}$이므로
$$f\left(\frac{\pi}{2}\right)=2-\frac{1}{2}=\frac{3}{2}$$

LECTURE 사인함수의 덧셈정리

(1) $\sin(\alpha+\beta)=\sin\alpha\cos\beta+\cos\alpha\sin\beta$
(2) $\sin(\alpha-\beta)=\sin\alpha\cos\beta-\cos\alpha\sin\beta$

10 $f(x)\cos x=\sin^2 x-\int_{0}^{x}f(t)\sin t\,dt$의 양변을 x에 대하여 미분하면
$$f'(x)\cos x-f(x)\sin x=2\sin x\cos x-f(x)\sin x$$
$\therefore f'(x)\cos x=\sin 2x$

이때 $f'\left(\frac{\pi}{6}\right)\cos\frac{\pi}{6}=\sin\frac{\pi}{3}$이므로
$$f'\left(\frac{\pi}{6}\right)\times\frac{\sqrt{3}}{2}=\frac{\sqrt{3}}{2}$$
$\therefore f'\left(\frac{\pi}{6}\right)=1$

11 $\lim_{n\to\infty}\frac{1}{n}\left(\sin\frac{\pi}{2n}+\sin\frac{2\pi}{2n}+\sin\frac{3\pi}{2n}+\cdots+\sin\frac{n\pi}{2n}\right)$
$$=\lim_{n\to\infty}\sum_{k=1}^{n}\frac{1}{n}\sin\frac{k\pi}{2n}$$
$$=\frac{2}{\pi}\lim_{n\to\infty}\sum_{k=1}^{n}\frac{\pi}{2n}\sin\frac{k\pi}{2n}$$
$$=\frac{2}{\pi}\int_{0}^{\frac{\pi}{2}}\sin x\,dx$$
$$=\frac{2}{\pi}\Big[-\cos x\Big]_{0}^{\frac{\pi}{2}}$$
$$=\frac{2}{\pi}\times1$$
$$=\frac{2}{\pi}$$

12 다음과 같이 곡선 $y=\frac{1}{x}$ $(x>0)$ 위의 두 점 $A\left(a, \frac{1}{a}\right)$, $B\left(b, \frac{1}{b}\right)$에서 x축에 내린 수선의 발을 각각 A′, B′이라 하자.

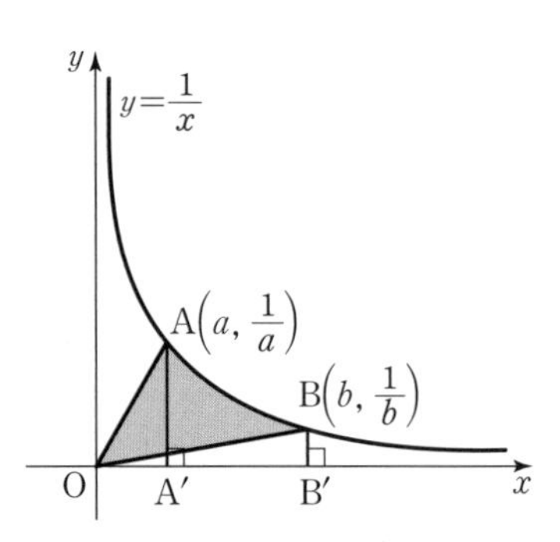

곡선 $y=\frac{1}{x}$과 두 직선 OA, OB로 둘러싸인 부분의 넓이를 S라 하면

$S=$(삼각형 AOA′의 넓이)$+\int_a^b \frac{1}{x}dx$
$-$(삼각형 BOB′의 넓이)

$$S=\frac{1}{2}\times a\times\frac{1}{a}+\Big[\ln x\Big]_a^b-\frac{1}{2}\times b\times\frac{1}{b}$$
$$=\ln b-\ln a$$
$$=\ln\frac{b}{a}$$

13 $0\le x\le\frac{\pi}{2}$에서 두 곡선 $y=\cos x$, $y=k\sin 2x$의 교점의 x좌표를 α $\left(0<\alpha<\frac{\pi}{2}\right)$라 하면

$\cos\alpha=k\sin 2\alpha$에서 $\cos\alpha-k\sin 2\alpha=0$

$\cos\alpha-2k\sin\alpha\cos\alpha=0$

$\cos\alpha(1-2k\sin\alpha)=0$

$\therefore \sin\alpha=\frac{1}{2k}$ $(\because \cos\alpha>0)$ ……㉠

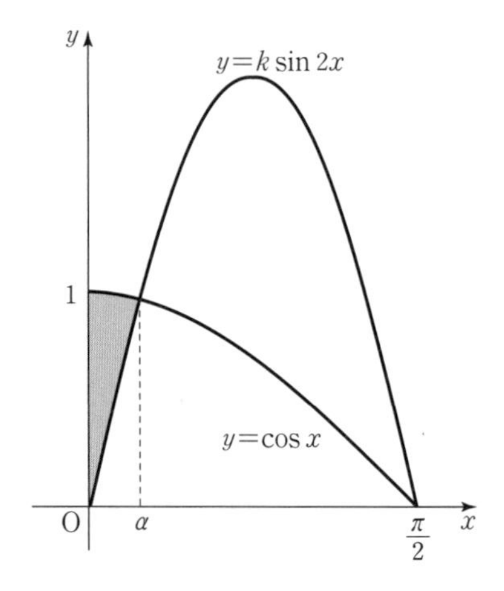

구하는 넓이를 S라 하면

$$S=\int_0^{\alpha}(\cos x-k\sin 2x)dx$$
$$=\left[\sin x+\frac{k}{2}\cos 2x\right]_0^{\alpha}$$
$$=\sin\alpha+\frac{k}{2}(\cos 2\alpha-1)$$
$$=\sin\alpha+\frac{k}{2}(-2\sin^2\alpha)$$
$$=\sin\alpha-k\sin^2\alpha$$
$$=\frac{1}{2k}-k\left(\frac{1}{2k}\right)^2\ (\because ㉠)$$
$$=\frac{1}{4k}$$

따라서 $\frac{1}{4k}=\frac{1}{8}$이므로

$k=2$

오답 피하기

$\cos 2\alpha=\cos(\alpha+\alpha)$
$=\cos\alpha\cos\alpha-\sin\alpha\sin\alpha$
$=\cos^2\alpha-\sin^2\alpha$
$=1-2\sin^2\alpha$

이므로

$\cos 2\alpha-1=-2\sin^2\alpha$

14

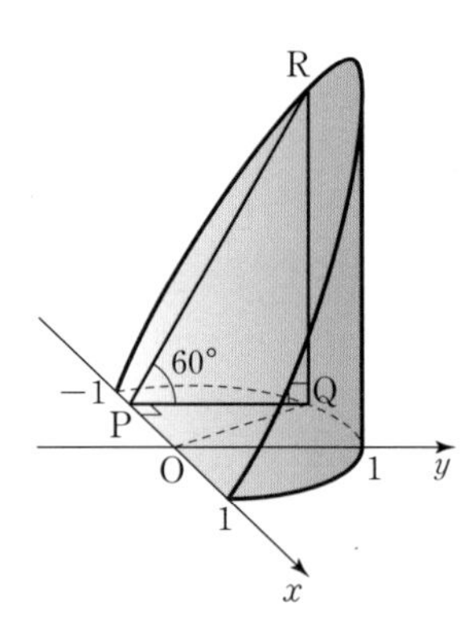

밑면의 중심을 원점, 밑면의 지름을 x축으로 잡고, x축 위의 점 $P(x, 0)(-1\le x\le 1)$을 지나고 x축에 수직인 평면으로 입체도형을 자른 단면을 삼각형 PQR라 하면

$\overline{PQ}=\sqrt{\overline{OQ}^2-\overline{OP}^2}=\sqrt{1-x^2}$

$\overline{RQ}=\overline{PQ}\tan 60^\circ=\sqrt{1-x^2}\times\sqrt{3}$

삼각형 PQR의 넓이를 $S(x)$라 하면

$$S(x)=\frac{1}{2}\times\overline{PQ}\times\overline{RQ}$$
$$=\frac{1}{2}\times\sqrt{1-x^2}\times\sqrt{3}\times\sqrt{1-x^2}$$
$$=\frac{\sqrt{3}}{2}(1-x^2)$$

따라서 구하는 부피는

$$\int_{-1}^{1} S(x)dx=\int_{-1}^{1} \frac{\sqrt{3}}{2}(1-x^2)dx$$
$$=2\int_{0}^{1} \frac{\sqrt{3}}{2}(1-x^2)dx$$
$$=\sqrt{3}\left[x-\frac{1}{3}x^3\right]_0^1$$
$$=\sqrt{3}\times\frac{2}{3}$$
$$=\frac{2\sqrt{3}}{3}$$

15 $\frac{dx}{dt}=3\cos^2 t(-\sin t)=-3\cos^2 t\sin t$

$\frac{dy}{dt}=3\sin^2 t\cos t$

이므로 시각 $t=0$에서 $t=\frac{\pi}{4}$까지 점 P가 움직인 거리는

$$\int_0^{\frac{\pi}{4}} \sqrt{\left(\frac{dx}{dt}\right)^2+\left(\frac{dy}{dt}\right)^2}\,dt$$
$$=\int_0^{\frac{\pi}{4}} \sqrt{(-3\cos^2 t\sin t)^2+(3\sin^2 t\cos t)^2}\,dt$$
$$=\int_0^{\frac{\pi}{4}} \sqrt{9\cos^2 t\sin^2 t(\cos^2 t+\sin^2 t)}\,dt$$
$$=\int_0^{\frac{\pi}{4}} 3\cos t\sin t\,dt$$
$$=\frac{3}{2}\int_0^{\frac{\pi}{4}} \sin 2t\,dt$$
$$=\frac{3}{2}\left[-\frac{1}{2}\cos 2t\right]_0^{\frac{\pi}{4}}$$
$$=\frac{3}{4}$$

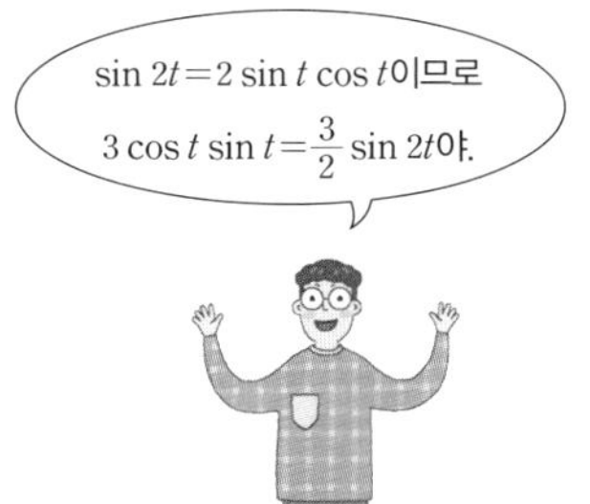

16 $y=\frac{1}{3}(x^2+2)^{\frac{3}{2}}$에서

$y'=\frac{1}{3}\times\frac{3}{2}(x^2+2)^{\frac{1}{2}}\times 2x=x\sqrt{x^2+2}$

즉 곡선 $y=\frac{1}{3}(x^2+2)^{\frac{3}{2}}$의 길이는

$$\int_0^a \sqrt{1+(x\sqrt{x^2+2})^2}\,dx$$
$$=\int_0^a \sqrt{1+x^2(x^2+2)}\,dx$$
$$=\int_0^a \sqrt{x^4+2x^2+1}\,dx$$
$$=\int_0^a \sqrt{(x^2+1)^2}\,dx$$
$$=\int_0^a (x^2+1)\,dx$$
$$=\left[\frac{1}{3}x^3+x\right]_0^a$$
$$=\frac{1}{3}a^3+a$$

이때 $\frac{1}{3}a^3+a=12$이므로

$a^3+3a-36=0$, $(a-3)(a^2+3a+12)=0$

$\therefore a=3$ ($\because a^2+3a+12>0$)

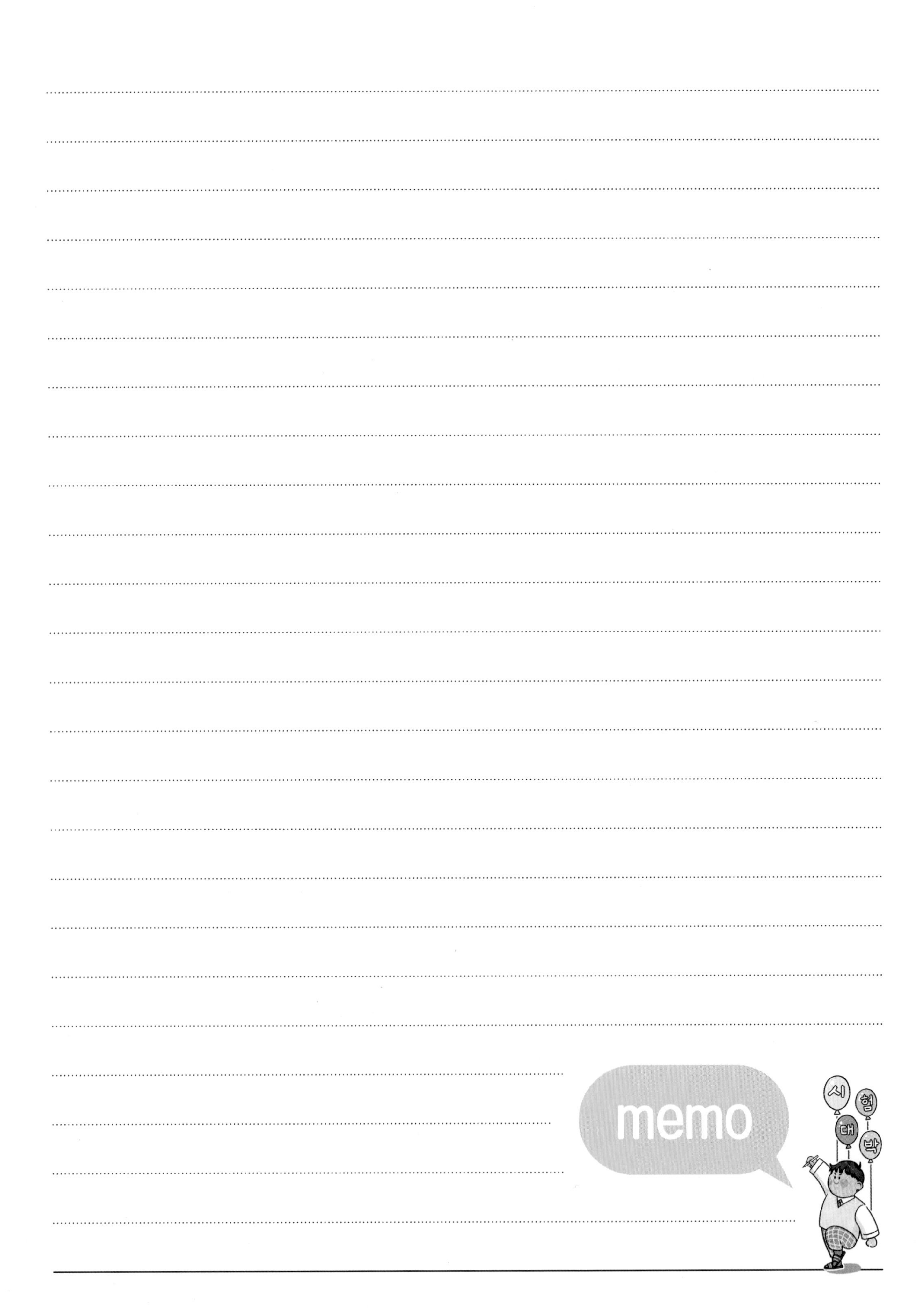
memo
시
험
대
박

◀ 정답은 이안에 있어!